新工科建设·艺术与设计系列教材

C4D 三维动画设计与制作

主　编　周永强

副主编　邓　伟　张宗虎　马晓萍　靳旭莹
　　　　常鸿飞　钱博颖　胡明珠

U0226236

电子工业出版社

Publishing House of Electronics Industry

北京·BEIJING

内 容 简 介

本书基于 CINEMA 4D R19 版本软件，根据三维动画设计与制作的全流程安排内容，共计 8 章。第 1 章介绍 CINEMA 4D 的功能及界面；第 2~4 章介绍三维模型的搭建方法及综合应用；第 5 章侧重于让模型产生丰富的变形效果；第 6 章侧重于处理动态图形，以及制作动画；第 7 章介绍灯光、材质和渲染的基础知识，并通过案例展示在实际操作中的要点；第 8 章对基本粒子系统、刚体、柔体、布料、辅助器、毛发等进行介绍，并结合实用性的案例介绍基本粒子系统、刚体、柔体、布料等在实际应用中的使用技巧及注意事项。

本书可作为高等院校数字媒体技术、数字媒体艺术、影视动画类专业教材，同时也可作为三维动画设计与制作爱好者的自学参考用书。

图书在版编目（CIP）数据

C4D 三维动画设计与制作 / 周永强主编. 一北京：电子工业出版社，2020.9（2024.8 重印）
ISBN 978-7-121-37692-4

Ⅰ. ①C… Ⅱ. ①周… Ⅲ. ①三维动画软件－高等学校－教材 Ⅳ. ①TP391.414

中国版本图书馆 CIP 数据核字（2019）第 246990 号

责任编辑：张小乐 文字编辑：徐 萍
印　　刷：北京市大天乐投资管理有限公司
装　　订：北京市大天乐投资管理有限公司
出版发行：电子工业出版社
　　　　　北京市海淀区万寿路 173 信箱　邮编 100036
开　　本：787×1 092　1/16　印张：20.5　字数：525 千字
版　　次：2020 年 9 月第 1 版
印　　次：2024 年 8 月第 12 次印刷
定　　价：99.00 元

凡所购买电子工业出版社图书有缺损问题，请向购买书店调换。若书店售缺，请与本社发行部联系，联系及邮购电话：（010）88254888，88258888。

质量投诉请发邮件至 zlts@phei.com.cn，盗版侵权举报请发邮件至 dbqq@phei.com.cn。

本书咨询联系方式：（010）88254462，zhxl@phei.com.cn。

前　言

　　CINEMA 4D（简称 C4D）是由德国 MAXON Computer 推出的完整的 3D 创作平台，由于其强大的设计开发功能模块，成为同类软件中的典型代表，在广告、电影、工业设计等方面都有广泛的应用和出色的表现，现已成为三维动画设计与开发领域首选软件之一。

　　本书以培养数字媒体领域应用型、技术技能型人才为目的，注重将系统知识的传授融于案例设计与制作的具体实践中，侧重于学生技术技能水平的提升。全书结合当前最为主流的软件 CINEMA 4D，遴选典型案例，从三维动画设计与制作全流程，即 C4D 软件简介、样条线和 NURBS 建模、多边形建模、建模综合案例、变形器、运动图形、灯光、材质、渲染及动力学 8 章内容，介绍了三维动画设计与制作的主流、核心技术。

　　本书编写特点如下。

　　1．本书侧重于三维动画设计与制作主流、核心技术的介绍，删减了理论知识的介绍；

　　2．本书采用案例式教学，将理论与操作技能融入案例的设计与制作中，促进学生学习兴趣和综合应用能力的提升；

　　3．本书所涉及知识与技能起点较低，内容介绍翔实，有利于学生快速学习。

　　本书由周永强老师负责组织、策划、统稿和编写第 1 章；第 2 章由靳旭莹编写，第 3 章由常鸿飞编写，第 4 章由钱博颖编写，第 5 章由马晓萍编写，第 6 章由邓伟编写，第 7 章由胡明珠编写，第 8 章由张宗虎编写。

　　教材编写中得到北京水晶石计算机技术培训有限公司的大力支持，选派张立勋工程师参与教材编写，提供案例素材及模型，在此表示由衷的感谢！

　　由于时间仓促和编者水平有限，书中难免存在一些纰漏和不足，敬请读者批评指正！

编　者

2020 年 6 月

目　　录

第1章

C4D 软件简介

C4D 全称 CINEMA 4D，是由德国 MAXON Computer 公司研发的 3D 动画软件，广泛应用于平面设计、工业设计、影视制作、UI 设计等，众多好莱坞大片的人物建模都是采用 C4D 来完成的。C4D 具备高端三维动画软件的所有功能，包括建模、动画、渲染、角色、粒子系统、表达式等主要功能模块。与其他 3D 软件相比，C4D 具备以下优点：①界面简洁明了；②容易上手，复杂程度较低，操作简便；③渲染速度快，且渲染出的作品具有极强的真实感；④与 AE 无缝对接，可以将 C4D 制作的各种素材直接导入 AE 进行后期合成；⑤提供强大的预制库，可以从它的预制库中找到所需要的模型、贴图、材质、照明、动力学等，极大地提高工作效率。

本章对 C4D 软件的界面、可编辑对象区、视图操作区、对象大纲区、参数属性区、材质编辑区、动画时间线等主要功能区进行简要介绍，为后续各章节的学习打下基础。

1.1 软件界面

1. 启动软件

C4D 软件安装成功后，在桌面上双击 ![icon] 图标，启动 C4D 软件；或者通过 "开始" 菜单→所有程序→CINEMA 4D 启动软件。启动界面如图 1-1-1 所示。

正在初始化界面布局...   Cinema 4D R19.024 (版本 RB209858)

图 1-1-1 启动界面

2．打开操作界面

软件启动完成后，进入操作界面，如图 1-1-2 所示。

图 1-1-2　操作界面

3．新建和保存工程文件

执行"文件\新建"命令，或按快捷键 Ctrl+N，新建一个工程文件。然后保存新建的工程文件，执行"文件\保存"命令，或按快捷键 Ctrl+S 进行保存，如图 1-1-3 所示。

4．多个工程文件间切换

当多个工程文件同时被打开时，是重叠在任务栏下方的，需要进行切换。在视图操作区，按快捷键 V，可在工程菜单中切换已打开的多个工程，如图 1-1-4 所示。

图 1-1-3　保存工程文件

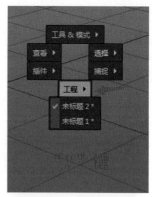

图 1-1-4　多工程切换

1.2　快捷工具栏

快捷工具栏中显示多个常用的重要工具，这些工具的使用频率非常高，如图 1-2-1 所示。

图 1-2-1　快捷工具栏

1）撤销和恢复工具

撤销和恢复工具（　　　）可撤销操作至上一步操作和恢复操作至下一步操作，快捷键分别为 Ctrl+Z 和 Ctrl+Y。撤销和恢复工具一般用于对执行某些命令操作不满意时，进行撤回和恢复。

2）选择工具

选择工具（）用于选择场景的对象，然后进行编辑操作。如果快捷工具栏的右下方显示有小三角形符号，则说明是一个工具组，带有子工具，按下鼠标左键即可看到。选择工具如图 1-2-2 所示。

选择工具中的 4 种子工具分别用于选择不同外形的对象：用于选择外形为圆形的对象；用于选择外形为正方形的对象；用于选择外形为曲线的对象；用于选择外形为多边形的对象。

图 1-2-2　选择工具

3）位移、缩放、旋转工具

位移、缩放、旋转工具（）用于对对象进行位移、缩放和旋转操作，相互之间可通过快捷键 E、T、R 进行切换。例如，单击按钮（立方体新建工具），新建一个立方体模型，按快捷键 E、T、R 进行切换，可在视图区域分别看到三种操作的视图，如图 1-2-3 所示。

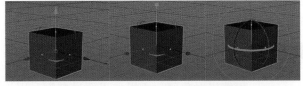

图 1-2-3　位移、缩放、旋转视图

4）自由移动模式锁定工具

自由移动模式锁定工具（）用于对选中对象在三维空间的 X、Y、Z 轴向操作进行锁定。单击可以进行单轴或多轴锁定，锁定后坐标轴显示为灰色，对应轴向无法进行自由移动。

5）物体坐标/世界坐标切换工具

物体坐标/世界坐标切换工具（）用于相互切换两种坐标。透视图的地面网格线是一种标志，类似于地平面，也可以理解为世界坐标。世界坐标一般是不变的，但每一个新建的物体都有自己的物体坐标，这个坐标是可以进行变化的。例如，新建一个立方体模型，通过快捷键 E 进行向上位移，通过快捷键 R 进行旋转，可以看到两个坐标的区别，如图 1-2-4 所示。

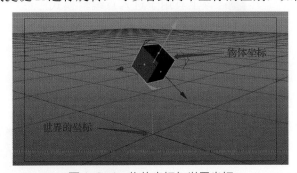

图 1-2-4　物体坐标与世界坐标

6）渲染设置工具

渲染设置工具（）用于设置动画制作完成后输出的视频格式。渲染设置分为三种，在工具栏中从左到右依次为：①全屏渲染，单击按钮或通过快捷键 Ctrl+R 执行；②输出型渲染，单击按钮或通过快捷键 Shift+R 执行；③其他渲染方式，可依据需要对渲染进行不同设置，主要包括画面尺寸、格式、序列、效果、分层等。渲染设置界面如图 1-2-5 所示。

图 1-2-5　渲染设置界面

7）其他工具

快捷工具栏中还包括预制模型、样条线绘制、NURBS 建模命令、构造、变形器、场景、摄像机、灯光等工具，这些工具的操作相对较为复杂，具体将在后续章节中详细介绍。

1.3　可编辑对象区

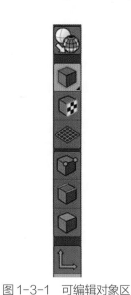

图 1-3-1　可编辑对象区

可编辑对象区位于操作界面最左侧，用于切换不同的编辑工具，如图 1-3-1 所示。

：该工具用于将参数对象转换为可编辑对象，快捷键为 C。如果要编辑模型的"点""线""面"层级，就要将参数对象转换为可编辑对象。

：该工具用于进入整体模型编辑模式，在该模式下，只能对模型进行整体缩放。

：该工具用于进入纹理编辑模式，编辑当前被选中的纹理。

：该工具用于移动世界坐标网格参考线。

：该工具用于进入点编辑模式，可以用来编辑对象上的点元素，被选中的点元素呈高亮显示状态。

：该工具用于进入边编辑模式，对可编辑对象上的边元素进行编辑，被选择的边元素呈高亮显示状态。

：该工具用于进入面编辑模式，对可编辑对象上的面元素进行编辑，被选择的面元素呈高亮显示状态。

：该工具用于启用轴中心，也称移动模型坐标轴。

1.4　视图操作区

视图操作区可显示操作结果，在默认状态下只有一个窗口，即透视图窗口。用鼠标中键单击空白区域，可以切换成四视图，再用鼠标中键单击其中一个窗口，就会单独显示所选视图，如图 1-4-1 所示。

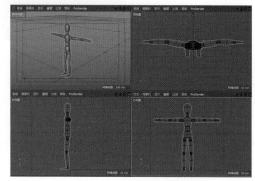

图 1-4-1　视图操作区

1.5　对象大纲区

对象大纲区主要分为三部分：①对象列表区，显示场景中的所有对象，包括几何体、灯光、摄像机、骨架、变形器等；②显示/隐藏/启用/关闭，用于切换对象在视图中或渲染时的隐藏和显示；③标签，使用标签可以为对象添加各种属性，如将材质球赋予模型后，材质球会作为标签的形式显示在对象标签中。对象大纲区如图 1-5-1 所示。

图 1-5-1　对象大纲区

1.6　参数属性区

参数属性区位于对象大纲区的下方，该区域用于根据当前所选择的工具、对象、材质或灯光来显示相关的属性。如果选择的是对象，则显示的是对象的相关属性，如图 1-6-1 所示。

图 1-6-1　参数属性区

1.7　动画时间线

制作动画时，动画时间线可用于设置动画长度、观看关键帧的位置、播放动画、添加关键帧等，如图 1-7-1 所示。

图 1-7-1　动画时间线

1.8　材质编辑区

材质编辑区的主要功能有新建材质球、调节材质、删除材质球、批量处理材质球，它是调节材质时的必调区域。双击材质编辑区，可以新建材质球；双击材质球，可进入材质编辑通道；按 Delete 键可以删除材质球。给对象模型赋予材质时，直接将材质球拖曳到对象模型上即可，如图 1-8-1 所示。

图 1-8-1　材质编辑区

第2章

样条线和 NURBS 建模

在 C4D 中常见的建模方式主要有两种，一种是 NURBS 建模（也称曲面建模），另一种是 POLYGONS 建模（也称多边形建模，简称 POLY 建模）。NURBS 建模是一种非常高效的建模方式，建模过程通常是先画线条，然后对线条施加相应的命令，使其形成模型。

2.1 创建样条线

样条线的创建一般包括两种方式，一种是手动绘制样条线，另一种是软件预制样条线。创建样条线的命令如图 2-1-1 所示。

图 2-1-1 创建样条线的命令

2.1.1 手动绘制样条线

1. 画笔绘制样条线

选择快捷菜单中的"画笔"工具（![画笔]），即可绘制样条线。使用画笔绘制是一种常用的样条线绘制方式，可实现自由绘制。通过鼠标中键将视图方式切换到顶视图，在空白区域单击，即可创建直线或曲线，样条线起始段的颜色为白色，结束段为蓝色，如图 2-1-2 所示。

单击样条线中的黑色实心点，拖曳鼠标，样条线将变为曲线，同时点的两端会出现手柄杆，移动手柄杆两端的黑色圆点，可以改变样条线的弧度，如图 2-1-3 所示。

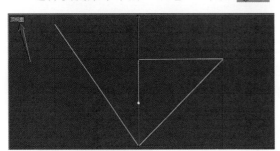

图 2-1-2 绘制样条线

在创建样条线时，选中手柄杆的一个端点，按住 Shift 键，即可单独调节手柄杆某一端的位置，如图 2-1-4 所示。

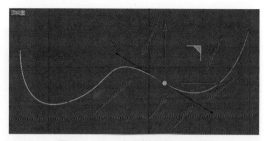

图 2-1-3　改变样条线的弧度

图 2-1-4　调节手柄杆的端点位置

按住 Ctrl 键，在移动模式下单击样条线，即可为样条线添加点。如果在绘制中样条线断开，可按住 Ctrl 键，并在移动模式下单击空白区域，即可继续绘制。

2．草绘样条线

使用"草绘"工具（ 草绘）绘制样条线的优点是自由性强，绘制速度快；缺点是外形不够精准，样条线上的点不易控制，如图 2-1-5 所示。

3．使用样条弧线工具创建样条线

"样条弧线工具"（ 样条弧线工具）可用于创建弧形曲线，如图 2-1-6 所示。

图 2-1-5　草绘样条线

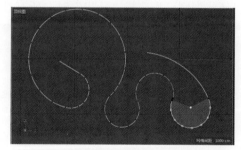

图 2-1-6　使用样条弧线工具创建样条线

4．平滑样条线

使用"平滑样条"工具（ 平滑样条）可以改变造型，使样条线更加平滑。如图 2-1-7 所示，左图为一个倒三角形，通过使用平滑样条工具可使其变成右图中的圆弧形。可通过鼠标中键的滑动调节圆弧半径。

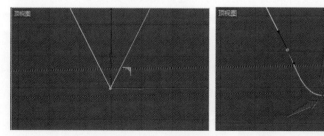

图 2-1-7　平滑样条线

2.1.2　软件预制样条线

预制样条线是指软件自身所提供的样条线，此类样条线可以通过改变相应的参数或编辑进行更改，如图 2-1-8 所示。

1. 圆弧

使用"圆弧"工具（）创建的样条线，默认为 1/4 圆，在属性区可以看到相关参数，如图 2-1-9 所示。

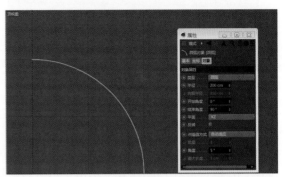

图 2-1-8　预制样条线　　　　　　　　　图 2-1-9　圆弧创建样条线及属性

在圆弧属性面板中主要显示三类属性，分别是基本、坐标和对象。基本属性用于对圆弧的名称、颜色和可见性等进行设置。坐标属性主要对圆弧的位置进行设置。对象属性主要对圆弧的形状进行设置，对象属性有 4 种类型可供选择，分别是圆弧、扇区、分段、环状，如图 2-1-10 所示。

以环状为例，当选择"环状"时，所有参数变为可编辑状态，如图 2-1-11 所示。

图 2-1-10　对象属性的四种类型　　　　　　　図 2-1-11　"环状"参数

2. 星形

使用"星形"工具（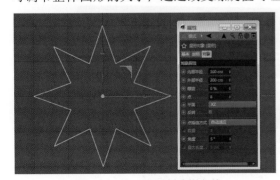）创建样条线的操作界面如图 2-1-12 所示。

可以通过改变属性面板中的相应参数来改变样条线的形状。通过改变内部半径、外部半径可调节整体图形的大小；通过改变螺旋值可让其内点进行旋转，如图 2-1-13 所示。

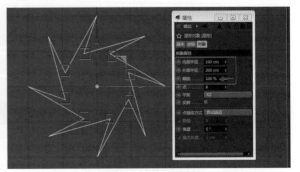

图 2-1-12　星形创建样条线　　　　　　　　图 2-1-13　设置参数

3. 齿轮

使用"齿轮"工具（◎ 齿轮）绘制样条线，如图 2-1-14 所示，可在属性面板中修改参数。

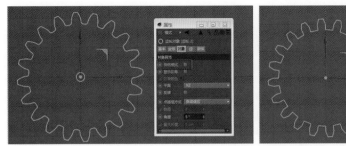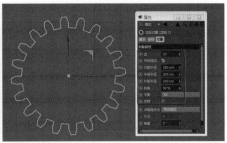

图 2-1-14 齿轮绘制样条线

在属性面板中勾选传统模式，即可通过设置以下参数来改变齿轮形状，如图 2-1-15 所示。

- 齿：设置齿轮的数量。
- 内部半径：设置内部圆环的大小。
- 中间半径：设置齿轮前段平直倒角的大小。
- 外部半径：设置外部圆环的大小。
- 斜角：设置齿轮最前端的大小。

4．圆环

使用"圆环"工具（◎ 圆环）绘制样条线，顾名思义就是绘制圆形，如图 2-1-16 所示。

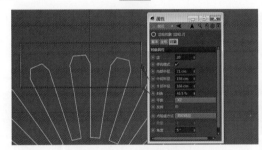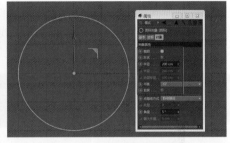

图 2-1-15　设置齿轮参数　　　　　　图 2-1-16　圆环绘制样条线

圆环的属性及其含义如下。

- 椭圆：使圆进行单轴向缩放。
- 环状：在圆内部创建一个新的圆。
- 半径 1：对圆进行左右缩放。
- 半径 2：对圆进行上下缩放。
- 内部：设置内圈圆环的大小，如图 2-1-17 所示。

5．文本

"文本"工具（T 文本）主要用于创建文字、字母、数字和符号等，如图 2-1-18 所示，可在红色范围框内输入相应文字。

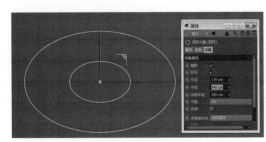

图 2-1-17　圆环参数设置　　　　　　图 2-1-18　"文本"工具

文本的属性参数及其含义如下。

- 字体：主要指文字的类型。在 C4D 中字体类型可以自行下载，安装至图 2-1-19 所示的文件中。
- 对齐：调节字体中心轴的位置。
- 宽度：字体的整体大小。
- 水平、垂直间距：调节字间距和行间距。
- 分割字母：选中其复选框后，即转换为多边形对象后，可令文本中的文字单独呈现，可在大纲视图中查看其效果，如图 2-1-20 所示。

图 2-1-19　字体安装路径　　　　　　　　图 2-1-20　文本的大纲视图

- 字距.../显示 3D 界面：此功能既可对文本整体进行调整，也可对每一个文字进行单独调整。选中其复选框后，文字周围会出现操作范围框，用左键按住不放，上下移动鼠标，可以改变范围框内的参数，也可直接输入数值进行参数调整，具体如图 2-1-21 所示。

6. 摆线

使用"摆线"工具（ ⃝ 摆线）创建的样条线，其形状比较独特。例如，一个圆沿一条直线缓慢地滚动，圆上一固定点所经过的轨迹。摆线工具的属性中大多数参数都具有循环性，C4D 中摆线有三种不同的类型，即"摆线""外摆线""内摆线"，具体如图 2-1-22 所示。

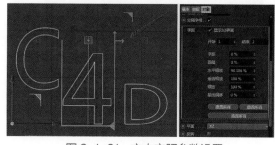
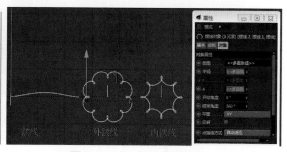

图 2-1-21　文本字距参数设置　　　　　　图 2-1-22　摆线及其属性

摆线的属性及其含义如下。

- 半径：指摆线的整体大小。
- r：动圆的半径。
- a：放大圆的半径。
- 开始角度、结束角度：分别可以使样条线进行环形生长。

7. 螺旋

使用"螺旋"工具（ ⃝ 螺旋）创建样条线，默认状态下的螺旋线如图 2-1-23 所示。

螺旋的属性及其含义如下。

- 终点半径、起始半径：指上下螺旋的半径大小。
- 开始角度、结束角度：设置螺旋生长的圈数，如图 2-1-24 所示。
- 半径偏移：设置半径的位移，当起始、终点半径不同时，才会起作用。

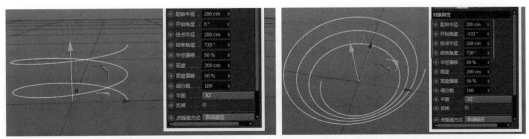

図 2-1-23　螺旋创建样条线及属性　　　図 2-1-24　螺旋对象属性参数

- 高度：设置螺旋线的高低，当数值为 0 时，螺旋将成为一个平面，如图 2-1-25 所示。
- 高度偏移：类似于半径偏移，当高度值不为 0 时，可看出线条的变化。
- 细分数：数值越大，创建的模型越接近圆形，如图 2-1-26 所示。

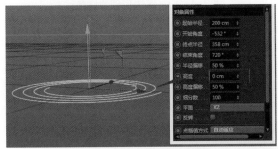 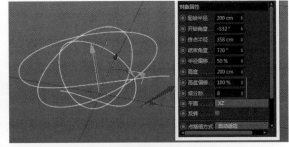

图 2-1-25　螺旋高度设置　　　图 2-1-26　螺旋的高度偏移及细分数

8．矢量化

使用"矢量化"工具（ ⬡ 矢量化 ）创建样条线，需要一张黑白图片予以辅助。要导入黑白图片，可单击纹理属性中的 纹理 .... 按钮，选择相应图片后即可导入，其效果如图 2-1-27 所示。

图 2-1-27　导入图片后的效果

矢量化工具的属性及含义如下。
- 宽度：调节整体的大小。
- 公差：数值越小，样条线越趋向于直线；数值越大，样条线越趋向于曲线。

9．公式

使用"公式"工具（ 〰 公式 ）创建样条线，主要是通过数学函数公式来改变样条线，如图 2-1-28 所示。

公式的属性及含义如下。
- X(t)、Y(t)、Z(t)：改变曲线形状。
- Tmin/Tmax：设置 X(t)、Y(t)、Z(t) 中数值的最小和最大范围。
- 采样：指曲线的平滑程度。当 Tmin/Tmax 的数值为默认值时，采样数值越大，曲线越平滑；采样数值越小，曲线越尖锐。当采样数值为最小值 2 时，曲线变为一条直线。
- 立体插值：选中其复选框后，当改变上述参数时，曲线始终以圆滑状变化。

10．多边形

使用"多边"工具（ 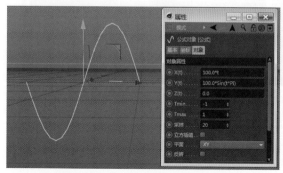 多边 ）可以创建多边形样条线，如图 2-1-29 所示。

图 2-1-28　公式创建样条线及属性　　　　图 2-1-29　多边形创建样条线

多边形的属性及其含义如下。

- 半径：调节整体范围大小。
- 侧边：调节边的数量。
- 圆角：选中其复选框后，直角变圆滑，可通过改变半径参数值调节圆滑度。

11．四边

使用"四边"工具创建样条线，可通过四边对象属性中的类型改变其形态，如图 2-1-30 所示。

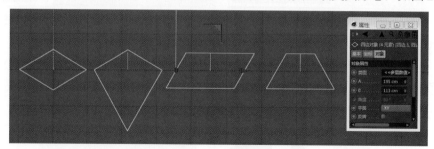

图 2-1-30　四边对象的不同类型

四边对象的属性及其含义如下。

- A/B：调节宽/高。
- 角度调节：只适用于"平行四边形"和"梯形"，可调节角度。

12．花瓣

使用"花瓣"工具（ 花瓣 ）创建样条线，可得到类似花瓣形状的线条，如图 2-1-31 所示。花瓣对象的属性及其含义如下。

- 内部半径：调节内部范围的大小。
- 外部半径：调节外部范围的大小。
- 花瓣：调节花瓣的数量。

13．矩形

使用"矩形"工具（ 矩形 ）创建的样条线，在默认状态下为正方形，如图 2-1-32 所示。矩形对象的属性及其含义如下。

- 宽度/高度：调整矩形的大小。
- 圆角/半径：勾选圆角复选框后，可改变矩形的直角角度。

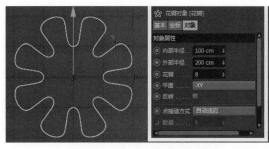

图 2-1-31 花瓣创建样条线　　　　　图 2-1-32 矩形创建样条线

14．蔓叶类曲线

使用"蔓叶类曲线"工具 创建
的样条线有三种类型，分别为蔓叶、双扭、
环索，如图 2-1-33 所示。

蔓叶类曲线对象的属性及其含义如下。

- 宽度：调整大小。
- 张力：调整弧度。

15．轮廓

"轮廓"工具（ ）主要用于创建具

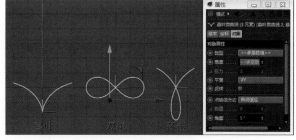

图 2-1-33 蔓叶类曲线的三种类型及属性

有字母外形的样条线，常用的有"H 形""L 形""T 形""U 形""Z 形"，如图 2-1-34 所示。

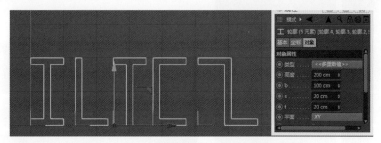

图 2-1-34 轮廓创建样条线的类型及属性

轮廓对象的属性及其含义如下。

- 高度：调整形状的大小。
- b/s/t：调整文字形状某一部分的大小。

2.2 编辑样条线

对于已创建好的样条线，可以通过两种常见的方式进行编辑，一种是布尔运算，这种编辑
方式主要是针对两条相交的样条线进行编辑；另一种是通过快捷菜单进行单一样条线的编辑。

2.2.1 布尔运算编辑样条线

布尔运算编辑样条线的运算方式有五种，分别为样条差集、样条并集、样条合集、样条或
集、样条交集。以样条差集为例，说明布尔运算编辑样条线的效果。

使用"样条差集"工具（ ）编辑样条线，是指两条相交样条线，选择其差值作为新
的样条线，如图 2-2-1 所示，其中黄色的线条代表"剪切"以后的结果。

例如，使用"圆环"和"矩形"工具创建两条相交样条线，同时选中圆形和矩形样条线，
选择"样条差集"，结果如图 2-2-2 所示。

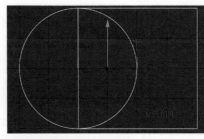
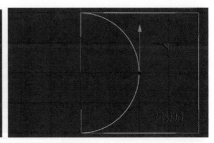

图 2-2-1 布尔运算编辑样条线　　　　　　　　图 2-2-2 样条差集编辑样条线

2.2.2 快捷菜单编辑样条线

借助于快捷菜单编辑样条线，可以大大提高工作效率，下面主要介绍几种常用的样条线编辑功能。选中需要编辑的样条线，保持在"点"模式下（ ），单击鼠标右键，弹出快捷菜单，如图 2-2-3 所示。

1. 刚性/柔性插值

使用"刚性/柔性插值"（ ）编辑样条线。利用画笔工具，在顶视图中勾画一个简单的"v"形。这时"v"形最下方的点没有手柄杆，对其执行"柔性插值"，即可调出手柄杆。"柔性差值"可以为点添加手柄杆，如图 2-2-4 所示，"刚性差值"可删除手柄杆。

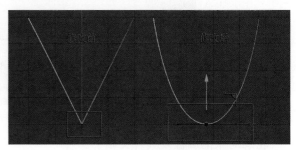

图 2-2-3 快捷菜单　　　　　　　　　　图 2-2-4 柔性差值编辑样条线

2. 相等切线长度/方向

使用"相等切线长度/方向"（ ）编辑样条线。利用画笔工具，在顶视图中勾画样条线，选择其中某点的手柄杆，执行"相等切线长度/方向"操作，同时按住 Shift 键，即可单独调节手柄杆某一端的长度和方向，如图 2-2-5 所示。"相等切线长度/方向"实际上就是调节手柄的长度和方向。

3. 合并/断开分段

使用"合并/断开分段"（ ）编辑样条线，首先选择样条线的中间点，然后单击鼠标右键，在快捷菜单中选择"断开分段"，可将样条线断开。这种断开方式是将当前点两侧的线段删除，如图 2-2-6 所示。

"合并分段"是把断开的线合并起来，首先选中要合并的两个点，然后执行"合并分段"操作。

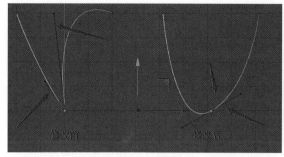

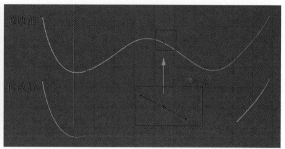

图 2-2-5　"相等切线长度/方向"编辑样条线　　　图 2-2-6　断开分段

4．分裂片段

使用"分裂片段"（<kbd>分裂片段</kbd>）编辑样条线，可以把完整的样条线分裂开。该分裂的特点是分裂开完整闭合的线段。该功能常用于对文本进行分割。例如，新建一个"文本"样条线，按快捷键 C（或单击 <kbd></kbd> 按钮）将文字转化为可编辑对象，单击"点"级别（<kbd></kbd>）按钮，再单击鼠标右键，在快捷菜单中选择"分裂片段"，其效果如图 2-2-7 所示，该文本被分成了三个部分。

5．设置起点

使用"设置起点"（<kbd>设置起点</kbd>）编辑样条线，可以翻转样条线的起始点，可从颜色上进行判断，如图 2-2-8 所示。

图 2-2-7　文本分裂后的效果　　　　　图 2-2-8　"设置起点"编辑样条线

6．创建轮廓

使用"创建轮廓"（<kbd>创建轮廓</kbd>）编辑样条线。以矩形样条线为例，可以原点为中心向内或向外复制矩形，当其轮廓距离为正值时，表示向外复制矩形；当其轮廓距离为负值时，表示向内复制矩形，效果如图 2-2-9 所示。

7．断开连接

使用"断开连接"（<kbd>断开连接…</kbd>）编辑样条线，如图 2-2-10 所示，其主要作用是断开样条线。与"断开分段"不同的是，该方式不会删除点两侧的线段。

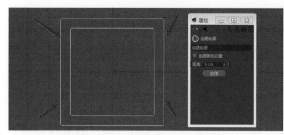

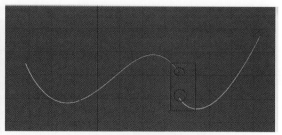

图 2-2-9　"创建轮廓"编辑矩形　　　　图 2-2-10　"断开连接"编辑样条线

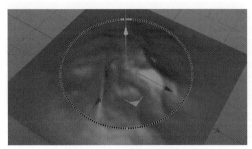

图 2-2-11　细分样条线

8．投射样条

使用"投射样条"（投射样条）编辑样条线，可以使样条线的形态以模型的形态呈现。例如，在预制模型中单击"地形"（地形）按钮，绘制一个地形，在地形上方添加一个圆环样条线，按快捷键 C 将其转化为编辑对象，然后单击"细分"（细分...）按钮增加圆环点的数量，如图 2-2-11 所示，最后使用"投射样条"命令，这时圆环会随地形的改变而发生变化。

将视图切换至顶视图，单击投射样条线面板中的"应用"按钮，回到透视图观察结果，如图 2-2-12 所示。

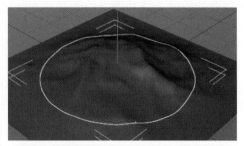

图 2-2-12　投射样条线效果

9．其他常用快捷工具

在样条线转变成可编辑对象后，使用以下快捷工具可对其进行编辑。

（1）"创建点"（创建点）：可在样条线或模型上添加新的点。

（2）"磁铁"（磁铁）：可进行限定范围的移动。

（3）"镜像"（镜像）：可对样条线进行镜像复制，其效果如图 2-2-13 所示。

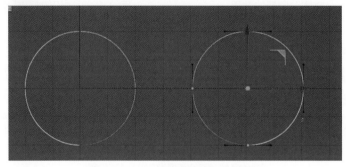

图 2-2-13　镜像样条线后的效果

（4）"排齐"（排齐）：可令样条线上的所有点在同一水平线上。

（5）"平滑"（平滑）：可通过调节参数增加或减少样条线上的点，并通过样条线上点数量的变化改变样条线的形态。

（6）"细分"（细分...）：可增加样条线上点的数量，但不会改变样条线的形态。

（7）"焊接"（焊接）：可把样条线上的任意两个点变成一个点。

（8）"倒角"（倒角）：就是使直角变成圆角。例如，新建一个矩形样条线，将其转变成可编辑对象，在"点"级别下，单击鼠标右键，执行"倒角"操作，通过改变倒角半径值来改变倒角的形状，如图 2-2-14 所示。

图 2-2-14 倒角矩形的效果

2.3 NURBS 建模命令

曲面建模，也称为 NURBS（Non-Uniform Rational B-Splines）建模，其含义是非统一均分有理性 B 样条。简单地说，NURBS 就是专门用于绘制曲面物体的一种造型方法。NURBS 建模总是由曲线和曲面来定义的，所以要在 NURBS 表面生成一条有棱角的边是很困难的。正是因为这一特点，可以用它做出各种复杂的曲面造型以及表现特殊的效果，如人的皮肤、面貌或流线型的跑车等。

在 C4D 中，NURBS 建模命令共有 6 个，分别是"细分曲面""挤压""旋转""放样""扫描""贝塞尔"（图中"贝赛尔"为翻译错误，下同），如图 2-3-1 所示。

图 2-3-1 NURBS 建模命令

1. 细分曲面

"细分曲面"（ 细分曲面 ），简单地说，就是让模型对象变得圆滑，同时增加模型的分段数，还可以通过模型的"卡线"保持模型的"硬度"。

例如，在预制模型中，新建一个立方体（ ），选择立方体的原因是其边角平整，更能体现变化，如图 2-3-2 所示。执行"细分曲面"命令，立方体并未发生任何变化。其原因是两者没有产生联系，如图 2-3-3 所示。

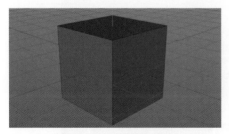

图 2-3-2 创建立方体

图 2-3-3 未建立父子关系的立方体

在 C4D 中要实现各种命令，实际上就是让对象建立"父子"关系。通常颜色为绿色的命令都为"父级"，级别较高。

让命令成为"父级"有两种方式：

（1）选择"子集"对象，将其拖曳至"父级"命令里，当指针旁边出现"↓"符号时松开鼠标左键。

（2）选中"子集"对象，按住 Alt 键，再选择当前命令，松开鼠标左键，当前命令自动成为"父级"，如图 2-3-4 所示。

这样就可以看到立方体的变化了：立方体变圆滑，同时分段数增加。模型上的黑线是模型的结构线，可以连续按快捷键 N+B 进行光影着色（线条）显示。

"细分曲面"的主要参数有两个，即"编辑器细分"和"渲染器细分"，如图 2-3-5 所示。二者的相同点都是增加分段数，但是前者只能影响在视图中显示的细分数，后者影响的是渲染输出，渲染输出效果可以通过单击 ▣▣▣ 按钮查看。

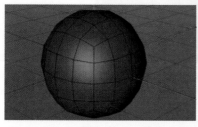

图 2-3-4　建立父子关系的立方体

图 2-3-5　细分曲面的参数

2. 挤压

"挤压"（ ▣ 挤压 ）是使用率极高的建模命令，其特点是需要以一条样条线作为基础形态，再使用挤压命令作为"父级"，生成模型。经常用它来生成标志、Logo、文本等模型。

例如，在预制样条线中，找到"文本"样条，输入大写字母"D"，然后使用"挤压"命令，让文本样条线成为"挤压"命令的子集，如图 2-3-6 所示。在挤压对象属性面板中，改变"移动"参数的数值，可改变字母 X、Y、Z 方向上的厚度，如图 2-3-7 所示。

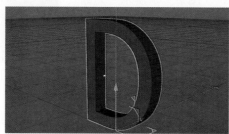

图 2-3-6　挤压文本的效果

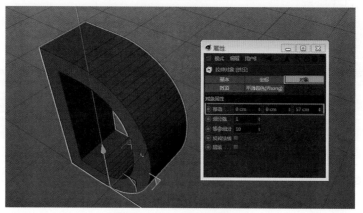

图 2-3-7　改变移动参数

对象属性中"细分"的作用是增加模型侧面的分段数，如图 2-3-8 所示。使用"等参细分"属性，需要在视图窗口的"显示"属性中打开"等参线"显示（操作完成后，在"线框"模式下查看其效果），如图 2-3-9 所示。在"封顶圆角"属性中，"顶端"和"末端"两组属性是相同的，区别是挤压的方向分别是向前和向后，如图 2-3-10 所示。

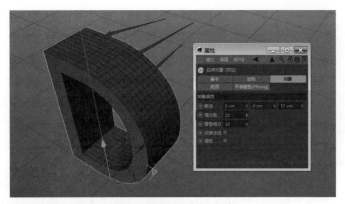

图 2-3-8　改变细分数

图 2-3-9　等参线

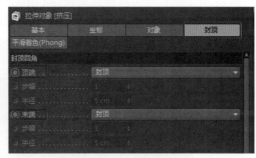

图 2-3-10　封顶圆角

"顶端/末端"属性有 4 种类型，即"无""封顶""圆角""圆角封顶"，其效果如图 2-3-11 所示。

图 2-3-11　"顶端/末端"属性效果

"步幅/半径"属性用于调节"圆角"的细分数和大小，如图 2-3-12 所示。

图 2-3-12　"步幅/半径"属性

图 2-3-13　圆角类型

"圆角类型"属性用于选择圆角的种类，当封顶类型为圆角封顶时，依次选择圆角类型，效果如图 2-3-13 所示。

"平滑着色（Phong）角度"属性可改变相邻面之间的平滑度，其数值越大，面越平滑。"外壳向内"属性是指从外向内收缩。"穿孔向内"属性是指从内向外扩张。"约束"属性是指在整体范围内样条线大小相同。"类型"属性是指可将模型前面或后面的结构线调整为"无""三角形""四边形"三类。"标准网格"和"宽度"属性的关系是，当勾选"标准网格"后，"宽度"属性才能启用，其数值越小，网格分段数越多。上述操作都需要按快捷键 N+B 执行，即光影着色（线条）显示。

3．旋转

旋转（![旋转]）是指以曲面的轮廓和中心轴生成模型，具体操作如下。

（1）新建一个工程，将视图切换到正视图，然后在属性区域中选择"模式"→"视图设置"→"背景"，导入酒杯素材图片，如图 2-3-14 所示。

（2）在正视图中，利用画笔（![画笔]）工具，勾画酒杯的轮廓，如图 2-3-15 所示。

图 2-3-14　切换视图后导入图片

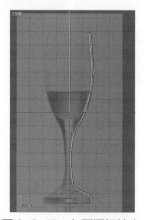

图 2-3-15　勾画酒杯轮廓

（3）执行"旋转"命令，将刚才绘制的样条线设置为旋转的子集（![图标]），再切换到透视图检查其效果，如图 2-3-16 所示。

（4）设置旋转参数。"旋转对象"的主要参数在"对象属性"中进行设置，如图 2-3-17 所示。

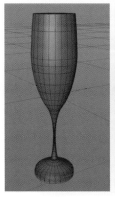
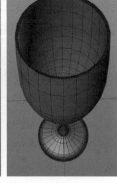

图 2-3-16　旋转后的效果

图 2-3-17　旋转对象属性

其中，"角度"属性调节模型的"完整度"，当输入数值为 180 时，如图 2-3-18 所示。

"细分"属性增加模型的细分数。如果想让模型更圆滑，还需要选择样条线，在样条线属性中，将"点插值方式"设为"自然"，如图 2-3-19 所示。

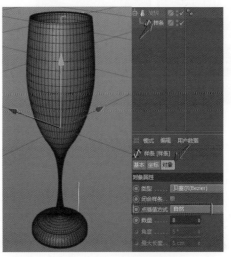

图 2-3-18　角度为 180° 的效果　　　　　　　图 2-3-19　细分模型

"网格细分"属性是指等参线细分。

"移动/比例"属性调整模型沿 Y 轴上下移动，同时可进行缩放，如图 2-3-20 所示。

4．放样

"放样"（🖊 放样）将一个二维线条对象作为沿某个路径的剖面，通过放样后形成复杂的三维对象。同一路径上可在不同的位置"放样"不同的线条，从而形成复杂的模型。具体操作如下。

（1）在样条线菜单中，选择画笔工具（🖊），选择圆环工具（⭕ 圆环），在圆环对象属性中，平面选择 XY，在 Y 轴方向复制样条线，使各圆环间有一段距离，并且调整圆环的大小。在 C4D 中复制的方式有两种，一种是采用传统的方式，即按快捷键 Ctrl+C 复制，再按快捷键 Ctrl+V 粘贴；另一种方式是选中复制的对象，同时按住 Ctrl 键，移动对象，即可完成复制，如图 2-3-21 所示。

图 2-3-20　"移动/比例"属性效果图　　　　　　图 2-3-21　复制圆环

（2）添加"放样"，使所有"圆环"都成为其命令的子集，效果如图 2-3-22 所示。

（3）设置放样参数。"网孔细分 U"表示竖向的分段数，"网孔细分 V"表示横向的分段数，"网格细分 U"表示等参线的细分。"放样"的主要参数可按图 2-3-23 所示进行设置。

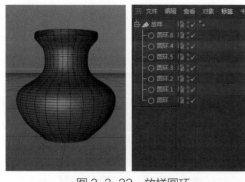

图 2-3-22　放样圆环

图 2-3-23　"放样"参数设置

5. 扫描

执行"扫描"（ ⬭ 扫描 ）操作要求必须有两条样条线，一条是路径线，另一条是结构线，这样才能生成模型。具体操作如下。

（1）用画笔工具随意画出一段曲线，再使用星形工具（ ☆ 星形 ）新建一个星形，如图 2-3-24 所示。

（2）让两条样条线成为"扫描"的子集，注意，结构线在上（即星形在上），路径线在下（即曲线在下），如图 2-3-25 所示。

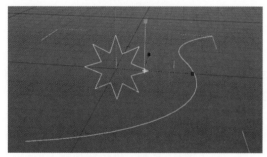

图 2-3-24　绘制两条样条线

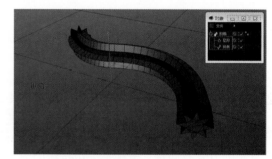

图 2-3-25　执行"扫描"命令

（3）设置扫描参数。"扫描"的主要参数在"对象"属性中可按图 2-3-26 所示进行设置。

各参数的含义如下：

"网格细分"表示等参线的细分。

"终点缩放/旋转"表示设置的样条线终点的大小和旋转角度。绘制样条线时，最后一个点为终点。任意改变参数数值，观察其差异，如图 2-3-27 所示。

图 2-3-26　扫描参数设置

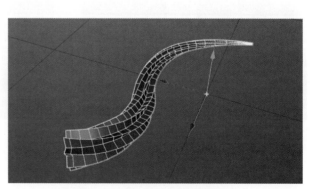

图 2-3-27　改变扫描的参数

"开始/结束生长"表示在路径线上进行生长位移。该属性一般在制作生长动画时经常使用到。

"细节"属性展开后，可显示曲线控制面板，其主要作用是依据曲线面板的曲率，控制"缩放"和"旋转"，如图 2-3-28 所示。

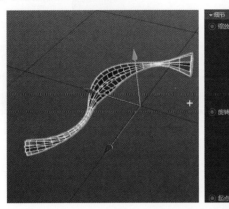 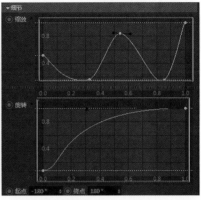

图 2-3-28　改变缩放/旋转的曲线

6．贝塞尔

"贝塞尔"（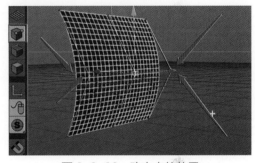）是一种曲面建模命令，可以自动生成曲面模型。要使用该命令，必须先将模型设为"点"级别，然后再选择蓝线上的点，当点的位置发生变化时，模型也随之发生变化，如图 2-3-29 所示。

"贝塞尔"的主要参数都在"对象"属性中，如图 2-3-30 所示。主要包括"水平/垂直细分"，表示增加模型的分段数；"水平/垂直网点"，表示增加控制点的数量；勾选"水平/垂直封闭"后可使平面变为封闭结构，如图 2-3-31 所示。

图 2-3-29　改变点的位置

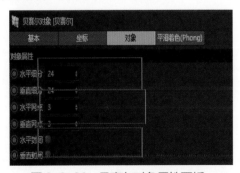 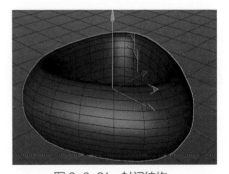

图 2-3-30　贝塞尔对象属性面板　　　图 2-3-31　封闭结构

练　习

1．在 C4D 中常见的样条线有哪些？它们有什么不同？
2．在 C4D 中 NURBS 建模有哪几种？这些建模模式有什么不同？
3．使用 C4D 创建如图 2-4-1 所示的模型。
4．使用 C4D 创建如图 2-4-2 所示的模型。

图 2-4-1　酒杯

图 2-4-2　多样模型

第3章

多边形建模

多边形建模，也称 POLYGONS 建模，它是将一个对象首先转化为可编辑的多边形对象，然后通过对该多边形对象的各个子集对象进行编辑和修改来实现建模的过程，这里的各个子集主要模式有"点""线""面"三个层级。多边形从技术角度来讲比较容易掌握，在创建复杂表面时，细节部分可以任意增加结构线，在结构穿插关系很复杂的模型中就能体现出它的优势。

3.1 多边形建模中的预制模型

3.1.1 预制模型的概念

在多边形建模中提供了很多预制模型，它们是最基本的几何体和最常用的模型组件，我们可以通过对预制模型的编辑、修改及重组来实现结构复杂的多边形建模。

3.1.2 预制模型的初认知

1. 预制模型组的内容概览

在菜单工具栏中找到预制模型组（ ），如图 3-1-1 所示。

预制模型组中包含的基本模型分别是空白、立方体、圆锥、圆柱、圆盘、平面、多边形、球体、圆环、胶囊、油桶、管道、角锥、宝石、人偶、地形、地貌、引导线。接下来我们逐个对预制模型进行分析解释。

2. 预制模型的认知

"空白"（ ）也称"空组"，如图 3-1-2 所示，这是一个空的组件，在预制模型组件中是个不包含参数的预制物，相当于"空的文件夹"。

图 3-1-1 预制模型组

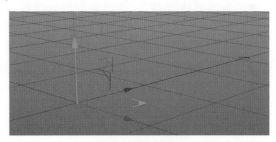

图 3-1-2 空白

"立方体"（⬡ 立方体），是基本的几何体模型。在它的属性栏可以看到一些基本的对象属性信息，如图 3-1-3 所示。

- "尺寸 X，Y，Z"：立方体三个轴向的大小。
- "分段 X，Y，Z"：立方体三个轴向的分段数。
- "分离表面"：立方体转变为可编辑对象以后，每一个面就会成为独立的模型。
- "圆角"：勾选后标志着倒角的开启。图 3-1-3 所示的状态为"圆角"开启的模式。
- "圆角半径/细分"：分别表示倒角的大小和分段数。图 3-1-3 所示的是立方体开启半径为 5cm、细分数为 5 的圆角。

"圆锥"（△ 圆锥），是比较常用的几何体。它的主要参数有"对象""封顶""切片"等，如图 3-1-4 所示。"对象"属性中的各个参数如下。

- "顶部半径"：上方圆的半径的大小，默认为"0"，所以成为圆锥。
- "底部半径"：下方圆的半径的大小，默认为"100"。如果上、下圆大小一样，则成为圆柱。
- "高度"：Y 轴方向上的缩放。
- "高度/旋转分段"：圆锥竖/横向的分段数。
- "方向"：用来调节圆锥的朝向。图 3-1-4 所示为+Y 轴方向竖直向上。

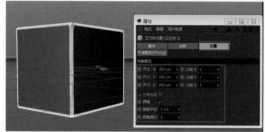 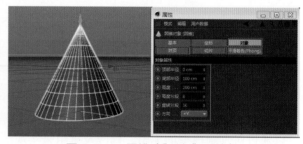

图 3-1-3　立方体　　　　　　　　　　图 3-1-4　圆锥（"对象"属性）

"封顶"属性中的各个参数，主要是对圆锥上下位置进行调整，如图 3-1-5 所示。

- "封顶"：去掉勾选后，模型上下两个封顶镂空。
- "封顶分段"：圆锥上圆的分段数。
- "圆角分段"：圆锥上圆的圆角分段。
- "顶部/底部"：开启圆角。
- "半径/宽度"：圆角的大小/高度。

"切片"属性主要调节圆锥的范围，如图 3-1-6 所示。

- "切片"：勾选后，可以开启模型的起点/终点属性。
- "起点/终点"：设置圆锥的范围。
- "标准网格/宽度"：更改截面的分段数。

"圆柱"（⬭ 圆柱），与"圆锥"的参数基本相同，可以看成上下等大的圆锥。

"圆盘"（⬭ 圆盘），是比较常用的几何体，如图 3-1-7 所示。

- "内部半径"：默认为"0"，增大后圆盘镂空。
- "外部半径"：整体范围大小。
- "圆盘分段"：圆盘的径向分段数。
- "旋转分段"：圆盘旋转方向的分段数。
- "方向"：调节圆盘的朝向。

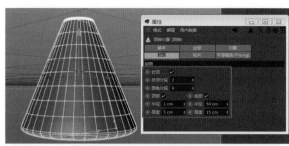

图 3-1-5 圆锥（"封顶"属性）

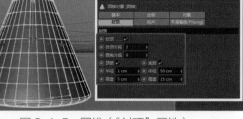

图 3-1-6 圆锥（"切片"属性）

"平面"（ 平面 ），是常用的几何体，如图 3-1-8 所示。

● "宽/高"：调节平面面积的大小。

● "宽/高分段"：调节平面分段数。

● "方向"：调节平面的朝向。

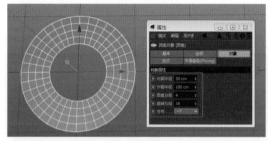

图 3-1-7 圆盘

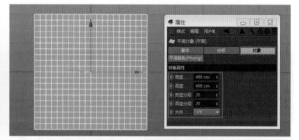

图 3-1-8 平面

"多边形"（ 多边形 ），默认为四边形。若勾选"三角形"，则成为三角形平面，如图 3-1-9 所示。

● "宽/高"：调节多边形面积的大小。

● "分段"：调节分段数。

● "三角形"：勾选以后模型成为三角形。

● "方向"：调节多边形的朝向。

"球体"（ 球体 ），是常用的几何体，如图 3-1-10 所示。

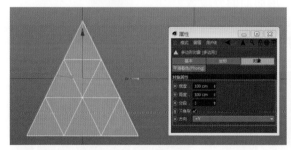

图 3-1-9 多边形

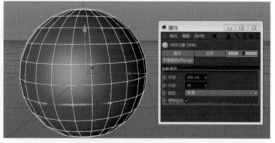

图 3-1-10 球体

● "半径"：调节球体大小。

● "分段"：调节球体分段数。

● "类型"：有多种类型可以选择，如图 3-1-11 所示。

● "理想渲染"：勾选该属性，能以最少的分段数渲染成球体。例如，把"分段"调整为"3"，然后，按组合键 Ctrl+R 进行渲染，观看渲染前后的对比，如图 3-1-12 和图 3-1-13 所示。

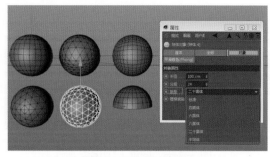

图 3-1-11　球体类型

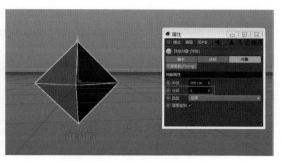

图 3-1-12　渲染前

"圆环"（ 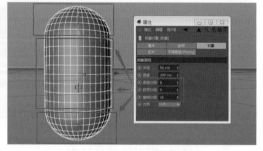 圆环 ），即圆形环状的几何对象，如图 3-1-14 所示。

● "圆环半径"：整体范围大小。
● "圆滑分段"：圆环分段数。
● "导管半径"：圆环自身的粗细。
● "导管分段"：导管截面的分段数。
● "方向"：调节圆环的朝向。

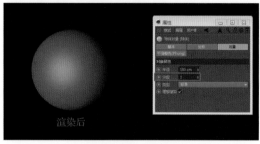

图 3-1-13　渲染后

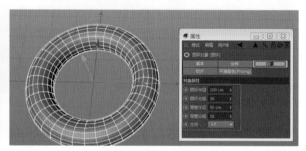

图 3-1-14　圆环

"胶囊"（ 胶囊 ），是比较常用的几何体，如图 3-1-15 所示。

● "半径"：调节圆柱范围大小。
● "高度"：调节圆柱长度。
● "高度分段"：增加圆柱中部的分段数。
● "封顶分段"：增加圆柱上下封顶部分半球形曲面的分段数。
● "旋转分段"：增加圆柱竖向的分段数。
● "方向"：调节胶囊的朝向，如图 3-1-16 所示。

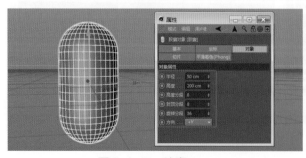

图 3-1-15　胶囊

图 3-1-16　胶囊的方向

"油桶"（ 油桶 ），是比较常用的几何体，参数基本与胶囊相同。

"管道"（ 管道 ），可以看成中空的圆柱体，如图 3-1-17 所示。

● "内部半径"：内部圆孔的半径大小。

- "外部半径"：整体管道的半径大小。
- "旋转/封顶/高度分段"：可以调整管道的旋转分段数和高度方向上的分段数。
- "高度"：调节管道的长度。
- "圆角"：勾选后会在管道的边缘开启倒角。
- "分段"：圆角的分段数。
- "半径"：圆角的半径大小。

"角锥"（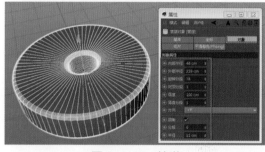），是比较常用的几何体，如图 3-1-18 所示。

- "尺寸"：可以调节角锥整体大小。
- "分段"：调节角锥的竖向分段数。
- "方向"：调节角锥的朝向。

图 3-1-17　管道

图 3-1-18　角锥

"宝石"（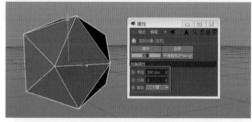），是比较常用的几何体，如图 3-1-19 所示。

- "半径"：调整宝石几何体整体的大小。
- "分段"：调整整体分段数。
- "类型"：有 6 种类型可以选择，如图 3-1-20 所示。

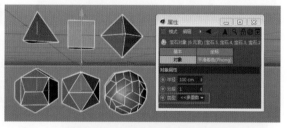

图 3-1-19　宝石

图 3-1-20　宝石的 6 种类型

"人偶"（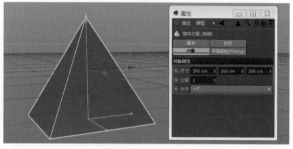），把人偶转变为可编辑多边形之后，回到大纲视图，会发现，人偶的每一个关节都是独立的，对关节可以进行任意旋转，摆出各种造型，如图 3-1-21 所示。

"地形"（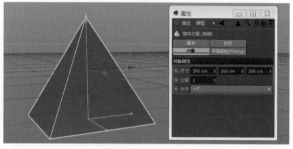），用来模拟山地地形、海面波浪等，如图 3-1-22 所示。

- "尺寸"：调节地形整体的大小。
- "宽度/深度分段"：增加整体分段数。
- "粗糙/精细褶皱"：如果"褶皱"程度加大，则地形就会越精细，如图 3-1-23 所示。
- "缩放"：调节"褶皱"的大小，数值越大褶皱越明显，如图 3-1-24 所示。
- "海平面"：强度指数越大海平面越高，"褶皱"效果越弱，如图 3-1-25 所示。
- "地平面"：强度指数越小，"褶皱"效果越好，如图 3-1-26 所示。
- "方向"：用来调节地形的朝向。
- "多重不规则"：勾选以后，会让地形产生不同的形态变化。

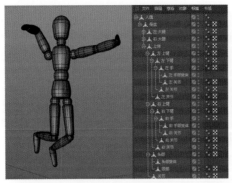
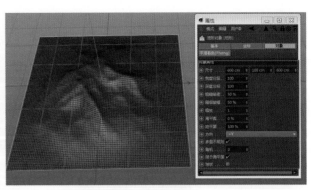

图 3-1-21　人偶　　　　　　　　　　　　　图 3-1-22　地形

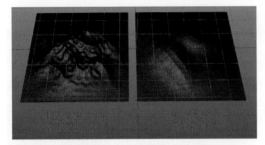
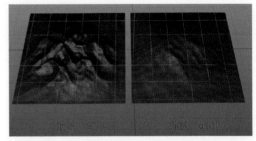

图 3-1-23　粗糙/精细褶皱　　　　　　　　　图 3-1-24　缩放

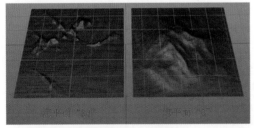
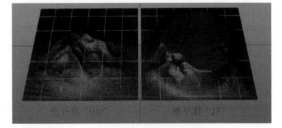

图 3-1-25　海平面　　　　　　　　　　　　图 3-1-26　地平面

- "随机"：调节以后，会使地形随机改变，地貌的形态也会随机改变。
- "限于海平面"：去掉勾选以后，可以模拟海面波浪的效果，如图 3-1-27 所示。
- "球状"：勾选以后，地形会变成球体，仍然会保持褶皱，如图 3-1-28 所示。

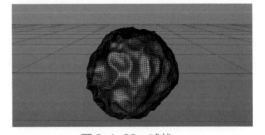

图 3-1-27　限于海平面　　　　　　　　　　图 3-1-28　球状

3.2　多边形建模中的选择命令

3.2.1　选择命令概述

在多边形建模中，只有准确选择可编辑多边形的各个子集（如"点""线""面"等元素），才能在建模过程中找到最为简捷的建模方式和方法,来高效、高质量地完成建模任务。选择命令可以在菜单工具栏(文件 编辑 创建 选择 工具 网格)中找到。当然选择命令有很多快捷键,熟练记忆快捷键可以帮助我们进行快速准确的建模。

3.2.2 选择命令

在菜单栏中打开选择命令,如图 3-2-1 所示。接下来逐个解释多边形建模过程中会遇到的各个选择命令及其注意事项。

图 3-2-1 选择命令

"循环选择"(循环选择),快捷键为 U-L,新建一个"球体",转变为可编辑对象()后,进入"边"级别(),进行选择,会选择一圈循环的线,在"点""面"模式下都是如此。如图 3-2-2 所示为循环选择球体表面一圈的线。

"环状选择"(环状选择),快捷键为 U-B,新建一个"球体",转变为可编辑对象()后,进入"边"级别(),进行选择,会选择一圈平行不相连的"线"或"点"。在"面"模式下,则与"循环选择"相同,如图 3-2-3 所示。

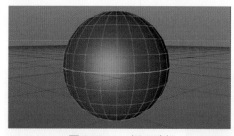
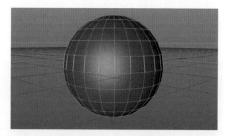

图 3-2-2 循环选择   图 3-2-3 环状选择

"轮廓选择/填充选择"(),属于转换型选择,快捷键分别为 U-Q/U-F,分别是"面"转换为"边""边"转换为"面"的选择方式,如图 3-2-4 所示。

图 3-2-4 轮廓选择/填充选择

"路径选择"(路径选择),快捷键为 U-M,可以自由进行勾画选择,但只能在"点""边"模式下使用,按住 Shift 键可以叠加多选,如图 3-2-5 所示。

"选择平滑着色（Phong）断开"（ 选择平滑着色(Phong)断开 ），首先对模型执行"断开平滑着色"命令，只能在"边"模式下进行，如果想选择要断开的边，则先单击鼠标右键，选择 断开平滑着色(Phong) 命令，再切换到"选择平滑着色（Phong）断开"选项，会发现断开的位置被统一选择，如图 3-2-6 所示。

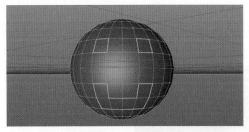

图 3-2-5　路径选择

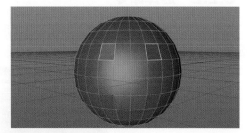

图 3-2-6　选择平滑着色（Phong）断开

"全选"（ 全选 ），全部选择当前所有子集（"点""线""面"模式）。

"取消选择"（ 取消选择 ），取消选择所有子集（"点""线""面"模式）。

"反选"（ 反选 ），反向选择，快捷键为 U-I。

"选择连接"（ 选择连接 ），类似于"全选"。

"扩展选择/收缩选择"（ 扩展选择 ），递进式选择，快捷键为 U-Y/U-K，执行一次命令，选择范围扩大一圈，如图 3-2-7 所示。

"隐藏选择"（ 隐藏选择 ），可以让选择的"点""线""面"不可见。

"隐藏未选择"（ 隐藏未选择 ），可以让未选择的"点""线""面"不可见。

"全部显示"（ 全部显示 ），隐藏后可以用"全部显示"再次恢复。

"反转显示"（ 反转显示 ），先执行一次"隐藏选择"，再执行"反转显示"，原有隐藏的模式会显示，没有隐藏的模式会隐藏。

"转换选择模式"（ 转换选择模式 ），快捷键为 U-X，可以由当前的模式转换到另一种模式，如"点"转换到"边"。设定好转换模式后，单击转换按钮即可，如图 3-2-8 所示。

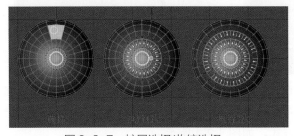

图 3-2-7　扩展选择/收缩选择

图 3-2-8　转换选择模式

"设置选集"（ 设置选集 ），设置模型的"点""线""面"选集。选集（ 球体 ）以标签的形式体现在图层右侧，其中， 是点选集， 是线选集， 是面选集。

3.3　POLYGONS 主要建模命令的学习

3.3.1　主要建模命令的类型

如同样条线的编辑一样，POLYGONS 建模也有很多的辅助命令，以便我们更快地得到所需模型。POLYGONS 建模具体分为两类，即创建类型、编辑修改类型，如图 3-3-1 所示。

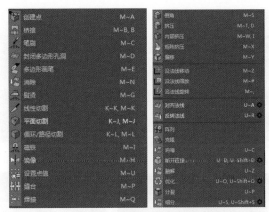

图 3-3-1　创建类型、编辑修改类型

3.3.2　建模命令

创建类型的建模命令和编辑修改类型的建模命令同等重要，但是为了更高效、高质量地完成建模任务，需要熟练掌握每一种建模命令，这样才能在第一时间选择正确的建模命令。下面逐个分析解释各个建模命令的功能和注意事项。

"创建点"（创建点），快捷键为 M-A，样条线编辑也可以使用，可以在模型的任意地方添加新的"点"。

"桥接"（桥接），快捷键为 M-B、B，可以把断开的模型连接到一起，前提是其为一个整体的对象。例如，新建两个立方体，拉开一段距离，然后把模型转变为可编辑对象（ ）后，再把相对的两个"面"删除。具体步骤是：先选择需要连接的物体，即在大纲视图中单击鼠标右键选中物体，再执行"连接对象+删除"（连接对象+删除）命令。"桥接"命令使用频率很高，主要用于将多个模型或样条线连接成一个整体，如图 3-3-2 所示。

进入物体的"边"级别，执行"桥接"命令，选中其中一个边按住鼠标左键不放进行拖曳，白色区域是将要生成的模型（预览图）。检查预览图，如果是想要的结果，那么松开鼠标左键即可完成桥接。如图 3-3-3 所示为桥接预览。

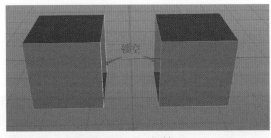

图 3-3-2　桥接

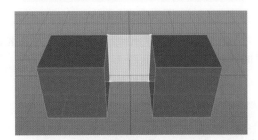

图 3-3-3　桥接预览

"笔刷"（笔刷），快捷键为 M-C，带有范围吸附性的选择，吸附强度由中心向四周递减，吸附范围由鼠标中键上下滑动调节大小。例如，新建平面模型，在属性中增加分段数，然后把模型转变为可编辑对象后，在"点""线""面"模式下执行命令，如图 3-3-4 所示。

"封闭多边形孔洞"（封闭多边形孔洞），快捷键为 M-D，用于把镂空的面予以封闭。例如，新建圆盘，按下快捷键 C，把模型转换为可编辑对象以后，删除中间的面，执行"封闭多边形孔洞"命令，如图 3-3-5 所示。

"多边形画笔"（多边形画笔），属于模型创建工具，快捷键为 M-E，它依据模型的"点""线""面"三个模式，从而创建模型。注意模式的切换，要在命令的属性区选择，如图 3-3-6 所示。

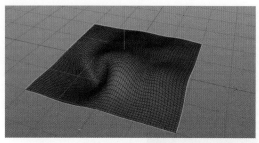

图 3-3-4　笔刷

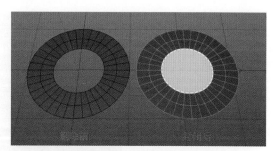

图 3-3-5　封闭多边形孔洞

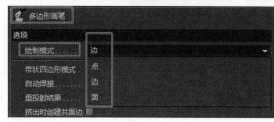

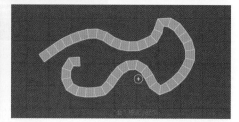

图 3-3-6　多边形画笔

　　"消除"（消除），快捷键为 M-N，类似于删除，一般在"边"模式下使用，同样的模型下，用"Delete"键删除边和用"消除"命令删除边，结果是不一样的。消除如图 3-3-7 所示。

　　"熨烫"（熨烫），快捷键为 M-G，用于让模型边变平滑，可以观察到结构线的变化，如图 3-3-8 所示。

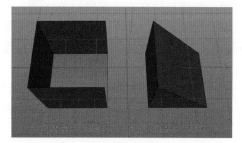

图 3-3-7　消除

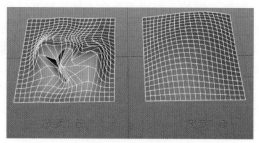

图 3-3-8　熨烫

　　"线性切割"（线性切割），快捷键为 K-K、M-K，主要用来切割模型，因切割线为直线，所以叫"线性切割"，如图 3-3-9 所示。

　　"线性切割"的属性如图 3-3-10 所示。

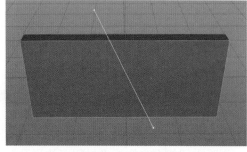

图 3-3-9　线性切割

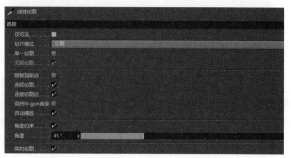

图 3-3-10　线性切割属性

　　"仅可见""切片模式"，"仅可见"去掉选中，就只能在"切片模式"中选择，选项分别为"分割""切割""移除 A 部分""移除 B 部分"，如图 3-3-11 所示。

"分割"与"切割"，从外形看非常相似，但是有很大的区别，分割会把模型的面割裂开，切割则不会，如图 3-3-12 所示。

图 3-3-11　切片模式

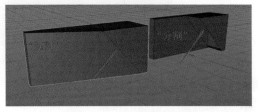

图 3-3-12　切割与分割

"移除 A/B 部分"，切割完成后一部分模型会消失，如图 3-3-13 所示。

图 3-3-13　移除 A/B 部分

"单一切割"，去掉选择后可以有多条切割线，勾选时只有一条切割线。

"无限切割"，勾选后切割线可以有无限长度。

"角度约束/角度"，勾选后可以输入角度，按照固定角度进行切割。

"平面切割"（ 🔘 平面切割 ），快捷键为 K-J、M-J，和"线性切割"很像，不过可调节参数更多，切割后还可以继续调节，切割位置可以通过新坐标轴调节，如图 3-3-14 所示。

平面切割的属性面板如图 3-3-15 所示。

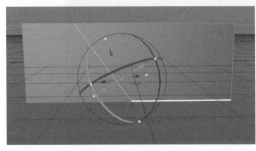

图 3-3-14　平面切割

图 3-3-15　平面切割属性面板

"模式"，与"线性切割"的模式相同。

"平面模式"，分别为"自由""全部""全局""摄像机"，默认为"自由"模式。

"平面位置/旋转"，调节图 3-3-14 中的坐标轴。

"偏移"，移动剪切线的位置。

"切割数量"，增加剪切线的数量。

"间隔"，调节剪切线之间的距离。

"偏移""切割数量""间隔"如图 3-3-16 所示。

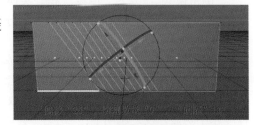

图 3-3-16　偏移、切割数量、间隔

"循环/路径切割"（ 🔘 循环/路径切割 ），快捷键为 K-L、M-L，是常用的一种切割方式。"循环/路径切割"会带有一个 HUD 操作界面，这是它非常直观的特点，如图 3-3-17 所示。

图 3-3-17　循环/路径切割

75%：通过滑块，可调节剪切线的位置。

III：平均分配剪切线的位置。

+：增加剪切线的数量。

-：减少剪切线的数量。

"磁铁"（🖲 磁铁），快捷键为 M-I，在"点""线""面"模式下都可以使用，类似于笔刷命令，可以理解为柔性选择。

"镜像"（▶ 镜像），快捷键为 M-H，以镜像形式复制当前模型，主要是在"面"模式下进行。

"设置点值"（⊞ 设置点值），快捷键为 M-U，可以用参数来控制"点""线""面"下的位置坐标。

"缝合"（🔳 缝合），快捷键为 M-P，可以把选中的两条边合并成一条。

"焊接"（🔗 焊接），快捷键为 M-Q，可以把选中的两个点合并成一个点。

"旋转边"（🔁 旋转边），快捷键为 M-V，使选中的"边"进行旋转。

"滑动"（🔳 滑动），快捷键为 M-O，使选中的"边"在模型上移动。

"倒角"（📦 倒角），快捷键为 M-S，有比较多的参数可以设置，如图 3-3-18 所示。

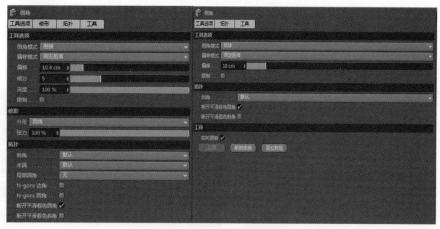

图 3-3-18　倒角参数面板

"倒角模式"，分为"倒棱"和"实体"。"倒棱"可以使物体变形为斜面或者曲面；"实体"则不会使物体变形，它一般用于配合细分曲面（🔵 细分曲面）在物体结构上进行约束线的绘制，如图 3-3-19 所示。

"偏移模式"，有三种情况："固定距离""径向"和"均匀"。在"固定距离"情况下，倒角会产生新的边，这些边会根据数值的变化进行等距离滑动；"径向"在交界线的位置会生成一个凸起的球面，在此模式下倒角会有细分数产生，"深度"一般为"-100"时比较明显，数值越小程度越不明显，反之越明显；"均匀"会以百分比形式来规定单位，调节大小时同等参数下得到的变化更大。

"偏移"，调节倒角的大小，如图 3-3-20 所示。

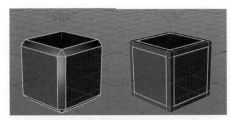
图 3-3-19 倒棱与实体对比

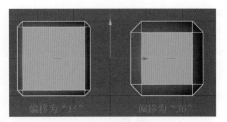
图 3-3-20 倒角的大小

"细分"，增加倒角的分段数，如图 3-3-21 所示。

"深度"，为正值时倒角向外突出，为负值时倒角向内凹陷，如图 3-3-22 所示。

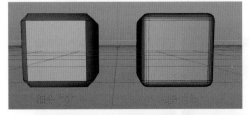
图 3-3-21 倒角的分段数

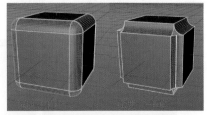
图 3-3-22 倒角的深度

"限制"，勾选以后，倒角范围可以控制，倒角会限制在一定范围内，不会超出模型。

"外形"主要调整倒角的形态，由三种模式进行调节。"圆角"，表示为默认类型时倒角保持一个圆弧度，如图 3-3-23 所示；"用户"，表示用函数曲线面板来影响倒角的外形，如图 3-3-24 所示；"轮廓"，表示以样条线的外形来影响倒角的外形，如图 3-3-25 所示。

"张力"，用百分比参数调整，用于调整圆弧的曲率。

倒角的外形和张力属性如图 3-3-23 所示。

图 3-3-23 倒角的外形和张力属性

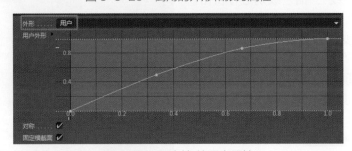
图 3-3-24 倒角的用户属性

"拓扑"，调节的是转角处的结构变化和首尾端的变化。

"斜角"，转角处的结构变化，有四种模式可以调节，分别为"默认""均匀""径向""修补"，如图 3-3-26 所示。

图 3-3-25 倒角的轮廓属性

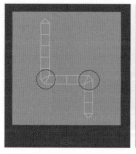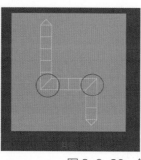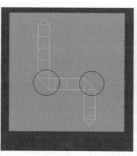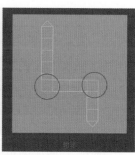

图 3-3-26　斜角的四种模式

"末端"，首尾端的变化，有三种模式可以调节，分别为"默认""延伸""插入"，如图 3-3-27 所示。

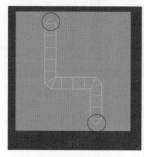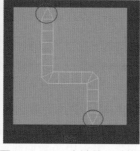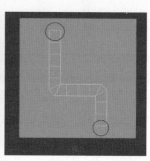

图 3-3-27　末端的三种模式

图 3-3-28　工具

"工具"，主要完成命令的执行和参数复位，如图 3-3-28 所示。"应用"，用于执行命令，也可以通过鼠标左右滑动执行命令。"新的变换"，可以在"应用"之后，再次执行倒角命令。"复位数值"，恢复默认数值。

"挤压"（ 挤压 ），快捷键为 M-T、D，可以把模型由"点""线""面"级别进行挤出，主要在"面""线"模式下进行。"偏移"用来设置挤压高度；"变量"数值越大，则多个面挤压时高低不同；"细分"表示挤压的模型位置的分段数；"封顶"勾选后挤压出的模型上的面为封闭状态，如果不勾选则为镂空。挤压如图 3-3-29 所示。

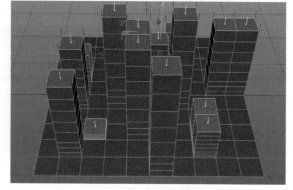

图 3-3-29　挤压

"内部挤压"（ 内部挤压 ），快捷键为 M-W、I，该命令只允许在"面"模式下使用，在原有面的基础上向内或向外形成新的挤压轮廓，如图 3-3-30 所示。

"矩阵挤压"（ 矩阵挤压 ），快捷键为 M-X，只允许在"面"模式下进行，挤压出来的模型非常有特点，带有"位移""缩放""旋转"属性，如图 3-3-31 所示。

"偏移"（ 偏移 ），快捷键为 M-Y，和"挤压"比较类似但有一些不同。例如，新建两个立方体，分别执行"偏移""挤压"命令，并去掉选项"保持群组属性"的选择，就可以很直观地看出区别，如图 3-3-32 所示。

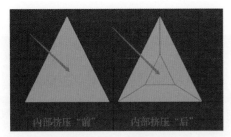

图 3-3-30　内部挤压

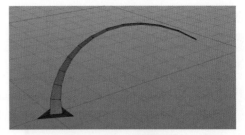

图 3-3-31　矩阵挤压

法线的概念：始终垂直于某平面的虚线并始终代表着此面的方向。

三维软件中的法线是用来描述表面的方向的。表面的方向很重要，比如贴一张图在一个表面上，就像在玻璃上贴一个字，在反面看这个字就是反的，所以表面法线是很重要的一个参数。

法线的观看：新建任意模型并转换为可编辑对象后，进入物体的"面"级别，并在"视图窗口"菜单中找到"选项"组，把"多边形法线"（ 多边形法线 ）显示打开，物体中心的白线即为"法线"，如图 3-3-33 所示。

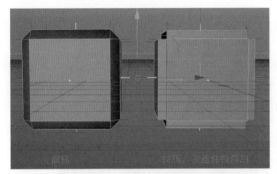

图 3-3-32　偏移与挤压效果对比

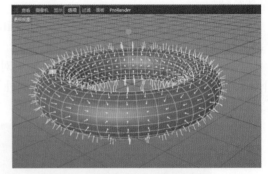

图 3-3-33　法线

"沿法线移动"（ 沿法线移动 ），快捷键为 M-Z，表示沿法线方向进行位移。

"沿法线缩放"（ 沿法线缩放 ），快捷键为 M-#，表示沿法线方向缩放。

"沿法线旋转"（ 沿法线旋转 ），快捷键为 M-,，表示以法线为轴进行旋转。

"对齐法线"（ 对齐法线 ），快捷键为 U-A，该命令可以使物体法线方向统一，如图 3-3-34 所示。

"反转法线"（ 反转法线 ），快捷键为 U-R，表示把法线反转向里，如图 3-3-35 所示。

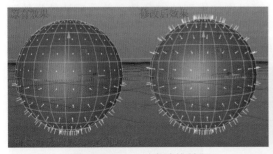

图 3-3-34　对齐法线效果

图 3-3-35　反转法线

"阵列"（ 阵列 ），以阵列克隆的外形复制对象。

"克隆"（ 克隆 ），以线性克隆的外形复制对象。

"坍塌"（ 坍塌 ），快捷键为 U-C，表示把选中的面收成一个点，如图 3-3-36 所示。

"断开连接"（ 断开连接... ），快捷键为 U-D、U-Shift+D，可以把"面"进行分裂，也可以让新分裂的面形成新的模型，如图 3-3-37 所示。

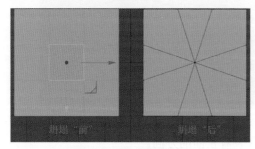

图 3-3-36　坍塌效果

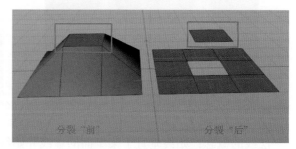

图 3-3-37　断开连接

参数后边有按钮 ⚙，表示有属性需要设置，单击后会出现属性对话框。

"保持群组"默认为勾选状态，如果去掉选择，则分裂的模型会形成一个新的完全体，可以在对象大纲视图中查看。

"融解"（🔧 融解），快捷键为 U-Z，在"点""线""面"模式下都可以使用，会把点、线、面消除掉。

"优化"（⚙ 优化...），快捷键为 U-O、U-Shift+O，主要作用是消除空闲的点，连接分裂的面为合并的面。

例如，新建一个球体并将其变为可编辑对象后，进入"面"级别，删除半球，会有废点留下，可以通过"融解"消除掉废点；新建圆柱并变为可编辑对象后，选择上面的封盖圆盘移动，会发现是断开的，优化后可以保持一个整体，如图 3-3-38 所示。

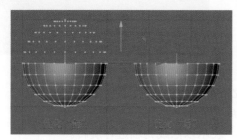

图 3-3-38　优化效果

"分裂"（🔲 分裂），快捷键为 U-P，可以把选中的面进行复制，从而生成一个新的模型，如图 3-3-39 所示。

"细分"（🔧 细分...），快捷键为 U-S、U-Shift+S，可以增加模型的细分数，单击后边的齿轮可以设置细分的数量，如图 3-3-40 所示。

"三角化"（🔧 三角化），可以将四边形变成三角形，如图 3-3-41 所示。

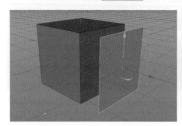

图 3-3-39　分裂效果

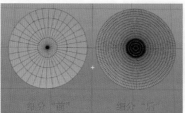

图 3-3-40　细分

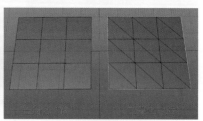

图 3-3-41　三角化

"反三角化"（🔧 反三角化...），快捷键为 U-U、U-Shift+U，可以把三角化的模型予以还原。

练　习

1．"循环选择"与"环状选择"的区别是什么？

2．多边形建模过程中有几种挤压命令？分别是在什么情况下才使用的？

3．在 C4D 中利用多边形建模方式创建如图 3-4-1 所示的模型。

4．在 C4D 中完成如图 3-4-2 所示的多边形建模练习。

图 3-4-1　多边形建模练习 1

图 3-4-2　多边形建模练习 2

第 **4** 章

建模案例——机械蚂蚁

4.1　机械蚂蚁建模概述

　　本章运用前面学习的建模基础知识，制作"机械蚂蚁"。该制作过程除了使用 NURBS 建模和 POLY 建模的基础命令，还要学习复杂模型结构布线知识。模型制作要求造型、整体比例和制作细节精准，制作效果如图 4-1-1 所示。

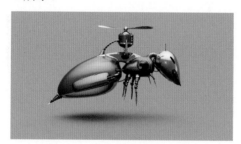

图 4-1-1　机械蚂蚁制作效果

4.2　机械蚂蚁头部建模基本操作

　　学习本节内容是为进一步复习、巩固建模知识和了解项目工程的步骤操作打基础。首先学习新建工作窗口和导入参考图的方法；其次学习蚂蚁头部建模的基本操作，此处会采用正方体建模方式，通过方体的旋转和点的调节，以及对称和挤压的处理来逐步实现头部模型的塑造；最后对蚂蚁头部进行调节，该操作在整个造型中起着重要的作用。本节的教学目标为巩固学生综合建模能力。

1．新建工程文件

（1）双击 CINEMA 4D 打开软件，并新建工程。

（2）单击鼠标中键，将视图切换至四视图，如图 4-2-1 所示。

（3）单击鼠标中键，将视图模式切换至正视图，如图 4-2-2 所示。

2．导入素材图片

　　在属性区面板找到"模式"菜单，打开下拉菜单中的"视图设置"命令，找到"背景"按钮，切换至"背景"属性组。在"背景"属性组中，单击"图像"右侧的省略号按钮，如图 4-2-3 所示。

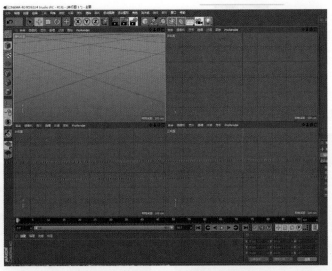

图 4-2-1　新建工作界面（四视图）

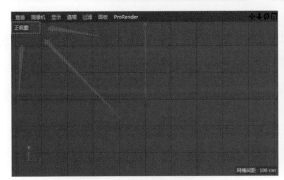

图 4-2-2　正视图界面

图 4-2-3　参考图导入窗口

弹出"打开文件"文件框，如图 4-2-4 所示。

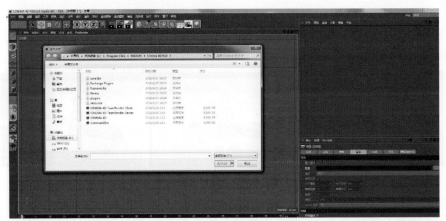

图 4-2-4　"打开文件"文件框

　　选中"蚂蚁图片"并单击"打开"按钮，可将图片导入正视图，如图 4-2-5 所示。单击鼠标中键可切换不同的视图，采用如上的操作方式，可把所需要的图片导入指定的视图之中。

3. 制作蚂蚁头部模型

1）新建方体模型

单击鼠标中键，切换至四视图，选中"透视视图"界面，在快捷工具栏中单击"方体" ⬛ 按钮，新建立方体。

2）模型旋转

按住 R 键，可切换至旋转模式，如图 4-2-6 所示。

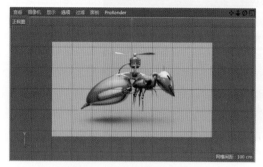
图 4-2-5　导入参考图

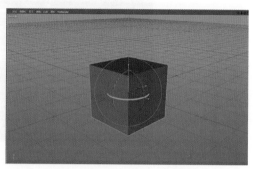
图 4-2-6　旋转方体模型

切换至正视图，单击蓝色的圈，使方形中间的圆圈变成白色，如图 4-2-7 所示。按住鼠标左键将其适当旋转，将方形旋转成与蚂蚁头部相平行，如图 4-2-8 所示。

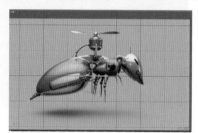
图 4-2-7　正视图界面旋转前

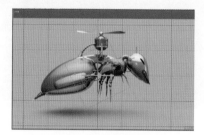
图 4-2-8　正视图界面旋转后

3）模型移动

按住 W 键，切换至坐标模式，单击红色方向坐标使其变成白色。按鼠标左键对其拖曳，将模型移至蚂蚁头部位置，如图 4-2-9 所示。

图 4-2-9　正视图界面移动方体

4）模型大小调整

模型大小调整有两种方式，一是单击模型上的"黄点"，按鼠标左键进行拖曳，可调整其大小，此操作方式比较便捷，但对模型大小调整不够精准，如图 4-2-10 所示；二是单击参数属性面板中的"对象"按钮，打开立方体的对象属性，可在"尺寸"选项中分别调整模型"X""Y""Z"轴向大小。例如，单击"尺寸 X"按钮框 尺寸.X 200 cm 右边的上下箭头调整"X"轴向大小，单击向上箭头可使模型沿"X"轴向加宽，单击向下箭头与之相反。也可直接在方框内输入数值来调整模型大小，如图 4-2-11 所示。注意：无论采用哪种方式调整模型，都必须保证模型是立方体对象模型，不能将模型转换为多边形对象模型。

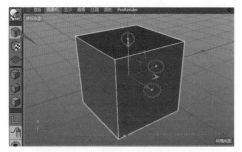

图 4-2-10　模型大小调整方式一

图 4-2-11　模型大小调整方式二

将基础模型转换为可编辑对象模型，快捷键为 C（以下简称将模型"C"掉）。单击参数属性面板上的"坐标"按钮，打开"坐标"属性界面，在"S"选项 中对"X""Y""Z"轴向进行缩放操作，可调整模型大小，如图 4-2-12 所示。以上操作适用所有模型。

在"正视图"中采用方式一，拖曳坐标上的"黄点"，将方形调整至正好包围蚂蚁头部的效果，如图 4-2-13 所示。

5）模型添加分段数

单击鼠标选中方体，在参数属性面板中单击"对象"

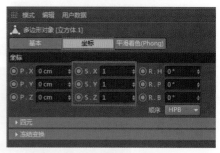

图 4-2-12　模型大小调整方式三

按钮，打开对象属性界面，找到分段数属性，分别对"X""Y""Z"设置参数。"X"的分段设置为"3"，"Y"分段设置为"4"，"Z"分段设置为"4"，如图 4-2-14 所示。添加分段数后，将模型显示方式调至"N-B 模式"，效果如图 4-2-15 所示。

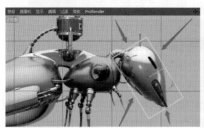

图 4-2-13　模型调整后效果图

图 4-2-14　添加分段数窗口

图 4-2-15　添加分段数后的效果图

6）删除模型对称面

单击"可编辑对象"按钮 ，将方体模型"C"掉，单击"点"按钮 ，进入"点"级别。单击鼠标中键将视图显示模式切换至顶视图，单击鼠标框选方形上方的两排点（选中的点变为黄色），如图 4-2-16 所示。按住 Delete 键删除选中的"黄色点"，删除点后的效果如图 4-2-17 所示。

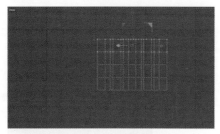

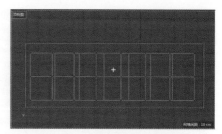

图 4-2-16　选中点后效果图　　　　图 4-2-17　删除点后效果图

7）添加模型的对称面

单击"使用模型模式"按钮，再单击"造型工具组"按钮右下角的黑色三角，打开隐藏的"造型工具窗口"。按住 Alt 键不松手（立方体模型成为"对称"的子集），同时单击"对称"按钮，添加"对称"模型，如图 4-2-18 所示。

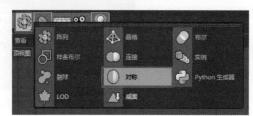

图 4-2-18　添加"对称"模型

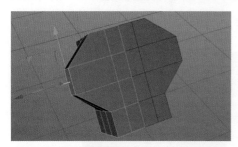

图 4-2-19　镜像平面"XY"方向效果图

提示：单击"对称"按钮，可使模型以坐标轴为中心复制。修改模型一边时，另一边会产生相同变化。添加完成后，单击"对称"按钮，在参数属性面板单击"对象"按钮打开对象界面，找到"镜像平面"属性调节"XY"轴向，"镜像平面"效果如图 4-2-19 所示。

8）点级别调节模型

（1）蚂蚁头部模型初步调节。先单击鼠标中键切换至"正视图"，再单击立方体按钮编辑模型，然后单击"点"按钮，进入"点"级别模型，如图 4-2-20 所示。将需要调节的点用鼠标框选，拖动鼠标，对其执行位置调节操作。调节模型形态时，参照参考图调节头部的点，使每个点的位置尽可能与参考图的结构点重合，如图 4-2-21 所示。点的调节是非常重要的环节，通过点的基本调节确定基础型，为后续精细造型做准备。

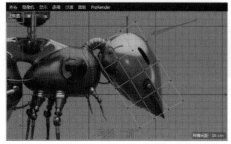

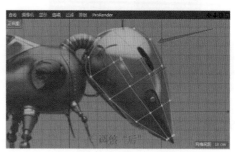

图 4-2-20　蚂蚁头部调整前　　　　图 4-2-21　蚂蚁头部调整后

调节完成后，单击鼠标中键切换至透视图观察模型，如图 4-2-22 所示。

（2）蚂蚁头部模型细节调节。先单击"边"按钮 ，进入"边"选择级别，再选择模型最外侧的两条环线，然后依次向内收紧调整。具体操作中，可利用"循环选择"工具的两种方式一次性选择环线。一是单击需要选择的外侧边，并按住 U-L 键完成边的选择；二是在"选择"菜单中单击"实时选择"按钮 右侧的黑色三角，打开隐藏的"选择工具窗口"，单击"循环选择"按钮

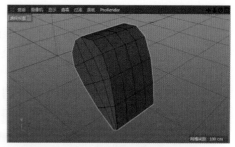

图 4-2-22　透视图模型显示效果

 ，选择要选的边。采用同样的方式，依次向内调节蚂蚁头部的其他竖向循环边，如图 4-2-23 所示。

（3）蚂蚁头部模型精修。单击"点"按钮 对模型进行精修，移动需要调节的点，使模型结构更加圆滑，形状更接近参考图，如图 4-2-24 所示。注意：调节点要细致，使形体前后保持对称，保持调节点所在的线结构平滑。

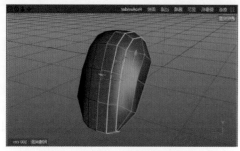

图 4-2-23　循环选择效果图

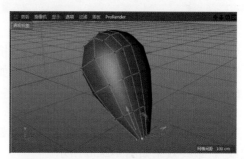

图 4-2-24　蚂蚁头部模型精修效果图

4．制作蚂蚁眼睛和嘴部模型

完成蚂蚁头部整体模型后，制作蚂蚁头部模型的眼睛和嘴。蚂蚁的眼睛和嘴在制作中需要进行镂空处理。目前模型的结构线不能满足制作要求，需要给模型增加新的结构线，使眼睛和嘴的结构更加合理。

1）添加结构线

切换至正视图，观察参考图发现需为模型眼部添加两条环线使结构合理。单击"边"按钮 ，进入"边"模式，按住 M-L 键，打开"循环/路径切割线"工具，在眼部结构线上单击添加环线，如图 4-2-25 所示。

采用同样的操作方式为嘴部添加两条环线，嘴部添加结构线后的效果如图 4-2-26 所示。

图 4-2-25　眼睛添加结构线效果图

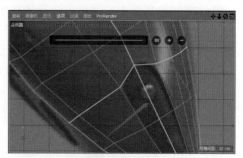

图 4-2-26　嘴添加结构线效果图

2）眼睛和嘴部挤压造型

眼睛和嘴布置好结构线后，可对眼睛和嘴部做挤压操作，使眼睛和嘴呈现凹陷效果。

（1）选中眼睛和嘴部的"面"，如图 4-2-27 所示。注意：图上红圈位置处全部选中，不要漏选"面"。

（2）在空白区域单击鼠标右键，调出"内部挤压"命令，或按住 I 键。按住鼠标左键拖曳已选面，向内挤出内部轮廓线，效果如图 4-2-28 所示。

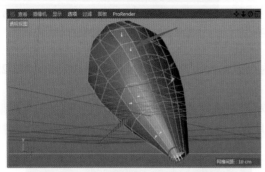

图 4-2-27　眼睛和嘴部选择面效果图

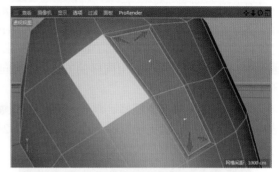

图 4-2-28　眼睛和嘴的内部挤压效果图

（3）在空白区域单击鼠标右键，调出"挤压"命令，或按住 D 键。按住鼠标左键拖曳已选面，向模型内部挤压眼睛和嘴部的面，效果如图 4-2-29 所示。

5. 蚂蚁头、眼睛和嘴的细节调整

1）蚂蚁头部模型细分曲线

在"NURBS 建模工具组"中，按住 Alt 键不松手，单击"细分曲面"按钮 添加"细分曲线"，最终效果如图 4-2-30 所示。

图 4-2-29　眼睛和嘴部再次挤压效果图

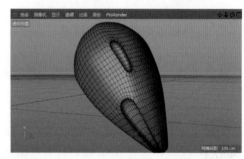

图 4-2-30　蚂蚁头部细分曲线效果图

2）蚂蚁嘴部细节调整

蚂蚁嘴部细节分 7 步调整，具体操作如下：

（1）在对象大纲视图中将"细分曲面"关闭，单击"细分曲线"按钮右侧的"√"按钮，将其变为"×"按钮，如图 4-2-31 所示。

（2）单击"面"按钮，进入"面"模式，单击鼠标左键选中嘴部所有面，如图 4-2-32 所示。

（3）选中面后，在空白区域单击鼠标右键，调出"分裂"命令，或按住 U-P 键添加"提取面"，生成一个独立模型。在"对象大纲视图"中提取分裂面，并添加"对称"，如图 4-2-33 所示。

（4）单击"边"按钮，进入"边"级别，继续为嘴部添加环线。先以嘴部结构线为中线，两边添加两条平行线，再以参考图的原点为中心，垂直于中间结构线，在嘴部凸起处圆点上添加一条线，效果如图 4-2-34 所示。

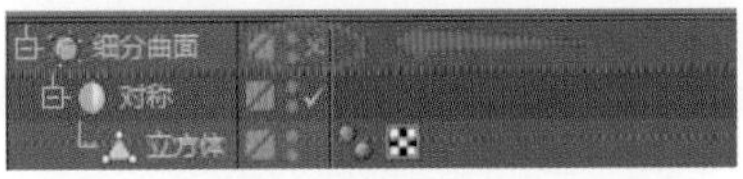

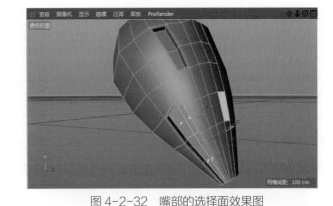

图 4-2-31　关闭细分曲线方式图

图 4-2-32　嘴部的选择面效果图

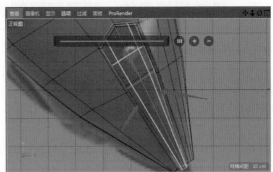

图 4-2-33　添加"提取面"信息窗口

图 4-2-34　嘴部边线添加效果图

（5）单击"点"按钮 ，切换至"点"级别，单击嘴部凸起圆点的中心位置。选中点后，在空白区域单击鼠标右键，打开隐藏菜单选项，调出"倒角"命令，或按住 M-S 键，添加"倒角"。按住鼠标左键不松手，将正方形拖至合适大小，执行此操作后，模型点处将生成一个四边形平面，效果如图 4-2-35 所示。

（6）单击"面"按钮 ，切换到"面"级别，选中四边形面和圆点下方凸起处的三角面，按住 D 键向外挤压，单击蓝色坐标，按住鼠标向外拖曳，如图 4-2-36 所示。

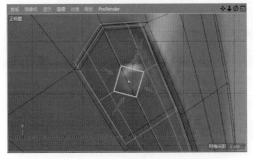

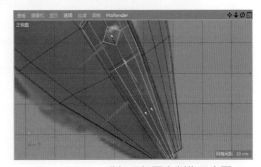

图 4-2-35　嘴部添加倒角操作效果图

图 4-2-36　嘴部凸起圆点制作示意图

（7）挤压完成后，先在"信息栏"中找到细分曲线，单击右边的"×"按钮 ，使其变为"√"按钮 ，实现蚂蚁头部的平滑细分。再为嘴部"提取面"添加"细分曲线"，具体方法参考前面蚂蚁头部添加"细分曲线"的操作，效果如图 4-2-37 所示。

6. 蚂蚁头与脖子处连接面预留操作

在"面"级别，选择蚂蚁头与脖子连接的"面"执行删除操作，使头部镂空，则头部模型制作完成，效果如图 4-2-38 所示。

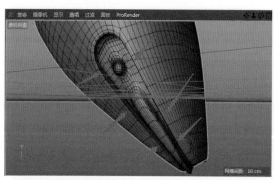 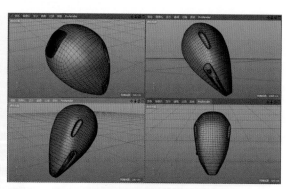

图 4-2-37　嘴部凸起添加后平滑细分效果图　　　图 4-2-38　头部模型最终效果图

4.3　机械蚂蚁身体、脖子和腿部建模

1．机械蚂蚁身体建模

机械蚂蚁身体建模是在蚂蚁头部建模基础上对前期建模的进一步练习，除此以外要学习"曲面提取"和"克隆"等新知识点，需要掌握基本操作方法，同时注意不同参数对制作效果的影响。

1）蚂蚁身体初步建模

首先仔细观察蚂蚁参考图，蚂蚁身体与蚂蚁头部模型的外形相似，可利用蚂蚁头部建模方法，创建蚂蚁身体基本外形。蚂蚁身体前部圆坨凸起部分，可参考蚂蚁嘴部凸起部分的制作方式，但制作方法略有不同。制作时利用"内部挤压""倒角""挤压"等操作方式，先向外执行"挤压"，再向内执行"挤压"，最后实施向外挤压，效果如图 4-3-1 所示。

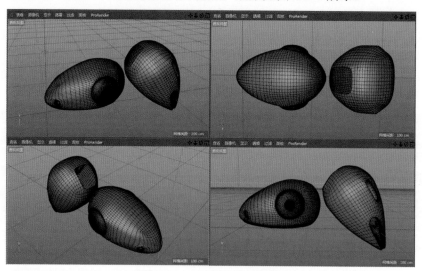

图 4-3-1　蚂蚁身体效果图

2）蚂蚁身体细节建模

下面开始制作蚂蚁身体细节部分，如图 4-3-2 所示。

（1）单击蚂蚁身体模型，按住 Ctrl+C 键执行复制模型操作，按住 Ctrl+V 键执行粘贴模型操作，并在对象大纲栏中更改新复制模型的名称为"曲面提取"，如图 4-3-3 所示。

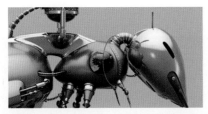

图 4-3-2　蚂蚁身体细节部分参考图

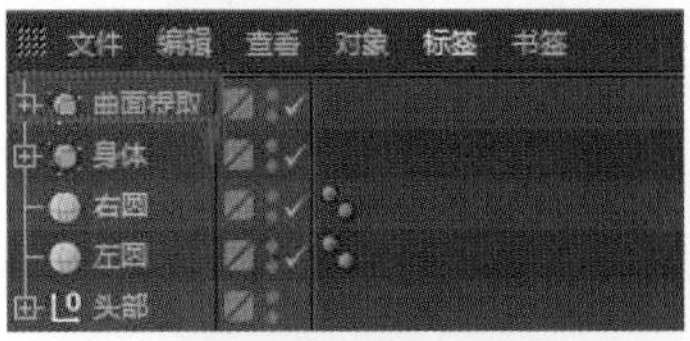

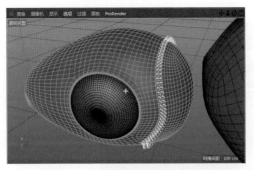

图 4-3-3　对象大纲栏的操作信息图

（2）选择"曲面提取"，按住 C 键，将模型对象"C"掉。单击"面"按钮，进入"面"级别，按住 U-L 键执行"循环选择"命令，选中当前面，效果如图 4-3-4 所示。

（3）按住 U-P 键执行"分裂"命令，将面单独提取出来。删除新复制的模型，保留新提取的模型。对提取模型执行"挤压"操作，方向向外，并添加"平滑细分"，效果如图 4-3-5 所示。

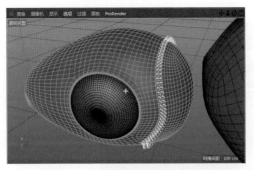

图 4-3-4　提取面的选取效果图

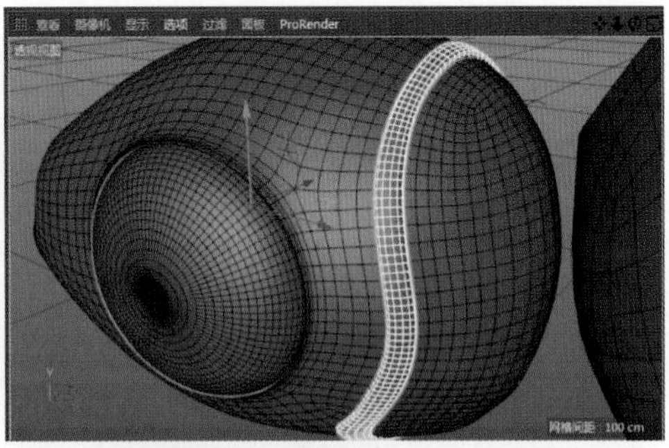

图 4-3-5　提取面的挤压效果图

（4）选择当前模型，按住 C 键，将模型对象"C"掉。再单击"边"按钮，进入"边"级别，按住 U-L 键，执行"循环选择"命令，选中模型中间的一条线，效果如图 4-3-6 所示。

（5）在菜单栏中单击"网格"按钮，打开"网格"下拉菜单。单击"命令"按钮，打开下拉菜单，执行"提取样条"操作。提取样条线操作的信息如图 4-3-7 所示。注意："提取样条"在模型结构上选择线，将其转化为可编辑的样条线。新生成的样条线，会自动成为模型子集，采用位移方式确定样条线，效果如图 4-3-8 所示。

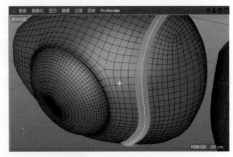

图 4-3-6　选取线条效果图

（6）新建"球体"模型，并设置模型的大小，球体的半径为"0.7"。单击"运动图形"按钮，打开下拉菜单，单击"克隆"按钮，执行"克隆"命令。在属性区域内设置"克隆"的模式为"对象"，将提取的样条线拖曳全"对象"信息条中，设置克隆数量，克隆的数量为 33 个，如图 4-3-9 所示。

注意：此处"克隆"是使球体成为"克隆"的子集，实现克隆效果。在模型操作中，会经常使用"克隆"工具，在制作相同大小或等距离排列模型时使用"克隆"工具可迅速完成复制工作。本案例就是将数量较多的球体模型复制到样条线上，效果如图 4-3-10 所示。

图 4-3-7 提取样条线的操作信息图

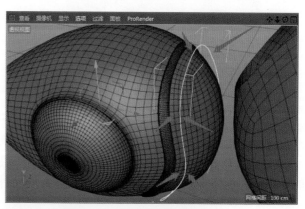

图 4-3-8 提取样条线的效果图

图 4-3-9 克隆操作信息图

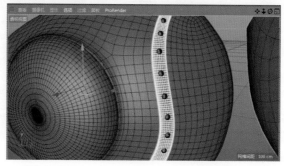

图 4-3-10 克隆后的最终效果图

2．机械蚂蚁脖子部分建模

机械蚂蚁脖子的制作主要分两部分：一是利用"样条线"和"圆环"制作脖子基础模型，需注意"扫描""圆环""样条线"的先后顺序（在基础模型制作中层级关系不合理，将不能完成蚂蚁脖子的制作）；二是脖子细节的"挤压"和"细分曲线"操作，在挤压操作中要注意区分两次挤压的方向。单击鼠标中键操作信息链的"总父级"，将选择当前所有对象。

1）制作脖子初步模型

（1）单击鼠标中键将视图切换至正视图，在快捷工具栏中调出"画笔"（✐ 画笔），沿参考图脖子的弧度勾画一条相同长度的线段。注意："点"不要太多，"点"的位置与模型的结构点相重叠最为合理，如图 4-3-11 所示。

（2）在快捷工具栏中单击"画笔"（✐ 画笔），打开下拉菜单，单击"圆环"按钮 ◯ 圆环。在脖子处单击鼠标新建一个"圆环"模型，在参数属性区面板设置圆环半径为"7"。

（3）在快捷工具栏中单击"细分曲线"（🔘）右下的三角按钮，打开隐藏工具。单击"扫描"按钮 ⬢ 扫描，新建"扫描"。在对象大纲视图中调节"扫描""圆环""样条线"的层级关系，"圆环"在上面，绘制的"样条线"在下面，同时"圆环"和"样条线"要成为"扫描"的子集，如图 4-3-12 所示。

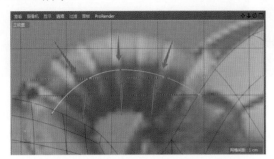

图 4-3-11　脖子部位的样条线绘制效果图　　　　图 4-3-12　扫描工具运用层级关系图

单击鼠标中建切换至透视图观察模型效果，如图 4-3-13 所示。

2）制作脖子细节部位

（1）按住 C 键，将模型对象"C"掉，对象大纲中多出两个"封顶"，呈现三个模型。鼠标中键单击"扫描"总父级，可选择当前所有对象，对模型进行整合。在对象大纲区域单击鼠标右键，打开信息菜单，执行"连接对象+删除"命令，如图 4-3-14 所示。

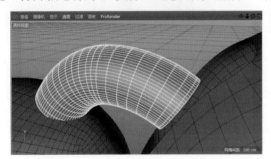

图 4-3-13　脖子模型初步效果图　　　　　　图 4-3-14　连接对象+删除操作图

（2）单击"面"按钮，进入"面"级别，利用"循环选择"工具选中脖子两端的面，按住 D 键，执行"挤压"操作，方向向外，效果如图 4-3-15 所示。

（3）选中模型边线，如图 4-3-16 所示，单击鼠标右键执行"倒角"操作，设置倒角参数，偏移为"0.7"、细分为"4"，效果如图 4-3-17 所示。

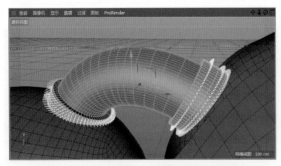

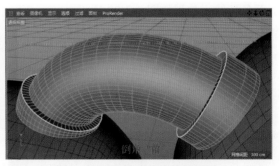

图 4-3-15　脖子边缘面挤压后效果图　　　　　图 4-3-16　选中边线的效果图

（4）以间隔方式循环选取脖子中间的面，执行"挤压"操作，向脖子内挤压，如图 4-3-18 所示。

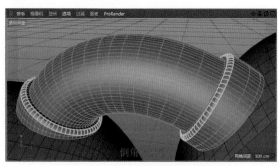

图 4-3-17　添加倒角后的效果图

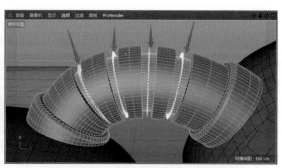

图 4-3-18　脖子间隔挤压后效果图

（5）按住 Alt 键，单击"细分曲面"按钮，执行"细分曲面"操作，效果如图 4-3-19 所示。

采用脖子模型的操作方式制作机械蚂蚁连接处的结构，可制作的部分见图 4-3-20 中圆圈标识处。

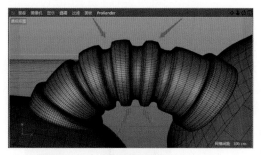

图 4-3-19　脖子细分曲面的效果图

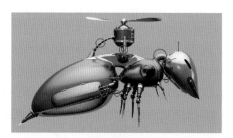

图 4-3-20　蚂蚁相似操作方式标识图

3. 制作蚂蚁腿部模型

腿部模型主要分为上腿、关节、下腿部，采用圆柱模型搭建。本节除了涉及前面学习的"循环切割""循环选择""对称""挤压"等内容，还要学习"打组"的操作方式及应用范围。腿部建模可进一步加强学生对模型比例关系的掌控能力。

1）制作蚂蚁上腿部模型

腿部模型可在另一个工程中制作，先要分析每一部分关节的长度、大小、比例关系，再制作模型，然后复制模型至蚂蚁工程文件，将其放至合适的位置。

（1）新建工程文件，在预制模型中单击"圆柱"（ 圆柱 ），生成圆柱并将其适当压扁，效果如图 4-3-21 所示。

（2）将模型"C"掉，再单击 M-L 键，执行"循环切割"命令，在接近上下两端的位置添加两条环线，效果如图 4-3-22 所示。

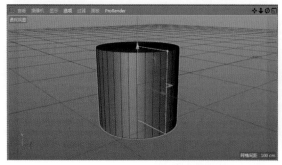

图 4-3-21　适当压扁的圆柱模型

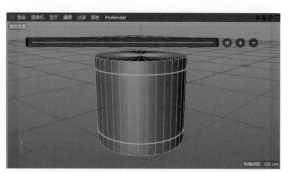

图 4-3-22　主体添加两条边后的效果图

（3）按住 U-L 键，打开"循环选择"工具，利用"循环选择"快速选取中间的面；按住 D 键，打开"挤压"工具，执行"挤压"命令，方向向内，效果如图 4-3-23 所示。

（4）选择"面"模式，利用"循环选择"工具选择底部的圆形面，执行内部"挤压"命令，形成一条内在轮廓线，效果如图 4-3-24 所示。

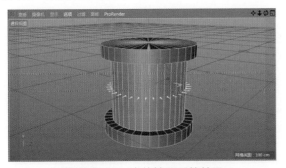
图 4-3-23　主体挤压后的效果

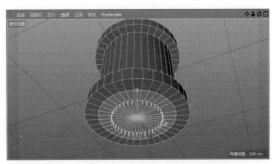
图 4-3-24　圆形内轮廓线制作图

（5）对模型执行"挤压"操作，方向向下。当模型挤成一定长度时按住 T 键执行缩小操作，使模型呈现锥形，效果如图 4-3-25 所示。

（6）利用上面的制作方式，完成余下的柱体和锥体部分的制作，效果如图 4-3-26 所示。

图 4-3-25　腿部锥形模型的制作

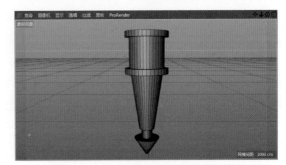
图 4-3-26　挤压完成后的腿部效果图

2）制作蚂蚁腿部关节处模型

（1）新建圆柱模型，调整圆柱的大小，将圆柱摆放至上腿下方，模型的高度分段设置为"6"，效果如图 4-3-27 所示。

（2）将模型"C"掉，单击鼠标中键进入右视图，模型切换至"点"模式，选中如图 4-3-28 所示的所有黄色点，将其删除。再添加"对称"，在快捷工具栏中找到"对称"工具，按住 Alt 键为模型添加"对称"效果，并在参数属性区单击"对象"按钮，设置"镜像平面"为"XY"。

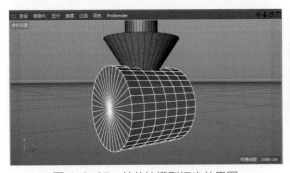
图 4-3-27　关节处模型初步效果图

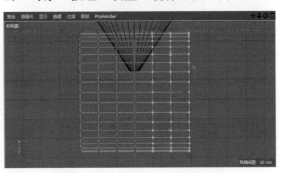
图 4-3-28　圆柱选中点的效果图

（3）利用"循环选择"工具选择右侧两组面，执行向内收缩挤压操作，中间部位会产生"废面"，选中"废面"执行删除操作，效果如图 4-3-29 所示。

（4）利用"循环选择"工具选择模型侧面，按住 D 键调出"挤压"工具，先执行内部挤压操作，使面边缘出现一条轮廓线，再执行向内挤压操作，将挤压后的面执行缩小操作，效果如图 4-3-30 所示。

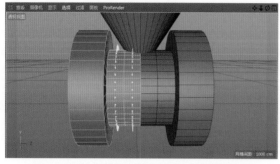
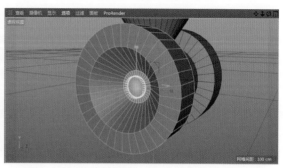

图 4-3-29　关键中间选择面挤压后效果图　　　　图 4-3-30　蚂蚁骨关节侧面圆形挤压后效果图

（5）使用"循环切割"命令，为模型添加两条环线，如图 4-3-31 所示。

（6）模型结构线执行变形处理。如图 4-3-32 所示，"环线 1"执行向外移动操作，"环线 2"执行整体放大操作。

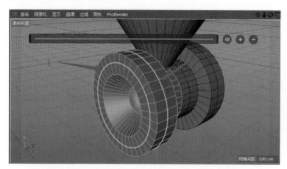
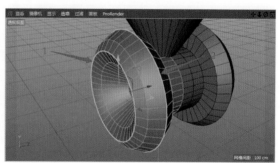

图 4-3-31　蚂蚁侧面关节添加边线后效果　　　　图 4-3-32　蚂蚁关节结构线变形后效果图

（7）添加"细分曲面"，效果如图 4-3-33 所示。

（8）模型执行"卡线"操作，使模型"细分曲面"后有硬边效果。在"边"级别下，利用"循环切割"工具对模型添加环线，如图 4-3-34 所示。模型"卡线"效果如图 4-3-35 所示。

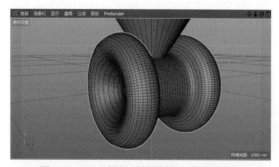
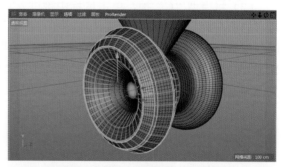

图 4-3-33　蚂蚁关键处细分曲面效果图　　　　图 4-3-34　模型关节处卡线图

3）制作蚂蚁小腿部分模型

（1）预制模型中，新建一个"圆柱"（圆柱），调节圆柱模型大小，将其放至关节下方，效果如图 4-3-36 所示。

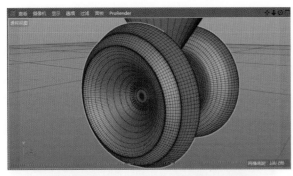

图 4-3-35 模型关节处卡线后效果图

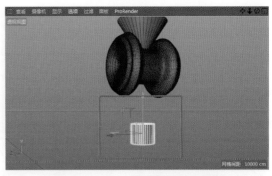

图 4-3-36 小腿基础模型效果图

（2）"C"掉圆柱模型，并添加一条内环线，效果如图 4-3-37 所示。

（3）选中如图 4-3-38 所示的面，执行挤压操作，方向向上。

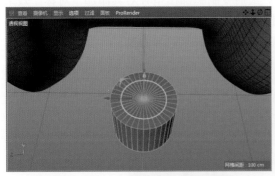

图 4-3-37 小腿添加内环线效果图

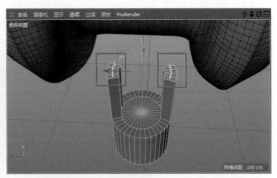

图 4-3-38 小腿上面部分面挤压效果图

（4）依据参考图对模型执行"挤压"操作，完成如图 4-3-39 所示的小腿部分的制作效果。

4）蚂蚁大腿和小腿部模型打组

（1）选择大腿两个模型，按住 Alt+G 键执行打组操作，双击"空组"图标，修改组名为"大腿"。

（2）选择小腿模型，按住 Alt+G 键执行打组操作，双击"空组"图标，修改组名为"小腿"（），腿部组合关系如图 4-3-40 所示。

图 4-3-39 小腿整体完成挤压后效果图

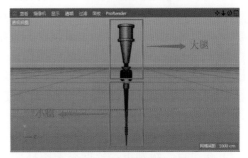

图 4-3-40 蚂蚁腿部组合关系图

（3）蚂蚁腿部"打组"完成后，调节"组"的中心点，才能使其像关节一样活动。打开"启用轴心轴"（□）模式，将大腿坐标移至当前位置，效果如图 4-3-41 所示；执行相同的操作，将小腿坐标移至如图 4-3-42 所示位置。移动完成后，单击"启用轴心轴"（□）模式，将其变成灰色可关闭操作。

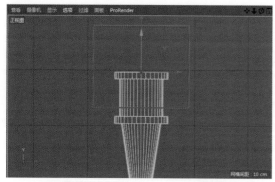 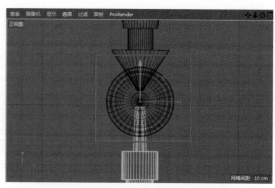

图4-3-41　蚂蚁大腿中心轴移动图　　　　　图4-3-42　蚂蚁小腿中心轴移动图

（4）先执行"打组"命令，将腿部整体"打组"，再将腿部模型坐标移至最上方。执行"打组"后，模型可以整体移动或每个关节都能旋转。最后复制腿部模型并对其添加"对称"效果，调整腿的大小，在如图4-3-43所示的位置摆放腿部模型。

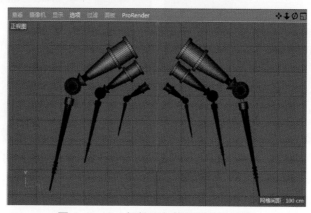

图4-3-43　蚂蚁腿部模型最终效果图

4.4　机械蚂蚁身体连接部分和飞行器制作

图4-4-1　蚂蚁身体连接处
建模参考图

1．制作身体连接部分模型

本节主要讲解蚂蚁身体连接部分的制作，如图4-4-1所示，采用平面模型建模方式，对模型执行"调点""挤压""细分曲线"操作。

1）蚂蚁肩膀初步建模

（1）新建一个"平面"（▱平面），在参数属性区域面板将"平面"设置为"方向+Z"，适当调整模型大小，如图4-4-2所示。增加模型的分段数，模型调整后，将模型"C"掉。

（2）在"点"级别下，依据参考图移动点调节"肩膀模型点"的位置，使"肩膀模型点"间距平均，效果如图4-4-3所示。

（3）在空白区域单击鼠标右键，执行"线性切割"（✐线性切割）命令，分别在如图4-4-4所示的黄线处添加三条线。

（4）单击"面"按钮，进入"面"级别，选中所有面，在属性区域面板勾选"创建封顶"属性，执行"挤压"操作，效果如图4-4-5所示。注意：执行"挤压"操作之前，必须勾选"创建封顶"属性，如果不勾选，制作的模型就会出现镂空。

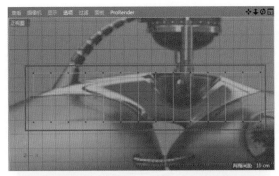

图 4-4-2　蚂蚁身体连接处位置调节图

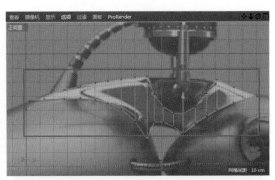

图 4-4-3　蚂蚁身体部位点调节效果图

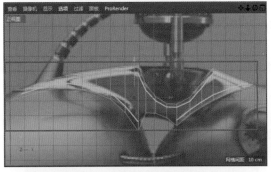

图 4-4-4　连接处模型增加结构线图

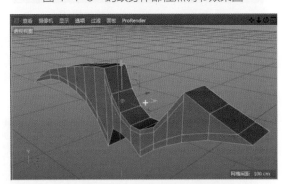

图 4-4-5　蚂蚁肩膀挤压后效果图

2）蚂蚁肩膀细节建模

（1）在移动模式下，按住 Shift 键同时单击面，选取如图 4-4-6 所示的面，注意模型的正、反面都要选择，执行"挤压"操作。

（2）对已挤压的肩膀模型添加"细分曲线"，如图 4-4-7 所示。

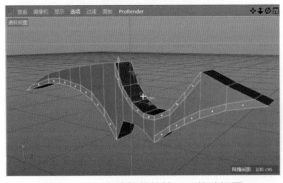

图 4-4-6　肩膀细节处挤压面的选择图

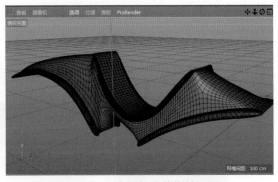

图 4-4-7　肩部细分曲线效果图

2. 制作飞行器机箱模型

制作飞行器机箱模型分两步：一是飞行器机箱初步建模，二是飞行器机箱细节建模。第一步采用基础模型圆柱、管道、球体之间的相互组合方式搭建模型，第二步采用"变形器"工具组里的"包围"工具，注意包围和被包围模型的父子关系。

1）飞行器机箱初步建模

（1）将视图切换至正视图，新建"圆柱"（ 圆柱），依据参考图调整圆柱大小，如图 4-4-8 所示。

（2）新建"管道"（ 管道），适当增加管道旋转分段数，调整至"分段 6""半径 0.4"，勾选参数属性面板上的"圆角"属性,开启圆角,如图4-4-9所示。

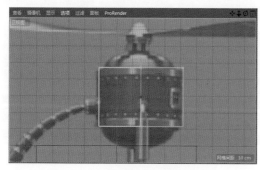
图4-4-8 机箱大小调整效果图

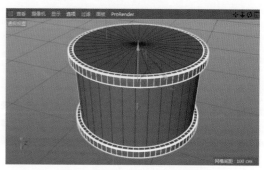
图4-4-9 机箱中部效果图

(3)新建"球体"(⊙ 球体),在属性区域面板的"对象"菜单中,将"类型"模式调整为"半球体"。依据参考图调整半球的大小,并放于模型最上方,如图4-4-10所示。

(4)在属性区域面板选择"坐标"属性,执行缩放操作,调节Y轴缩小至"0.4",如图4-4-11所示。

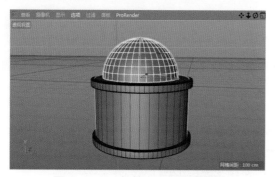
图4-4-10 机箱上半部分建模图

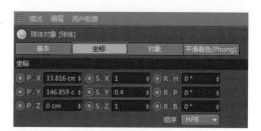
图4-4-11 模型缩小操作面板

(5)复制半球体,旋转后移至机箱的下方,如图4-4-12所示。

2)飞行器机箱细节建模

(1)新建球体模型,设置球体模型半径为1。在运动图形菜单中选择"运动图形"(运动图形),为模型添加"克隆"(⊙ 克隆)。在大纲视图中,使球体成为克隆的子集,如图4-4-13所示。

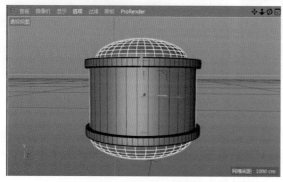
图4-4-12 机箱成体模型效果图

图4-4-13 克隆操作图

(2)在克隆对象参考属性面板里,将"对象"菜单下的模式设置为"放射",使克隆对象成圆形排列。设置数量至"30"和半径至"26",将"平面"参数调整至"XZ",如图4-4-14所示。

（3）选中克隆对象，复制一个新的克隆，并将新克隆的模型向下摆放，最终效果如图 4-4-15 所示。

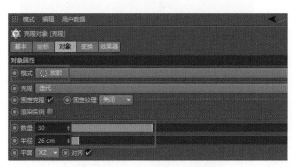

图 4-4-14　克隆属性设置图

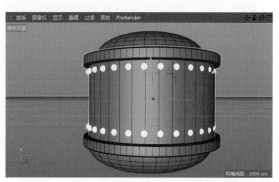

图 4-4-15　机械细节处克隆后效果图

（4）新建"矩形"样条线，将其"C"掉，采用"缩放"调整大小，如图 4-4-16 所示。

（5）进入"点"级别，选中矩形框所有点，鼠标右键单击空白区域，打开隐藏菜单，执行"创建轮廓"（ 创建轮廓 ）命令，创建一条内环线，如图 4-4-17 所示。

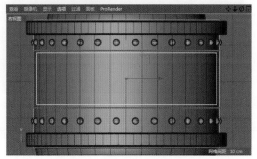

图 4-4-16　矩形样条线位置图

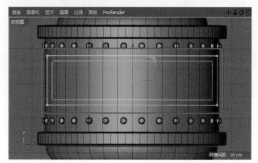

图 4-4-17　创建轮廓后效果图

（6）给矩形样条线添加"挤压"，方向向外，效果如图 4-4-18 所示。

（7）使挤压后的模型包裹在机箱上，必须设置足够的分段数，如图 4-4-19 所示。增加挤压模型的分段数要执行两步操作。

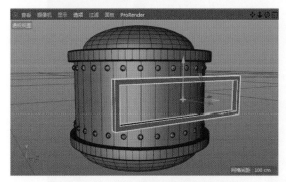

图 4-4-18　矩形框执行挤压后效果图

图 4-4-19　矩形模型参考图

① 在对象大纲视图中，选中矩形样条线，将属性区域面板里的"点插值方式"设置为"细分"，如图 4-4-20 所示。

② 选择"挤压"命令，在属性区域面板中找到"封顶"属性组。将"类型"菜单选项设置为"四边形"，并勾选下方的"标准网格"，在"宽度"栏中输入数值"2cm"，输入数值越小网

格越密集，如图 4-4-21 所示。

图 4-4-20　细分操作设置图

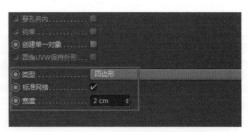

图 4-4-21　挤压细节数值设置图

切换至透视图中观察制作效果，如图 4-4-22 所示。

（8）打开"变形器"菜单，单击"包裹"按钮，为模型添加"包裹"，如图 4-4-23 所示。注意："变形器"要充当对象的子集或者与对象进行打组，才能产生变形效果。

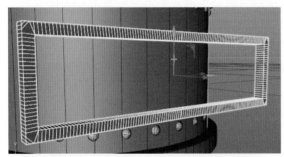

图 4-4-22　细分数值后模型效果图

图 4-4-23　添加包裹操作步骤

（9）执行"位移""缩放""旋转"命令，调节"变形器"的范围大小，使"变形器"能正好包裹住模型，并在 4 个视图中观察是否完全包裹，图中蓝色线框是包裹"变形器"的外形，调节效果如图 4-4-24 所示。

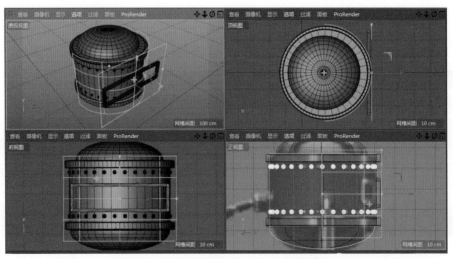

图 4-4-24　调节变形器大小后的效果图

在对象大纲视图中，同时选中"包裹"与"挤压"，按住 Alt+G 键，执行"打组"操作，效果如图 4-4-25 所示。

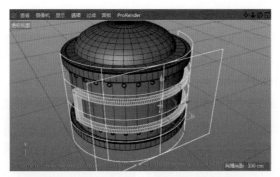

图 4-4-25 使用变形器后最终效果图

3．制作螺旋桨的连接结构和扇叶模型

本小节内容主要分为两部分：一是制作螺旋桨连接结构。利用"画笔"工具勾勒连接结构轮廓线，添加"旋转"完成建模。建模时注意描绘"样条线"，并将坐标移至旋转中心最下端；二是制作螺旋桨扇叶模型。采用方体建模，在"点"级别调节方体的形状，添加"螺旋"扭曲，在扭曲中要注意调节"黄点"位置。

1）制作螺旋桨的连接结构

（1）切换至正视图，使用"画笔"勾画连接结构外形，开启"移动中心轴"（）），将样条线中心点移至右下角的黄线内，如图 4-4-26 所示。再次单击"移动中心轴"（）），使颜色呈灰色，关闭移动标识。

（2）单击快捷工具栏为样条线添加"旋转"，生成模型。新建两个比较细的圆柱并放至模型下方，如图 4-4-27 所示。

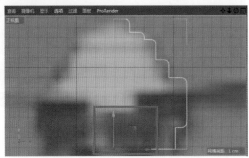

图 4-4-26 坐标移动位置图

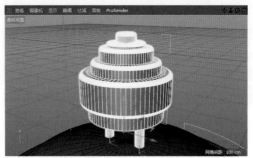

图 4-4-27 螺旋桨的连接结构建模效果图

2）制作螺旋桨的扇叶模型

（1）新建立方体，在对象属性中设置相应参数与图 4-4-28 所示一致。

（2）将模型放至连接器中部位置，如图 4-4-29 所示。

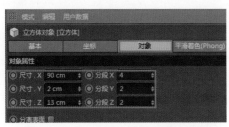

图 4-4-28 扇叶立方体建模参数图

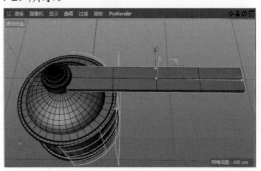

图 4-4-29 扇叶摆放位置图

（3）将扇叶模型"C"掉，进入"点"级别，调节扇叶的外形，如图 4-4-30 所示。

（4）在"变形器"菜单中，单击"螺旋"按钮（ 🔳 螺旋 ），为模型添加"螺旋"。执行旋转操作，将"变形器"中的黄点旋转至扇叶顶端。在尺寸属性中设置"变形器"大小，使其尺寸稍微大于模型对象，如图 4-4-31 所示。

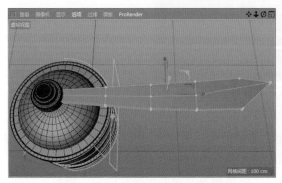

图 4-4-30　扇叶模型点级别调节　　　　　　图 4-4-31　扇叶添加螺旋扭曲后效果图

（5）选择"扇叶模型"与"螺旋"，按住 Alt+G 键，执行"打组"操作，增加"螺旋"强度，如图 4-4-32 所示。

（6）为扇叶模型添加"细分曲面"，如图 4-4-33 所示。

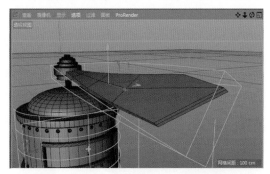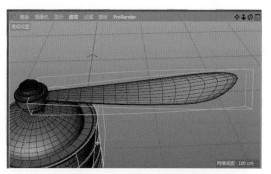

图 4-4-32　利用螺旋增加强度效果图　　　　　图 4-4-33　扇叶添加细分曲面后效果图

（7）复制两个扇叶，分别摆放在另一侧，如图 4-4-34 所示。

介绍完以上的操作，本章的讲解和应掌握的知识点都已完成，余下的结构制作，可以利用前面学习的知识完成，如图 4-4-35 所示。

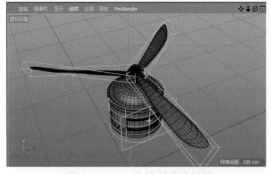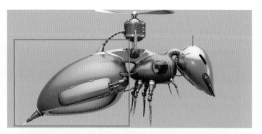

图 4-4-34　扇叶完成效果图　　　　　　图 4-4-35　蚂蚁后半身的制作参考图

通过本章的学习，最终需要完成图 4-4-36 所示的模型效果。

图 4-4-36 蚂蚁建模最终效果图

练 习

利用综合建模方法，使用 C4D 软件，创建如图 4-5-1 和图 4-5-2 所示的蜘蛛模型。

要求：制作的模型比例关系合理、结构准确、布线合理。

操作提示：本练习要用到前面第 2 章 NURBS 建模和第 3 章 POLYGONS 建模，以及第 4 章机械蚂蚁建模的方法。

图 4-5-1 蜘蛛建模顶视图效果

图 4-5-2 蜘蛛建模侧面效果

第5章

变 形 器

变形器工具是 C4D 软件中一个重要的对象类型，使用频率非常高，应用变形器工具可以对模型产生非常丰富的变形效果，掌握这些变形器工具的使用方法是非常必要的。本章将通过典型案例详细讲解扭曲、膨胀、斜切、锥化等变形工具的使用。

5.1 变形器简介和使用方法

5.1.1 变形器简介

变形器工具可以使物体对象产生形变，生成丰富的动画效果。C4D 软件系统内置变形工具组，可以实现常用的 29 种变形器效果。变形器工具组的打开方式有以下两种。

1. 利用菜单栏中的"创建"命令打开变形器工具组

在已打开的 C4D 软件窗口的菜单栏中单击"创建"命令中的"变形器"子菜单命令，如图 5-1-1 所示。

2. 利用工具栏中的按钮工具打开变形器工具组

在已打开的 C4D 软件窗口的工具栏中选择"扭曲"工具，按住不放，在弹出的窗口中选择具体的变形器工具即可，如图 5-1-2 所示。

图 5-1-1 "创建"命令方式

图 5-1-2 变形器工具栏按钮工具

5.1.2　变形器使用方法

当前所选中的对象需要产生形体变形时，一般要先将所选对象的形体分段数提高，或者根据具体案例情况可以将几个变形工具一起配合使用。需要注意的是，根据所选择变形工具的先后顺序不同，当前对象产生的变形效果会不同。

变形器变形工具有以下两种实现方式。

（1）快捷键方式：单击选中需要变形的对象，再按住 Shift 键后单击"效果"，就可以直接将所选择的变形效果作用于当前对象。

（2）可以将变形器直接作为当前对象的子级，也可以将对象和变形器放在同一个空白对象下。

5.2　变形器变形工具

5.2.1　"扭曲"变形器

"扭曲"工具（ 扭曲 ），外形呈现为蓝色线框，默认状态下，线框里面为控制范围，图中的黄点为物体对象的"变形的方向"，如图 5-2-1 所示。

"扭曲"变形器是对父层级或同层级的物体对象才能产生扭曲效果的变形器。需要注意的是，对需要添加"扭曲"变形效果的对象物体要进行分段数的增加，增加分段数后所创建的线框代表匹配的范围，要使用"扭曲"变形中"弯曲"对象属性的"对象"选项卡里面的尺寸来调节，不能手动拉伸。为

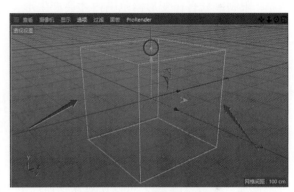

图 5-2-1　"扭曲"变形器

了使对象物体和"扭曲"变形器同时产生效果，需要将对象物体和"扭曲"变形器化为同级并合成一个组，即"打组"。

以"扭曲"变形器和"球体"对象物体为例。将当前对象物体"球体"和"扭曲"变形器进行"打组"，快捷键为 Alt+G。勾选"保持纵轴长度"，可以达到使用"扭曲"变形器时对象物体不会变形的目的，如图 5-2-2 所示。

"扭曲"变形器操作步骤如下。

（1）新建一个"立方体"对象，添加一个"扭曲"变形器；拖动"扭曲"变形器到"立方体"对象的右下方，让"扭曲"变形器成为"立方体"对象的子级，如图 5-2-3 所示。

图 5-2-2　"球体"对象和"扭曲"变形器打组效果

图 5-2-3　设置"扭曲"变形器为立方体的子级

（2）选择"立方体"参数属性，设置 Y 轴的分段数为 10，按快捷键 N+B，显示光影着色（线条），让"扭曲"变形器成为"立方体"对象的子级，并且增加扭曲的强度为 70°，效果如图 5-2-4 所示。

在"对象"属性区域设置参数，参数经验值如图 5-2-5 所示。

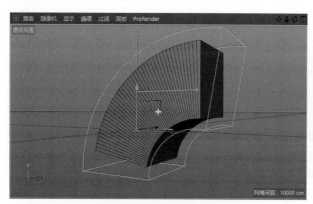

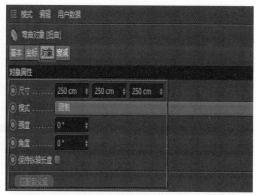

图 5-2-4 "扭曲"效果图   图 5-2-5 "扭曲"变形器"对象"属性参数

具体属性参数功能如下。

● 尺寸：分别调节 X、Y、Z 三个轴向的大小，即调节变形器变形范围。
● 模式：分为三种模式，即"限制""框内""无限"，系统默认为"限制"模式。
    限制：只有在变形器范围内才会产生形变，但是移动变形器后，物体也会产生位移。
    框内：只有在变形器范围内才会产生形变。
    无限：不受范围影响，都会产生形变。
● 强度：改变变形程度。
● 角度：改变扭曲方向。
● 保持纵轴长度：对象在"扭曲"变形时保持原有纵轴长度不变。
● 匹配到父级：依据父级对象大小，匹配变形器尺寸大小。

5.2.2 "膨胀"变形器

"膨胀"工具（ ）可以使对象物体产生"膨胀"或者"收缩"的效果。

（1）新建"球体"对象物体，按快捷键 N+B，显示光影着色（线条），添加"膨胀"变形器，让"膨胀"作为球体的子级。

（2）选择"膨胀"变形器参数属性，分别将强度参数经验值设置为"50%"和"-82%"，效果如图 5-2-6 所示。

在"对象"属性区域设置参数，参数经验值如图 5-2-7 所示。

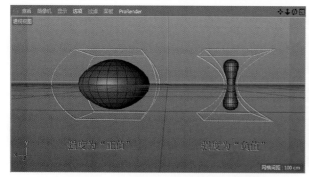

图 5-2-6 "膨胀"与"收缩"效果图   图 5-2-7 "膨胀"变形器"对象"属性参数

（3）"弯曲"参数可以控制变形线的弧度，分别将弯曲参数经验值设置为"100%"和"0%"，效果如图 5-2-8 所示。

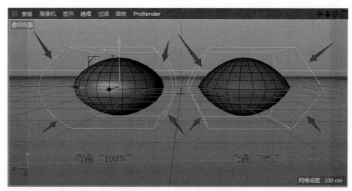

图 5-2-8　弯曲效果图

（4）"圆角"参数可使变形线产生倒角效果，分别设置圆角"开启"和"关闭"，效果如图 5-2-9 所示。

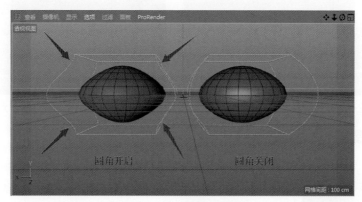

图 5-2-9　圆角效果图

5.2.3　"斜切"变形器

"斜切"工具（⬛ 斜切），可以使对象物体产生平行四边形的变化。

（1）新建"立方体"对象，增加该对象相应的分段数为 20，按快捷键 N+B，显示光影着色（线条），添加"斜切"变形器，让"斜切"变形器作为"立方体"对象的子级。

（2）选择"斜切"变形器参数属性，调节强度参数为 100%，效果如图 5-2-10 所示。

在"对象"属性区域设置参数，参数经验值如图 5-2-11 所示。

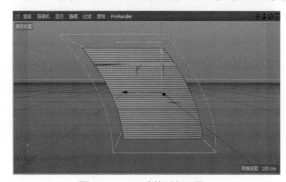

图 5-2-10　斜切效果图

图 5-2-11　"斜切"变形器"对象"属性参数

5.2.4 "锥化"变形器

"锥化"工具（ 锥化），可以使对象物体产生锥化效果。

（1）新建"立方体"对象，设置 Y 轴尺寸为 500，Y 轴分段数为 50，按快捷键 N+B，添加"锥化"变形器。

（2）移动"锥化"变形器，放置到对象物体最上方，让"锥化"变形器成为"立方体"对象的子级，并且增加锥化强度为 100%，效果如图 5-2-12 所示。

在"对象"属性区域设置参数，参数经验值如图 5-2-13 所示。

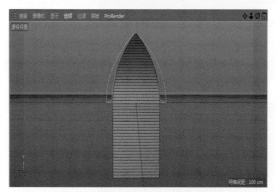

图 5-2-12　设置锥化强度效果图

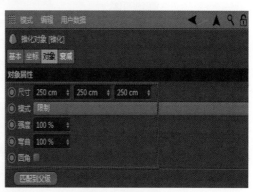

图 5-2-13　"锥化"变形器"对象"属性参数

5.2.5 "螺旋"变形器

图 5-2-14　命令排列图

"螺旋"工具（ 螺旋），可以使对象物体产生螺旋效果的变化。

（1）在上述"锥化"对象物体的基础上，添加"螺旋"变形器，设置 Y 高度为 500，包裹住当前对象物体，使"螺旋"变形器成为"立方体"的子级，如图 5-2-14 所示。

（2）增加"螺旋"变形器的角度，两个变形器同时对象物体产生效果，如图 5-2-15 所示。

在"对象"属性区域设置参数，螺旋角度就是螺旋强度，参数经验值如图 5-2-16 所示。

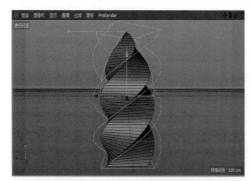

图 5-2-15　锥化螺旋效果图

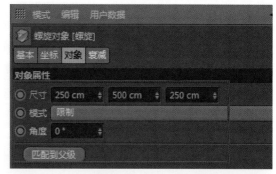

图 5-2-16　"螺旋"变形器"对象"属性参数

5.2.6 "FFD"变形器

"FFD"工具（ FFD），是一种"晶格"变形器，是通过晶格上的"点"来影响对象物体形变的，要看见或者调整"点"，需要开启点模式（），如图 5-2-17 所示。

在"对象"属性区域设置参数，参数经验值如图 5-2-18 所示。

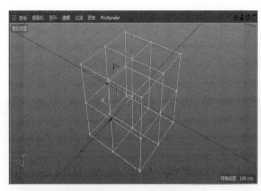
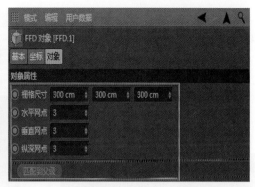

图 5-2-17　开启点模式　　　　图 5-2-18　"FFD"变形器"对象"属性参数

● 栅格尺寸：调节范围大小。

● 水平/垂直/纵深网点：调节 X、Y、Z 三个轴向控制点的数量。

（1）新建"球体"对象，按快捷键 N+B，添加"FFD"变形器，调整"FFD"变形器，使其成为"球体"对象的子级。

（2）分别调节水平、垂直、纵深网点值，可以非常快速地影响对象物体的外形，效果如图 5-2-19 所示。

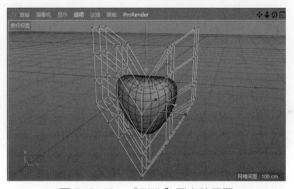

图 5-2-19　"FFD"网点效果图

5.2.7 "网格"变形器

"网格"工具（🔵 网格），用一个对象物体的外形，来影响另一个对象物体的形变效果。

（1）新建一个"球体"对象，再新建一个"宝石"对象，把"宝石"对象放大，使其大于"球体"对象，按快捷键 C，把对象物体全部转成可编辑对象，如图 5-2-20 所示。

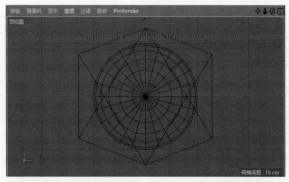

图 5-2-20　"球体"和"宝石"可编辑对象

（2）添加"网格"变形器，让"网格"变形器成为"球体"对象的子级，命令行排列如图 5-2-21 所示。

（3）把"宝石"对象物体拖曳到"网格"变形器中，并在"网格"变形器属性中单击"初始化"，效果如图 5-2-22 所示。

图 5-2-21　命令行排列

图 5-2-22　"网格"初始化宝石

在透视图中，"宝石"对象变成线框，可以通过对象物体的点、线、面的任何一个级别进行物体对象形变，形变效果如图 5-2-23 所示。

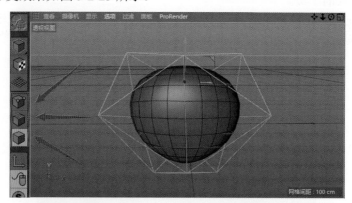

图 5-2-23　"宝石"形变效果图

5.2.8　"融解"变形器

"融解"工具（ 融解 ），把所选物体对象进行融解，产生塌陷效果。

（1）新建一个"球体"对象，修改该对象分段数为 30，添加"融解"变形器，让"融解"成为"球体"对象的子级。

（2）增加"软化"对象强度属性值，融解效果如图 5-2-24 所示。

在"对象"属性区域设置参数，参数经验值如图 5-2-25 所示。

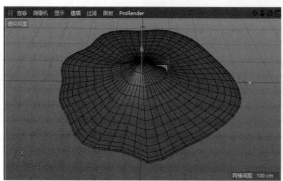

图 5-2-24　"球体"融解效果图

图 5-2-25　"融解"变形器"对象"属性参数

- 强度：调节变形大小。
- 半径：设置融解的高度变化。
- 垂直/半径随机：设置物体表面是否有高低的随机变化。
- 融解尺寸：设置融解物体边缘是否有随机变化。
- 噪波缩放：设置融解表面的随机形状。

5.2.9 "爆炸"变形器

"爆炸"工具（ ），依据对象物体的结构线，可以产生爆炸分裂效果，爆炸方向为以中心向四周发散。

（1）新建"球体"对象，添加"爆炸"变形器，让"爆炸"成为"球体"对象的子级。

（2）增加"爆炸"变形器的对象强度属性值，效果如图 5-2-26 所示。

在"对象"属性区域设置参数，参数经验值如图 5-2-27 所示。

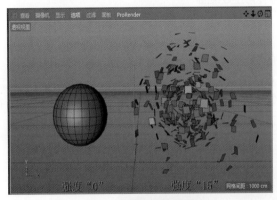

图 5-2-26 爆炸球体效果图

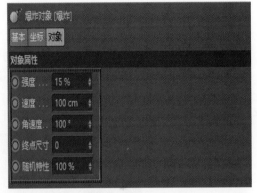

图 5-2-27 "爆炸"变形器"对象"属性参数

- 强度：设置碎裂的强度大小。
- 速度：设置碎裂的范围大小。
- 角速度：设置碎片的随机旋转。
- 终点尺寸：设置碎片的大小。
- 随机特性：设置随机位置的范围。

5.2.10 "破碎"变形器

"破碎"工具（ ），依据对象物体的结构线，可以设置产生爆炸分裂效果，爆炸碎裂方向为由上向下。

（1）新建"球体"对象，添加"破碎"变形器，让"破碎"成为"球体"的子级。

（2）增加"破碎"变形器的"强度"属性值，球体破碎效果如图 5-2-28 所示。

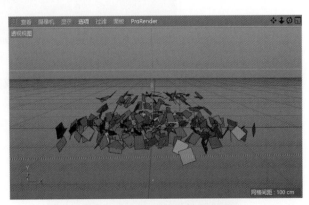

图 5-2-28 球体破碎效果图

5.2.11 "修正"变形器

"修正"工具（ ），修正对象物体的形变，而不破坏原始的对象物体。

（1）新建"球体"对象，添加"修正"变形器，让"修正"变形器成为"球体"对象的子级。

（2）添加完成，进入任何点、线、面级别，可以调节形变，当修正命令关闭时，对象物体又会恢复原有形状。球体修正效果如图 5-2-29 所示。

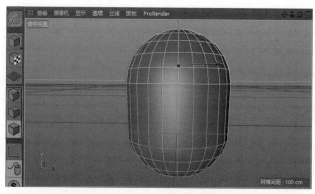

图 5-2-29　球体修正效果图

5.2.12　"变形"变形器

"变形"工具（　　　），可以改变对象物体的外部形状。

（1）新建两个"立方体"对象，按快捷键 C，把对象物体全部转成可编辑对象，调节其中一个立方体使之产生变形。为了区别，修改两个立方体对象的名字，其中没有变形的立方体名字为"A"，变形的立方体名字为"B"，如图 5-2-30 所示。

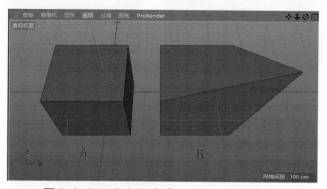

图 5-2-30　立方体"A"和变形立方体"B"

（2）添加"变形"变形器，让"变形"变形器成为立方体"A"对象的子级。选中立方体"A"对象，单击鼠标右键，调出 C4D 的"标签组"菜单命令，在"角色标签"组中选择"姿态变形"命令，如图 5-2-31 所示。

图 5-2-31　添加"姿态变形"

（3）在"姿态变形"属性中勾选"点"属性，属性设置如图 5-2-32 所示。

（4）选择"姿态变形"的"标签"属性，拖曳立方体"B"对象到姿态属性区，如图 5-2-33 所示。

图 5-2-32 "姿态变形"属性设置　　　　图 5-2-33 立方体"B"的姿态属性设置

（5）把"姿态变形"标签拖曳到"变形"属性中，将立方体"B"对象的"强度"属性添加到"目标"属性中，如图 5-2-34 所示。

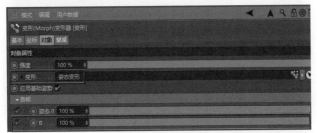

图 5-2-34 将立方体"B"的"强度"属性添加到"目标"属性中

（6）将视图方式切换到透视图，可以观察到立方体"A"对象变形成立方体"B"对象的形状。通过调节目标属性中立方体"B"对象的强度，可以实现调节变化过程，效果如图 5-2-35 所示。

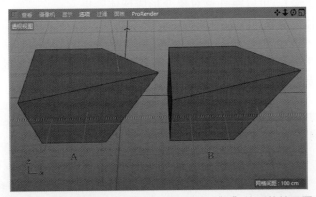

图 5-2-35 立方体"A"变形成立方体"B"的形状效果图

5.2.13 "收缩包裹"变形器

"收缩包裹"工具（ 收缩包裹 ），通过编辑影响对象来对目标对象进行变形，允许将一个对象（称为源）收缩包装到另一个对象（称为目标）上，两个对象可以具备完全不同的形状和不同数量的点，可以通过使一个对象成为所需对象的子对象或将其放置在组中的同一层次级别来指定需要设置收缩包裹的对象。

（1）新建一个"胶囊"对象、一个"球体"对象，将两个对象物体位置重叠，添加"收缩包裹"变形器，使"收缩包裹"成为"球体"的子级，命令排列如图 5-2-36 所示。

（2）把"胶囊"对象物体拖曳到"收缩包裹"变形器"对象"属性的目标对象中，如图 5-2-37 所示。

图 5-2-36 命令排列图

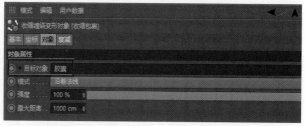

图 5-2-37 "胶囊"成为"收缩包裹"的目标对象

（3）调整对象属性的强度实现变形过程，效果如图 5-2-38 所示。

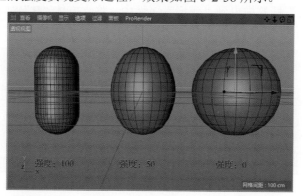

图 5-2-38 "球体"包裹"胶囊"的不同强度效果图

5.2.14 "球化"变形器

"球化"工具（ ⚫ 球化 ），可以将任意对象变形成球体效果。

（1）新建"立方体"对象，在参数属性中，分别在 X、Z、Y 三个轴向添加分段数，效果如图 5-2-39 所示。

（2）添加"球化"变形器，让"球化"变形器成为"立方体"对象的子级，增加"球化"变形器强度为 100，效果如图 5-2-40 所示。

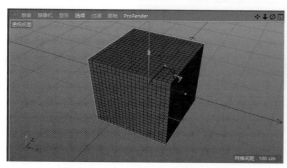

图 5-2-39 添加分段数后的立方体

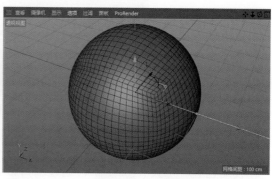

图 5-2-40 "立方体"球化强度为 100 的效果图

5.2.15　"风力"变形器

"风力"工具（　风力），可以设置对象物体产生风力吹动的效果。

（1）新建一个"平面"对象，设置"平面"对象的参数，参数经验值如图 5-2-41 所示。

图 5-2-41　平面参数设置

（2）添加"风力"变形器，让"风力"变形器成为"平面"对象的子级，并且移动风力坐标到对象物体一端，单击播放按钮就会产生旗面飘动的效果，如图 5-2-42 所示。

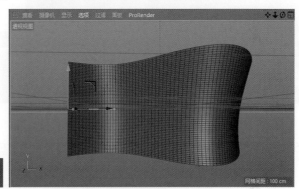

图 5-2-42　"平面"对象产生风力效果图

在"对象"属性区域设置参数，如图 5-2-43 所示。

- 振幅：调节旗面变形的大小。
- 尺寸：调节旗面褶皱的数量。
- 频率：设置旗面飘动的速度。
- 湍流：设置旗面随机运动的变化。
- fx：增加竖向褶皱。
- fy：增加横向褶皱。
- 旗：去掉选择时旗面飘动效果消失。

图 5-2-43　"风力"变形器"对象"属性参数

5.2.16　"表面"变形器

"表面"工具（　表面），把对象物体"A"赋予对象物体"B"，对象物体"B"的形变会影响对象物体"A"。

（1）新建一个"平面"对象，更改"平面"对象参数，参数经验值设置如图 5-2-44 所示。

（2）新建一个"立方体"对象，移动"立方体"对象到"平面"对象前方，使其贴合就好，不要穿插，立方体参数经验值设置如图 5-2-45 所示。

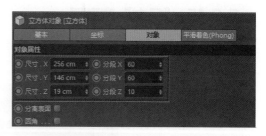

图 5-2-44　平面参数设置　　　　　　　图 5-2-45　立方体参数经验值设置

（3）添加"表面"变形器，设置"表面"变形器为"立方体"对象的子级。在"表面"变形器的属性中，把"平面"对象物体拖曳到表面属性里，然后单击"初始化"属性，参数经验值设置如图 5-2-46 所示。

（4）添加一个"风力"变形器，让"风力"变形器成为"平面"对象的子级，命令排列如图 5-2-47 所示。

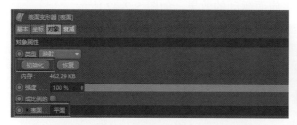

图 5-2-46　表面属性参数经验值设置　　　　图 5-2-47　命令排列图

（5）在透视图中查看，随着风力对平面的影响，立方体也会产生变化，效果如图 5-2-48 所示。

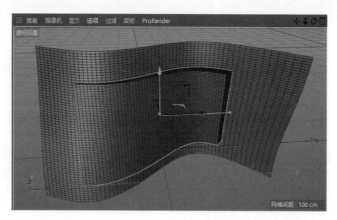

图 5-2-48　风力变形器对平面、立方体的影响效果图

5.2.17　"包裹"变形器

"包裹"工具（ 包裹 ），把对象物体包裹成圆柱或者球体效果。

（1）新建一个"立方体"对象，设置"立方体"对象的参数，如图 5-2-49 所示。

（2）添加一个"包裹"变形器，让"包裹"变形器成为"立方体"对象的子级，如图 5-2-50 所示。

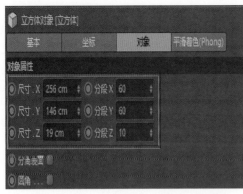

图 5-2-49　"立方体"对象参数设置

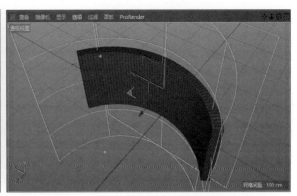

图 5-2-50　"立方体"对象包裹效果图

在"对象"属性区域设置参数，如图 5-2-51 所示。

- 宽度/高度：横向、竖向包裹的范围。
- 半径：调整包裹的整体大小。
- 包裹：有球状和柱状两种模式。
- 经度起点/终点：横向，单方向的包裹完成。
- 纬度起点/终点：竖向，单方向的包裹完成。包裹模式为球状时才可设置该参数。

设置包裹模式为球状，再设置包裹球状参数（如图 5-2-52 所示）后，效果如图 5-2-53 所示。

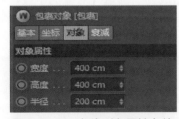

图 5-2-51　包裹对象属性参数

图 5-2-52　包裹球状参数设置

- 移动：设置对象物体产生单轴向的拉伸形变。
- 缩放 Z：设置对象物体的厚度。
- 张力：设置包裹的强度。

设置包裹模式为柱状后，效果如图 5-2-54 所示。如图 5-2-55 所示调整包裹柱状参数后，最终效果如图 5-2-56 所示。

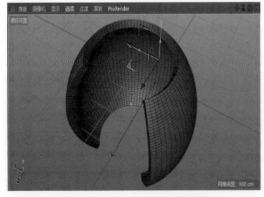

图 5-2-53　包裹球状效果图

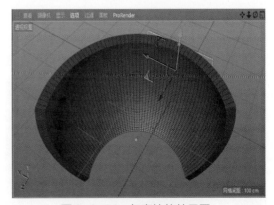

图 5-2-54　包裹柱状效果图

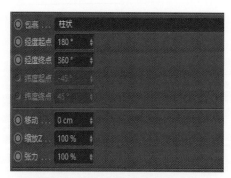

图 5-2-55　包裹柱状参数设置

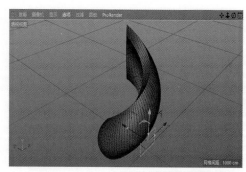

图 5-2-56　包裹柱状调整效果图

5.2.18 "样条"变形器

"样条"工具（　样条　），通过样条线的外形来改变对象物体的形状。

（1）新建一个"圆盘"对象，调整"圆盘"对象的分段数为 50，旋转分段为 100，变形后对象物体可以更加圆滑。

（2）新建一个"圆环样条线"对象，圆环对象属性平面设置为 XZ，范围小于圆盘。

（3）新建一个"星形样条线"对象，星形对象属性平面设置为 XZ，范围小于圆环样条线。三个对象的叠加效果如图 5-2-57 所示。

（4）添加"样条"变形器，让"样条"变形器成为"圆盘"对象的子级，并且把"圆环"对象拖曳到"样条"变形器对象属性的原始曲线里，把"星形"对象拖曳到修改曲线里。"样条"对象属性修改参数经验值如图 5-2-58 所示。

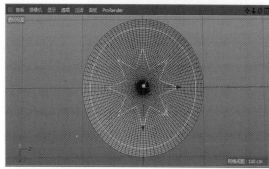

图 5-2-57　三个对象叠加效果图

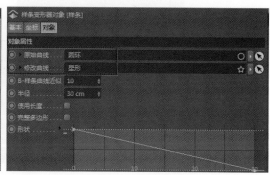

图 5-2-58　"样条"对象属性修改参数经验值

修改后的效果如图 5-2-59 所示。

（5）选中"圆环"向下移动一小段距离，选中"星形"向上移动一小段距离，修改"星形"外部半径为 80，三个对象叠加样条效果如图 5-2-60 所示。

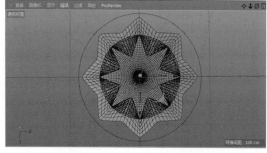

图 5-2-59　修改效果图

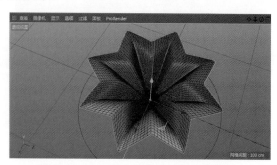

图 5-2-60　三个对象叠加样条效果图

5.2.19 "导轨" 变形器

"导轨" 工具（ 导轨），通过样条线的外形来改变对象物体的形状。

（1）新建一个"平面"对象，添加"导轨"变形器，让"导轨"变形器成为"平面"对象的子级。

（2）调节"导轨"变形器的范围大小，使其包裹住"平面"对象，效果如图 5-2-61 所示。

（3）切换到顶视图，在左右两侧使用画笔工具勾画两条不同的样条线，如图 5-2-62 所示。

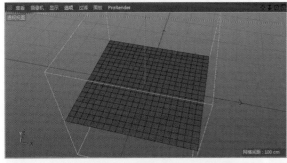
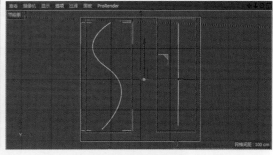

图 5-2-61　导轨包裹平面效果图　　　　　　图 5-2-62　样条线

（4）把样条线 1、2 分别拖曳到"导轨"变形器对象属性的左边 Z 曲线、右边 Z 曲线中，如图 5-2-63 所示。

（5）回到透视图，"导轨"变形效果如图 5-2-64 所示。

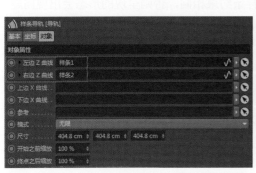
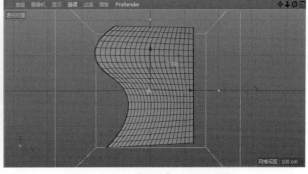

图 5-2-63　"导轨"变形器"对象"属性设置　　图 5-2-64　"导轨"变形效果图

5.2.20 "样条约束" 变形器

"样条约束" 工具（ 样条约束），将对象物体约束在任意一条样条线上。

（1）使用画笔工具，在顶视图中勾画一条样条线，如图 5-2-65 所示。

（2）新建一个"立方体"对象，设置"立方体"对象的参数，如图 5-2-66 所示。

（3）添加"样条约束"变形器，让其成为"立方体"对象的子级。将新绘制的样条线拖曳到"样条约束"变形器对象属性的样条中，样条约束参数设置如图 5-2-67 所示。

在透视图中查看，可以看到对象物体已经出现在样条线上，样条约束效果如图 5-2-68 所示。

"对象"属性区域的参数功能如下。

● 样条：用来约束的线条。

● 导轨：可以用一个样条线来控制物体的旋转方向。

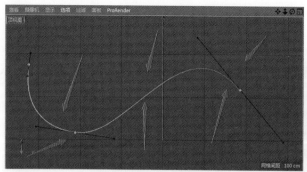

图 5-2-65 顶视图样条线

图 5-2-66 立方体参数设置

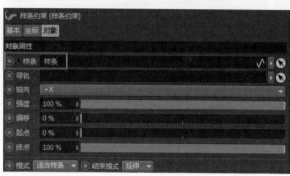

图 5-2-67 样条约束参数设置

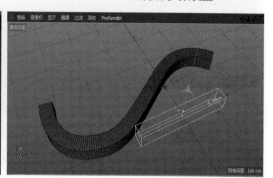

图 5-2-68 样条约束效果图

- 轴向：非常重要的属性，物体坐标轴向必须与样条约束相同，否则呈现的形态会出现问题。
- 强度：控制强度大小。
- 偏移：物体在样条线上的整体移动。
- 起点：按照百分比设置样条线的起点位置。
- 终点：按照百分比设置样条线的终点位置。
- 模式有以下两种。

保持长度：保持原有物体长度。

适合样条：以样条线长度为基准。

不同模式效果如图 5-2-69 所示。

- 结束模式有以下两种。

限制结束模式：调节偏移后，对象物体移动时不会超出样条线范围。

延伸结束模式：调节偏移后，对象物体移动时会超出样条线范围。

不同结束模式效果如图 5-2-70 所示。

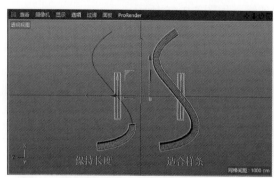

图 5-2-69 不同模式效果图

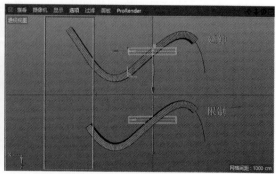

图 5-2-70 不同结束模式效果图

● 尺寸/旋转：可以通过参数或者样条曲线来控制当前参数。尺寸参数设置如图 5-2-71 所示。

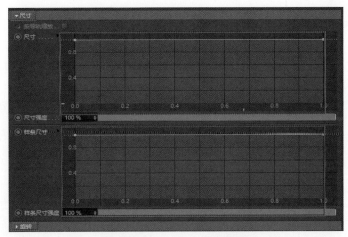

图 5-2-71　尺寸参数设置

尺寸：调节整体对象物体的大小。

样条尺寸：以百分比调节样条的大小，如图 5-2-72 所示。

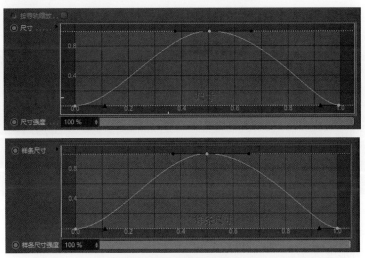

图 5-2-72　样条尺寸设置

效果图如图 5-2-73 所示。

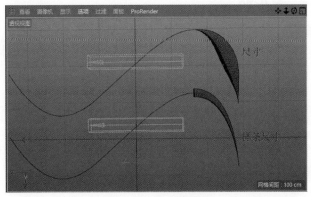

图 5-2-73　效果图

5.2.21 "摄像机"变形器

"摄像机"工具（），以摄像机为视角，通过控制点来影响对象物体的形变效果。

（1）新建一个"球体"对象，调节"球体"对象的分段数。

（2）添加"摄像机"变形器，让"摄像机"变形器成为"球体"对象的子级，进入物体的点级别（），通过调节点来改变对象物体，如图 5-2-74 所示。

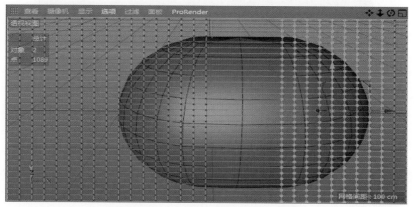

图 5-2-74　修改物体点级别效果图

在"对象"属性区域设置参数，如图 5-2-75 所示。

图 5-2-75　"摄像机"变形器参数设置

● 摄像机：指认其他摄像机为控制摄像机。

● 强度：调节形变大小。

● 网格 X/Y：增加或者减少，调整 X/Y 轴的控制点的数量。

5.2.22 "碰撞"变形器

"碰撞"工具（），使得对象产生碰撞柔体效果。

（1）新建一个"球体"对象，把"球体"对象的类型调整为"半球体"模式，调整分段数为 50。参数经验值设置如图 5-2-76 所示。

（2）再新建一个"球体"对象，缩小并放置到第一个球体内部。

（3）添加"碰撞"变形器，让"碰撞"变形器成为"半球"对象的子级，球体嵌套效果如图 5-2-77 所示。

（4）选择"碰撞"变形器，在"碰撞"变形器的"碰撞器"属性中，"解析器"选择"内部"（强度），把"球体"拖曳到对象区域，参数设置如图 5-2-78 所示。

图 5-2-76　参数经验值设置

图 5-2-77　球体嵌套效果图

（5）添加"晶格"阵列对象，让"半球"对象物体成为"晶格"的子级，则效果更加明显。添加"晶格"阵列方式，如图 5-2-79 所示。

图 5-2-78　参数设置

图 5-2-79　添加"晶格"阵列方式

（6）移动"球体"对象，产生碰撞效果，如图 5-2-80 所示。

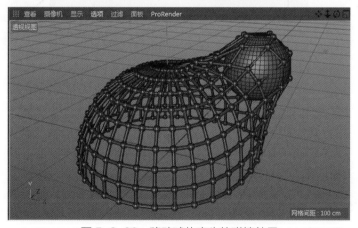

图 5-2-80　移动球体产生的碰撞效果

5.2.23　"置换"变形器

"置换"工具（　），以颜色来影响对象物体的形变效果。

（1）新建一个"平面"对象，调整"平面"对象的分段数。

（2）添加"置换"变形器，让"置换"变形器成为"平面"对象的子级，在"置换"变形器属性的"着色器"中添加"表面"属性的"棋盘"纹理，参数设置如图 5-2-81 所示。

（3）切换视图方式为透视图，可以观察到对象物体已经高低不平，平面置换效果如图 5-2-82 所示。

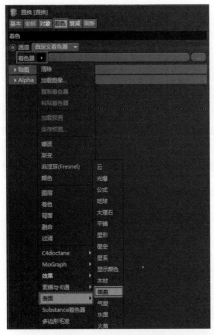

图 5-2-81　参数设置

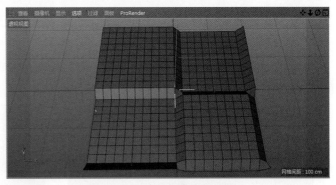

图 5-2-82　平面置换效果图

在"置换"变形器的参数中,通过调整"对象"参数的强度、高度选项属性可以改变强度大小和形变范围。"置换"变形器参数调整如图 5-2-83 所示。

图 5-2-83　"置换"变形器参数调整

5.2.24 "公式"变形器

"公式"工具(　　　　),是通过数学公式自动产生动画的一种变形器。

(1)新建一个"平面"对象,调整"平面"对象的分段数,宽度分段数和高度分段数均为 40。

(2)添加"公式"变形器,让"公式"变形器成为"平面"对象的子级。"公式"变形器对象参数设置如图 5-2-84 所示。

- 尺寸:设置修改范围的大小。
- 效果:设置变形的模式,此处设置为 Y 轴向半径方式变形。
- 公式:修改数值,可以改变影响速度和范围。

单击播放按钮,平面公式变形效果如图 5-2-85 所示。

图 5-2-84 "公式"变形器"对象"属性参数设置

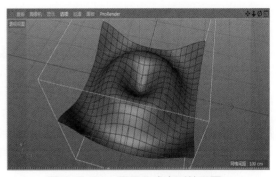

图 5-2-85 平面公式变形效果图

5.2.25 "平滑"变形器

"平滑"工具（ ），在不增加结构线的情况下，让物体呈现平滑状态效果。

（1）新建一个"地形"对象，修改地形的参数，如图 5-2-86 所示。

参数设置后的地形效果如图 5-2-87 所示。

图 5-2-86 参数设置

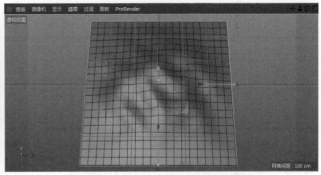

图 5-2-87 地形效果图

（2）添加"平滑"变形器，让"平滑"变形器成为"地形"对象的子级，物体表面会变得平滑。地形平滑效果如图 5-2-88 所示。

在"平滑"变形器"对象"属性区域设置参数，如图 5-2-89 所示。

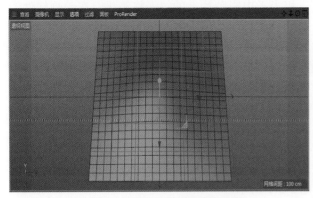

图 5-2-88 地形平滑效果图

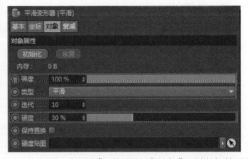

图 5-2-89 "平滑"变形器"对象"属性参数设置

- 强度：调节变化的大小。
- 类型：设置类型有松弛、平滑。
- 硬度：数值越小越平滑。

5.2.26 "倒角"变形器

"倒角"工具（ ），可以为模型增加质感效果。

（1）新建一个"立方体"对象，按快捷键 C，将"立方体"对象物体转换为可编辑对象。

（2）添加"倒角"变形器，让"倒角"变形器成为"立方体"对象的子级。

（3）选择立方体的点、线、面方式进行倒角。本案例选择立方体的边进行倒角操作，调整参数中偏移、细分、深度的值，倒角效果如图 5-2-90 所示。

在"倒角"变形器"对象"属性区域设置参数，如图 5-2-91 所示。

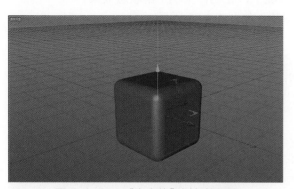

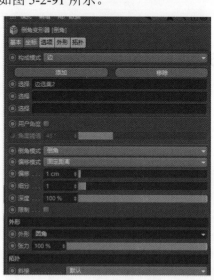

图 5-2-90　"立方体"倒角效果图　　　　图 5-2-91　"倒角"变形器"对象"属性参数设置

5.3　动画关键帧的添加和删除

5.3.1　动画的基础知识

1. 帧

帧就是动画中最小单位的单幅影像画面，相当于电影胶片上的每一格镜头。在动画软件的时间轴上，帧表现为一格或一个标记。

2. 关键帧

关键帧相当于二维动画中的原画，指角色或者物体运动或变化中的关键动作所处的那一帧。任何动画要表现运动或变化，至少前后要给出两个不同的关键状态，关键帧与关键帧之间的动画可以由软件来创建，这部分的帧称为过渡帧或中间帧。

5.3.2　动画关键帧的添加

当选择任何对象物体或者命令时，参数前面有"小圆圈"标志的都可以添加关键帧。下面以"立方体"对象的"坐标"属性为例，如图 5-3-1 所示。

添加关键帧有三种方法。

方法一：鼠标左键单击立方体"坐标"属性坐标轴前面的"小圆圈"，"小圆圈"呈现红色圆点时表示关键帧添加成功，如图 5-3-2 所示。

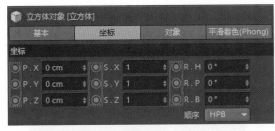 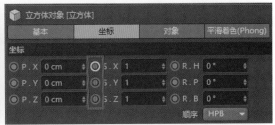

图 5-3-1　立方体"坐标"属性的关键帧　　　　图 5-3-2　关键帧添加成功

方法二：利用 ![] 记录活动对象来添加关键帧。

优点：添加速度快，可以给对象物体的点级别的动画添加关键帧。

缺点：所有参数都被添加关键帧。以立方体为例，记录活动对象后，坐标的位移、缩放、旋转属性都会被添加关键帧，如图 5-3-3 所示。

方法三：利用 ![] 自动记录关键帧。

单击开启后，视图四周会出现红色边框，如图 5-3-4 所示。

 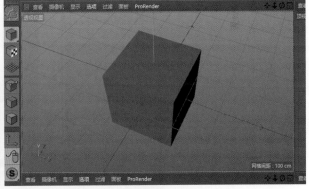

图 5-3-3　所有属性全部设置关键帧　　　　图 5-3-4　开启自动记录关键帧

被记录动画的参数变成暗黄色，这时随意修改参数，关键帧就会被记录，如图 5-3-5 所示。

图 5-3-5　开启自动记录关键帧参数设置

5.3.3　动画关键帧的删除

删除动画关键帧有两种方法（仍以"立方体"对象的"坐标"属性为例）。

方法一：选中当前参数，单击鼠标右键，在"立方体"对象的"坐标"属性中选择"动画"菜单命令，选择"删除轨迹"选项，如图 5-3-6 所示。

方法二：在动画时间线上，选中蓝色块的关键帧图标，使用 Delete 键删除，关键帧选择前为蓝色，选中后为黄色，选中效果如图 5-3-7 所示。

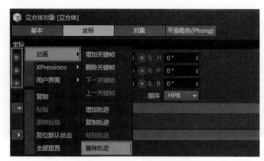

图 5-3-6 删除轨迹

图 5-3-7 选中关键帧效果

5.3.4 动画关键帧简单案例

（1）新建一个"球体"对象，修改"球体"对象的分段数为50。

（2）添加"膨胀"变形器，按住 Shift 键，叠加选中"球体"和"膨胀"变形器，再按 Alt+G 键，实现打组效果，并把"膨胀"变形器强度调整为负数，参数设置如图5-3-8所示。

图 5-3-8 "膨胀"变形器参数设置

球体"膨胀"变形效果如图 5-3-9 所示。

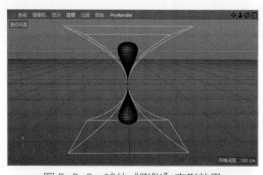

图 5-3-9 球体"膨胀"变形效果

（3）选中"球体"对象，将其移至"膨胀"变形器的上方，如图5-3-10所示。

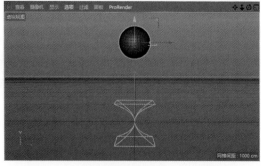

图 5-3-10 球体移至"膨胀"变形器上方

（4）在"球体"对象的"坐标"属性中，选择 Y 轴，添加关键帧，参数设置如图 5-3-11 所示。

（5）把"球体"对象移至"膨胀"变形器的下方，如图 5-3-12 所示。

图 5-3-11 球体移至"膨胀"变形器上方参数设置

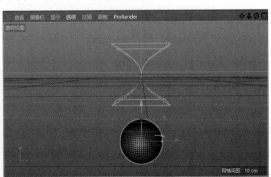

图 5-3-12 球体移至"膨胀"变形器下方

（6）在动画时间线上，把关键帧拖曳到第 30 帧处，如图 5-3-13 所示。

图 5-3-13 关键帧在第 30 帧处

（7）在"球体"对象的"坐标"属性中，选择 Y 轴，添加关键帧，参数设置如图 5-3-14 所示。

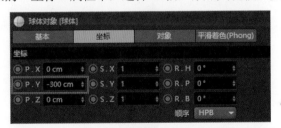

图 5-3-14 球体移至"膨胀"变形器下方参数设置

单击"播放"按钮，添加关键帧的球体动画效果如图 5-3-15 所示。

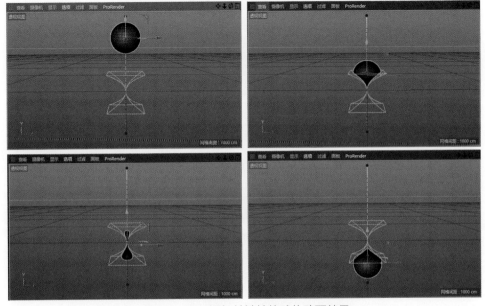

图 5-3-15 添加关键帧的球体动画效果

练 习

1. 比较"爆炸"变形器与"破碎"变形器的区别。

2. C4D 中"变形器"变形工具的实现有哪两种方式？

3. 使用 C4D 中的变形器工具制作如图 5-4-1 所示模型。

图 5-4-1　绳子

4. 使用 C4D 中的变形器工具制作如图 5-4-2 所示模型。

图 5-4-2　简易甜筒

第 6 章

运动图形

运动图形也叫 MoGraph，是 C4D 中一个十分重要的工具集模块，主要用于处理动态图形和制作动画变形。运动图形为设计师呈现了一个无限的空间，提供了一个全新的维度和方法，可以将类似矩阵式的制图模式变得极为简单有效。在运动图形中，将简单的单一对象进行奇妙的排列和组合，再配合各种效果器，原本单调简单的图形也会产生震撼人心的效果。另外，通过大量运动图形的命令组合，使得一些丰富有趣的效果实现起来更方便高效，这些效果在其他软件中往往需要一些代码才能实现，而在 C4D 中则会以非常直观的命令参数方式呈现。

6.1 运动图形菜单

在 C4D 软件的菜单栏中，单击"运动图形"菜单，如图 6-1-1 所示。

"运动图形"菜单分为"生成区命令""辅助区命令""效果器"三部分。

"生成区命令"主要用于改变模型动画的基本外观，如图 6-1-2 所示。

"辅助区命令"主要包括"隐藏""切换""选集""权重"，以及实现快速生成图形的几种克隆工具，如图 6-1-3 所示。

"效果器"主要是一系列效果工具命令，用于丰富动画过程的变化状态，如图 6-1-4 所示。

图 6-1-1 "运动图形"菜单

图 6-1-2 生成区命令

图 6-1-3 辅助区命令

图 6-1-4 效果器

6.2 生成区命令

6.2.1 "克隆"命令

"克隆"（  ）就是复制，有"线性""放射""网格排列""蜂窝阵列""对象"5 种克隆模式，如图 6-2-1 所示。

1. "线性"克隆（ ⚡ 线性 ）

"线性"克隆是默认的克隆模式，克隆以后成直线排列。

操作步骤如下。

首先单击"运动图形"菜单下的"克隆"命令添加克隆对象，然后新建一个立方体，拖动立方体到克隆对象的右下方成为其子集，如图 6-2-2 所示。在透视图中的"线性"克隆效果如图 6-2-3 所示。

图 6-2-1 5 种克隆模式

图 6-2-2 立方体为克隆的子集

"线性"克隆模式的常用参数如图 6-2-4 所示，展开图中"克隆"栏的下拉列表，可以发现每种克隆模式下，又包含"迭代""随机""混合""类别"4 种克隆方式。

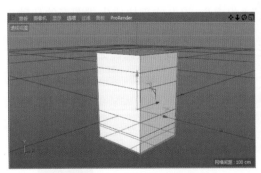

图 6-2-3 "线性"克隆效果

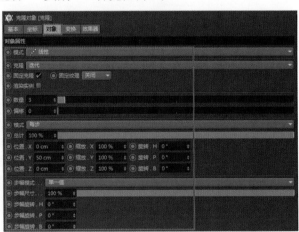

图 6-2-4 "线性"克隆模式的常用参数

操作步骤如下。

首先单击"运动图形"菜单下的"克隆"命令添加克隆对象，然后新建一个立方体和球体并成为克隆对象的子集。在"对象"属性中，设置克隆数量为 5，设置位置 Y 的值为 350cm。分别切换"迭代""随机""混合""类别"4 种克隆方式，各克隆方式产生的不同效果如图 6-2-5 所示。

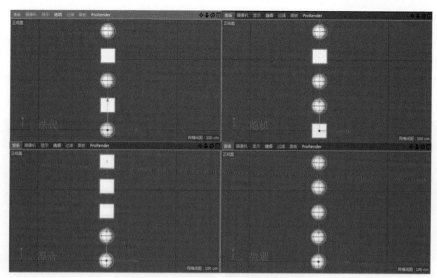

图 6-2-5 4 种克隆方式的不同效果

下面是"线性"克隆中一些常用参数功能介绍。

● 固定克隆：勾选时，克隆出来的模型在克隆的位置，克隆坐标受克隆命令影响；取消勾选时，克隆出来的模型在原始模型的位置，克隆坐标受被克隆物体影响。

● 数量：增加克隆物体的数量。

● 偏移：以自身单位大小进行位移，比如一个立方体单位大小为 200cm，那么会以它自身单位大小进行位移。若"偏移"值为 N，则第一个克隆对象偏移到第 N 个克隆对象的位置状态，其他克隆对象位置依次类推。

"固定克隆"、"数量"及"偏移"参数如图 6-2-6 所示。

图 6-2-6 "固定克隆"、"数量"及"偏移"参数

"模式""总计""位置""缩放""旋转"参数主要控制每个克隆物体的位移、缩放及旋转，如图 6-2-7 所示。

图 6-2-7 "模式""总计""位置""缩放""旋转"参数

具体参数功能如下。

● 模式：也称为增量模式，有"每步"和"终点"两种，区别是计算方式不同。"每步"模式表示按相邻两个克隆物体之间的属性进行计算；"终点"模式表示按克隆物体起始位置到克隆物体结束位置之间的属性进行计算。

● 总计：类似于总强度控制。比如，当 Y 轴距离为 50cm 时，若设置"总计"值为 50%，则 Y 轴实际距离为 25cm。

- 位置：表示克隆物体中心点之间的距离。新建一个立方体，设置立方体 Z 轴尺寸为 800cm，添加"克隆"命令，数量设置为 5，"每步"模式下，"位置.Y"的值设为 600cm，效果如图 6-2-8 所示。
- 缩放：按缩放比例递进调节克隆物体的大小。设"缩放.Y"的值为 150%，效果如图 6-2-9 所示。

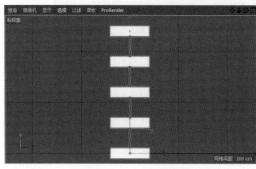 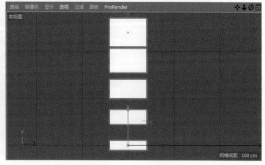

图 6-2-8　位置效果　　　　　　　　　　图 6-2-9　缩放效果

- 旋转：按旋转比例递进调节克隆物体的旋转。设"旋转.P"的值为 20%，效果如图 6-2-10 所示。"步幅"属性主要控制的是每个克隆物体的旋转扭曲，如图 6-2-11 所示。其中，"步幅模式"分为"单一值"和"累积"两种。"单一值"表示两相邻克隆物体之间旋转扭曲的递进值相同。"累积"表示两相邻克隆物体之间旋转扭曲的递进值按照设置的步幅值增加。"单一值"和"累积"的不同效果如图 6-2-12 所示。

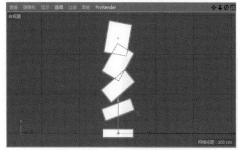 

图 6-2-10　旋转效果　　　　　　　　　　图 6-2-11　步幅

2．"放射"克隆（🔘 放射）

"放射"克隆模式下，克隆对象呈现放射圆形状。

在"运动图形"菜单下单击"克隆"工具，然后新建一个立方体，并让立方体成为克隆的子集，设置克隆模式为"放射"，数量为 25，半径为 1000cm，"放射"克隆效果如图 6-2-13 所示。

 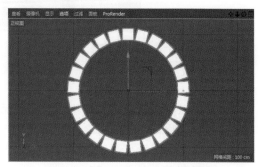

图 6-2-12　"单一值"和"累积"的不同效果　　　　图 6-2-13　"放射"克隆效果

"放射"克隆模式相关参数如图 6-2-14 所示。

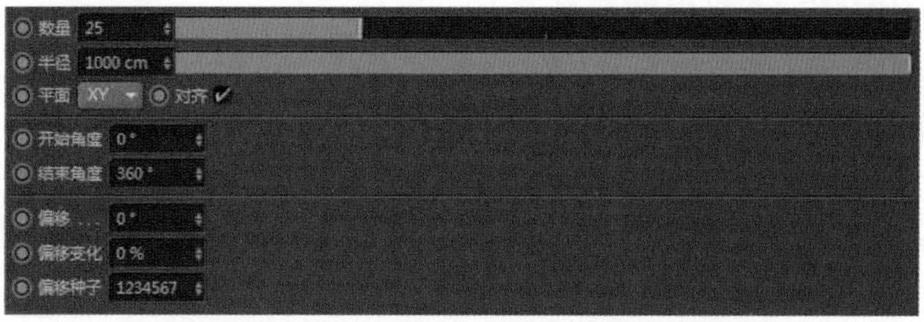

图 6-2-14　"放射"克隆模式相关参数

具体参数功能如下。

● 数量：克隆物体的数量。
● 半径：放射克隆的圆形范围。
● 平面：放射的朝向，分别为 XY/ZY/XZ 三种方向。
● 对齐：勾选时，克隆物体统一以中心为朝向；取消勾选时，物体朝向以本身坐标为准。
● 开始/结束角度：设置放射克隆的开始角度与结束角度，用以确定生长过程。开始角度为 0°，结束角度分别为 180° 和 360° 时，放射克隆效果如图 6-2-15 所示。
● 偏移：放射克隆的偏移角度。
● 偏移变化/种子：克隆物体位置的随机变化。偏移变化效果如图 6-2-16 所示。

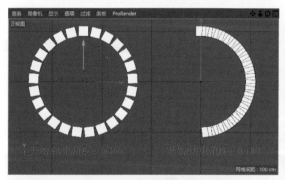

图 6-2-15　不同结束角度放射克隆效果

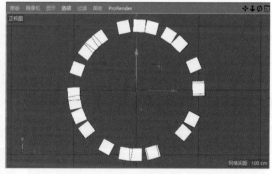

图 6-2-16　偏移变化效果

3．"网格排列"克隆（网格排列）

在"运动图形"菜单下单击"克隆"工具，然后新建一个单位大小为 200cm 的立方体，并让立方体成为克隆的子集，设置克隆模式为"网格排列"，效果如图 6-2-17 所示。

"网格排列"克隆模式具体参数如图 6-2-18 所示。

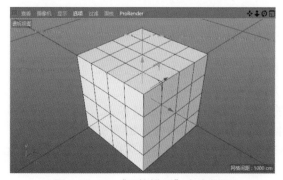

图 6-2-17　"网格排列"克隆效果

图 6-2-18　"网格排列"克隆模式具体参数

具体参数功能如下。

- 数量：增加 X/Y/Z 三个轴向的数量。
- 尺寸：表示轴向方向两端的克隆物体之间的距离。设置"网格排列"克隆模式尺寸参数为 600cm/600cm/600cm 后，效果如图 6-2-19 所示。
- 外形：表示设置克隆物体的外部形状，分为"立方""球体""圆柱""对象"4 种，其中"对象"比较特殊，需要指定另一个模型为载体，案例中选择的是平面，效果如图 6-2-20 所示。
- 填充：克隆物体内部的模型数量，如果为 0%，所有物体都要消失。

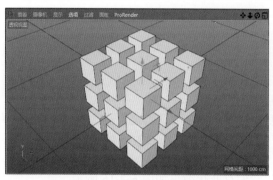

图 6-2-19 "网格排列"克隆尺寸

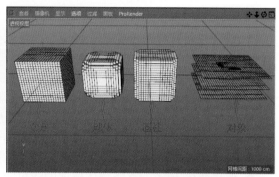

图 6-2-20 "网格排列"克隆外形

4. "蜂窝阵列"克隆（ 蜂窝阵列 ）

新建一个圆柱，设置高度分段数为 6，添加克隆对象，并使圆柱成为克隆对象的子集，设置克隆模式为"蜂窝阵列"，效果如图 6-2-21 所示。

"蜂窝阵列"克隆模式具体参数如图 6-2-22 所示。

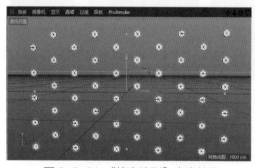

图 6-2-21 "蜂窝阵列"克隆效果

图 6-2-22 "蜂窝阵列"克隆模式具体参数

具体参数功能如下。

- 角度：有 Z（XY）/X（ZY）/Y（XZ）三种，用于调节克隆整体的朝向。
- 偏移方向：有宽/高两种。
- 偏移：用以设置偏移量。分别设置为 0% 和 100% 时，效果如图 6-2-23 和图 6-2-24 所示。
- 宽/高数量：增加或者减少克隆物体宽/高方向的数量。
- 宽/高尺寸：增大或者减小克隆物体之间的宽/高间距，如图 6-2-25 所示。
- 形式：分为"圆环""矩形""样条"三种形式。矩形和圆环效果如图 6-2-26 所示。

"样条"形式比较特殊，表示以样条线的外形作为形状标准。新建圆环样条线，设置参数如图 6-2-27 所示。

将"样条"参数设置为圆环样条线，"蜂窝阵列"的样条形式如图 6-2-28 所示。

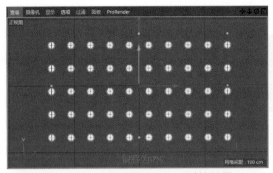

图 6-2-23　偏移设置为 0% 时的效果

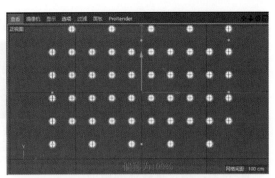

图 6-2-24　偏移设置为 100% 时的效果

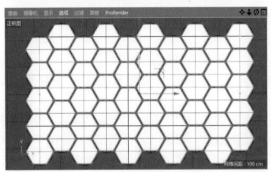

图 6-2-25　蜂窝阵列宽/高尺寸

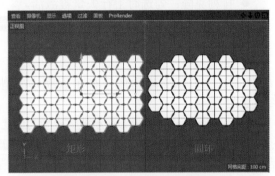

图 6-2-26　矩形和圆环效果

图 6-2-27　圆环样条线参数

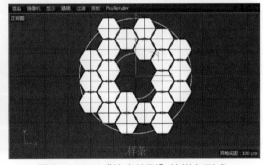

图 6-2-28　"蜂窝阵列"的样条形式

5. "对象"克隆（ 对象 ）

"对象"克隆模式可以把对象 A 克隆到另一个对象 B 上。

新建一个立方体和一个圆锥，如图 6-2-29 所示。

为圆锥添加克隆，把克隆模式调整为"对象"，对象属性区域指定为立方体。在正视图中的"对象"克隆效果如图 6-2-30 所示。

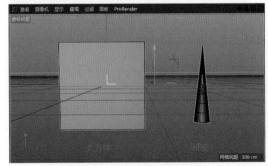

图 6-2-29　立方体和圆锥

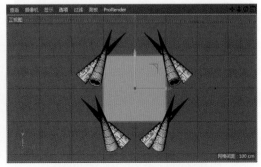

图 6-2-30　"对象"克隆效果

"对象"克隆模式具体参数如图 6-2-31 所示。

图 6-2-31 "对象"克隆模式具体参数

参数功能如下。

- 对象：指定承载体的模型。
- 排列克隆：勾选时上行矢量被激活。
- 选集：指定模型的点、线、面选集。
- 上行矢量：模型的排列方向。
- 分布：有"顶点""边""多边形中心""表面""体积""轴心"6 种。

"顶点"表示克隆物体分布在承载体模型的顶点上。"对象"克隆模式顶点分布效果如图 6-2-32 所示。

"边"表示克隆物体分布在承载体模型的边上。当分布方式为"边"时，产生"偏移"参数，表示克隆物体在边上的位移，默认为 50%；同时也产生"缩放边"参数，勾选以后，"边比例"参数开启，"边比例"参数用于调整克隆物体的缩放。调整"边比例"参数后的边分布效果如图 6-2-33 所示。

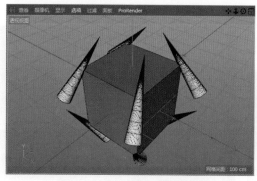
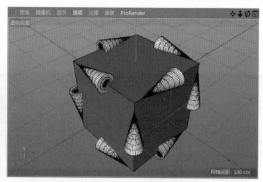

图 6-2-32 顶点分布效果　　　　图 6-2-33 边分布效果

"多边形中心"表示克隆物体分布在承载对象的多边形中心，其效果如图 6-2-34 所示。

"表面"表示克隆物体随机分布在承载体的表面。其中，"种子"参数调节克隆物体的随机位置，"数量"参数表示克隆物体的数量。在"对象"克隆模式下选择表面分布，设置数量后效果如图 6-2-35 所示。

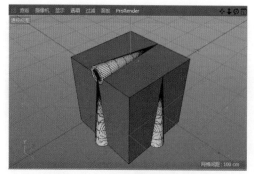
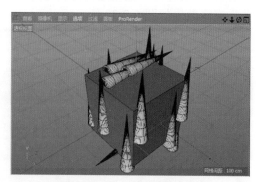

图 6-2-34 多边形中心分布效果　　　　图 6-2-35 表面分布效果

"体积"表示克隆物体随机分布在承载体的内部。其中，"体积模式"分为随机和表面两种。体积随机分布效果如图 6-2-36 所示。

"轴心"表示克隆物体分布在克隆承载体的坐标轴中心，效果如图 6-2-37 所示。

<table>
<tr><td>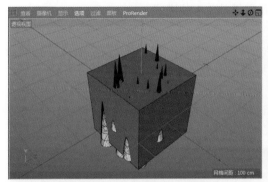</td><td>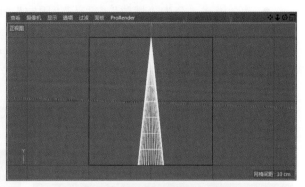</td></tr>
<tr><td>图 6-2-36　体积随机分布效果</td><td>图 6-2-37　轴心分布效果</td></tr>
</table>

6. 克隆对象的"变换"选项

克隆对象的"变换"选项参数设置如图 6-2-38 所示。

克隆对象的"变换"选项具体参数如下。

● 显示：包含"权重""颜色""UV""索引"4 种方式，"网格排列"克隆模式下不同的显示方式效果如图 6-2-39 所示。

<table>
<tr><td></td><td>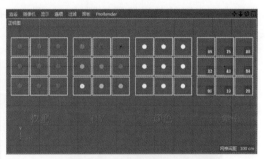</td></tr>
<tr><td>图 6-2-38　克隆对象的"变换"选项参数设置</td><td>图 6-2-39　不同的显示方式效果</td></tr>
</table>

● 位置/缩放/旋转：控制每个克隆物体，使之发生相同变化，与"对象"属性中的"位置""缩放""旋转"的区别在于，其不受"终点"或"每步"模式的影响。效果如图 6-2-40 所示。

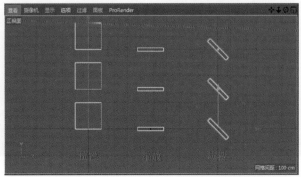

图 6-2-40　位置、缩放与旋转

- 颜色：更改克隆物体的初始颜色，默认颜色为白色。
- 权重：调整克隆权重变化的大小。
- 时间：控制克隆物体的动画播放时间。
- 动画模式：分为"播放""循环""固定""固定播放"4 种模式。

7. 克隆对象的"效果器"选项

克隆对象的"效果器"选项是运动图形命令中非常重要的一个属性，可以将前文提到的命令组合起来使用。使用方法简单，只需将想要的效果器拖曳到效果器属性区域即可。"效果器"选项如图 6-2-41 所示。

新建一个立方体，为其添加克隆，把克隆模式设置为"网格排列"，在克隆对象的"对象"选项中设置参数，如图 6-2-42 所示。

图 6-2-41 "效果器"选项

图 6-2-42 设置参数

单击"运动图形"菜单下的"效果器"命令组，选择"公式"，如图 6-2-43 所示。然后把"公式"拖曳到克隆的效果器属性区域，如图 6-2-44 所示。单击动画播放按钮，"公式"效果器动画效果如图 6-2-45 所示。

图 6-2-43 选择"公式"

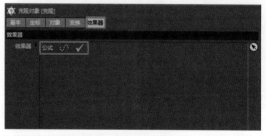

图 6-2-44 拖动"公式"到效果器属性区域

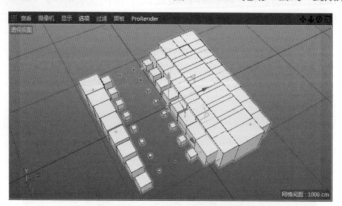

图 6-2-45 "公式"效果器动画效果

6.2.2 "矩阵"命令

"矩阵"命令（ 矩阵）和"克隆"命令参数基本一致，但它有一个名为"生成"的独特属性。"生成"属性分为"仅矩阵"和"Thinking Particles"两种模式。"生成"属性如图 6-2-46 所示。

图 6-2-46　"生成"属性

6.2.3 "分裂"命令

"分裂"命令（分裂），可以把模型按照不同的分裂模式分开割裂。分裂对象的分裂模式有"直接""分裂片段""分裂片段 & 连接"三种，如图 6-2-47 所示。

新建文本样条线，在文字输入区输入文字，如图 6-2-48 所示。

图 6-2-47　三种分裂模式

图 6-2-48　新建文本样条线并输入文字

为其添加挤压生成模型，如图 6-2-49 所示。

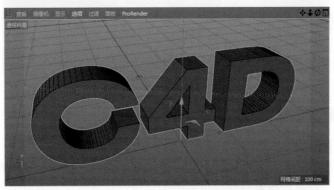

图 6-2-49　添加挤压生成模型

按快捷键 C，把模型转换为可编辑对象。选择所有模型，单击鼠标右键，在弹出的快捷菜单中选择"连接对象+删除"，如图 6-2-50 所示。

单击"分裂"命令，新建一个"分裂"对象，并让文本成为其子集，在分裂对象的"效果器"选项中拖入公式效果器，如图 6-2-51 所示。

图 6-2-50　连接对象+删除

图 6-2-51　拖入公式效果器

若将分裂模式设置为"分裂片段"，会发现模型面被分裂开，如图 6-2-52 所示。

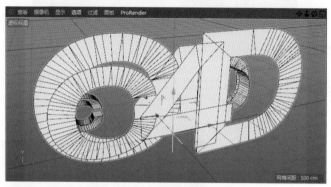

图 6-2-52　"分裂片段"模式

若将分裂模式设置为"分裂片段＆连接"，会发现模型被分裂为单独的文字，如图 6-2-53 所示。

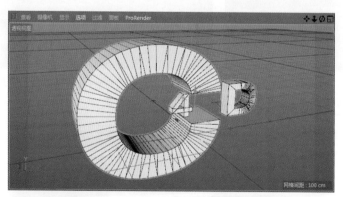

图 6-2-53　"分裂片段＆连接"模式

6.2.4　"破碎"命令

"破碎"命令（ 破碎（Voronoi） ）也叫泰森分裂。

新建一个立方体，添加"破碎"命令，并让立方体成为"破碎"对象的子集，在透视图的 N+B 显示模式下，可以看到模型被分成很多小的碎块，且每一块的颜色不同，这是为了能更好地观看碎块的形态。"破碎"效果如图 6-2-54 所示。

1．"破碎"的"对象"选项

"破碎"的"对象"选项如图 6-2-55 所示。

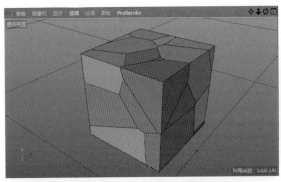

图 6-2-54　"破碎"效果

图 6-2-55　"破碎"的"对象"选项

具体参数如下。

● MoGraph 选集及权重贴图：表示指定的运动图形的选集和权重，如图 6-2-56 所示。后续部分会有专门的讲解。

● 着色碎片：勾选时，碎块为彩色显示；取消选择时，为白色或者为材质本身的颜色，如图 6-2-57 所示。

图 6-2-56　指定的运动图形的选集和权重

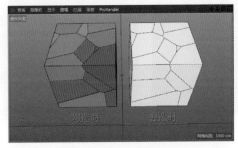

图 6-2-57　着色碎片

● 创建 N-Gon 面：该属性一般选择勾选。勾选和取消选择时的效果如图 6-2-58 所示。

● 偏移碎片：表示调节碎块的大小。

● 反转：表示反转碎片的范围，只有偏移碎片大于 0 时反转才可以使用，如图 6-2-59 所示。

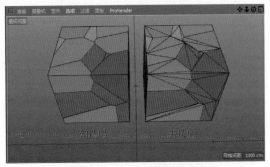

图 6-2-58　N-Gon 属性

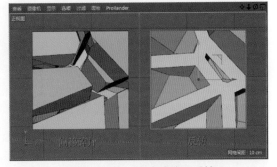

图 6-2-59　偏移碎片及反转

● 仅外壳及厚度：勾选"仅外壳"参数后，"厚度"参数才可用于调节碎块厚度，如图 6-2-60 所示。

● 空心对象：该参数勾选和取消选择时效果不同，取决于模型是否有厚度。新建一个球体，转换为可编辑对象，然后进入面级添加挤压，再添加"破碎"命令，最后用快捷键 N+G 进行线条显示，效果如图 6-2-61 所示。

● 优化并关闭孔洞：该参数针对结构比较复杂的模型。按住快捷键 Shift+F8 调出内容浏览器，在搜索栏中输入"Dog"，然后双击调出模型，只保留"Dog"的身体，如图 6-2-62 所示。为其添加"破碎"命令，把偏移碎片值都设置为1，是否勾选"优化并关闭孔洞"参数效果如图 6-2-63 所示。

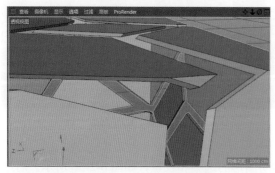

图 6-2-60　仅外壳及厚度参数

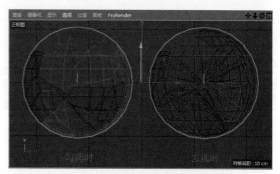

图 6-2-61　空心对象效果

图 6-2-62　调出 Dog 模型

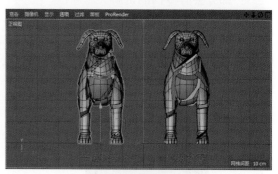

图 6-2-63　是否勾选"优化并关闭孔洞"参数效果

2. "破碎"的"来源"选项

"来源"选项是非常重要的属性，模型对象的碎裂是通过"来源"属性实现的，具体常用参数如图 6-2-64 所示。

"来源"属性具体参数功能如下。

● 显示所有使用的点：表示是否显示切割点。

● 视图数量：表示在点数量的基础上，控制碎裂程度。

● 来源：表示以何种方式切割对象，主要有"点生成器-分布""点生成器-着色器""样条线"三种来源方式。下面分别进行说明。

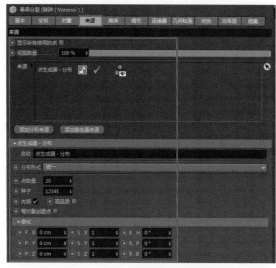

图 6-2-64　"来源"选项参数

（1）"点生成器-分布"来源方式：表示以切割点进行碎裂，切割点的位置和数量都直接影响切割结果。其"分布形式"参数主要有"统一""法线""反转法线""指数"4 种。

分布形式为"统一"时，系列参数功能如下。

● 点数量：表示增加或者减少的切割点的数量。点数量不同时的效果如图 6-2-65 所示。

● 种子：表示碎块位置的随机变化。

- 内部：勾选时，以模型内部进行切割点分布；取消勾选时，以模型外部进行切割点分布，效果如图 6-2-66 所示。

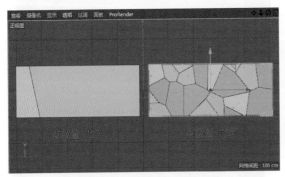

图 6-2-65　点数量不同时的效果

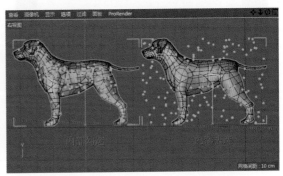

图 6-2-66　"内部"勾选与取消勾选

- 高品质：表示是否开启高品质效果。
- 每对象创建点：表示每个对象都会产生相同个数的点。
- 变化：可以对所有的切割点进行"位移""缩放""旋转"，也可以改变碎裂区域。

分布形式为"法线"时，表示以模式表的法线位置进行碎裂。

新建一个平面并调整至合适大小，按快捷键 C 转换为可编辑对象，进入"面"级别，打开多边形法线显示，如图 6-2-67 所示。

物体每个面上的白线就是法线，如图 6-2-68 所示。

图 6-2-67　打开多边形法线显示

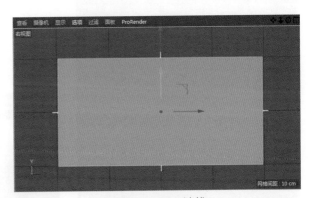

图 6-2-68　法线

为其添加"破碎"命令，并设置分布形式为"法线"，增加点数量为 100，切割点的分布集中在面的中心，也就是法线的中心，如图 6-2-69 所示。设置分布形式为"反转法线"时，效果如图 6-2-70 所示。其中"标准偏差"参数表示可放大或者缩小点的范围。

分布形式为"指数"时，表示以 X、Y、Z 坐标轴的位置来影响碎裂，如图 6-2-71 所示。

设置分布形式为"指数"时，效果如图 6-2-72 所示。

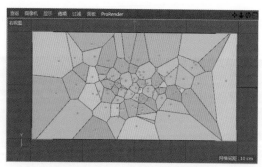

图 6-2-69　破碎法线分布

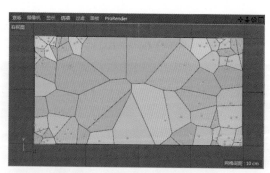

图 6-2-70　破碎反转法线分布

图 6-2-71　指数分布

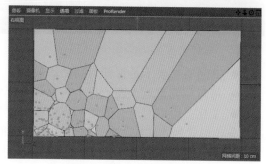

图 6-2-72　破碎指数分布

（2）"点生成器-着色器"来源方式：表示通过颜色来划定切割位置。在来源区域将"点生成"删除，然后单击"添加着色器来源"，如图 6-2-73 所示。

"点生成器-着色器"来源方式的相关属性参数如下。

● 通道：自定义着色器，以内置材质纹理添加颜色变化。

● 着色器：表示选择何种纹理颜色。

单击着色器图标 ，为其添加"渐变"命令，单击"渐变"横条进入渐变属性，在渐变类型中选择"二维-V"，如图 6-2-74 所示。

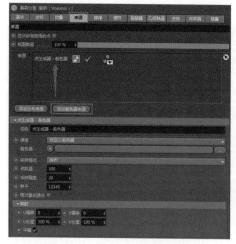

图 6-2-73　添加着色器来源

图 6-2-74　"二维-V"渐变类型

在视图中会发现上边切割点多，下边切割点少，是因为黑白渐变影响，如图 6-2-75 所示。

● 采样模式：分为体积和表面两种模式。体积模式下，切割点在模式内部；表面模式下，切割点主要分布在模式边缘。

- 采样精度：表示颜色纹理影响的精准性。
- 映射：调节颜色纹理贴图的位置和缩放，以及是否平铺。

（3）"样条线"来源方式：在"运动图形"菜单中，新建一个"运动样条"（ 运动样条），进行位移和旋转，调至当前状态，如图 6-2-76 所示。

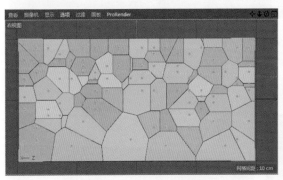
图 6-2-75　黑白渐变影响

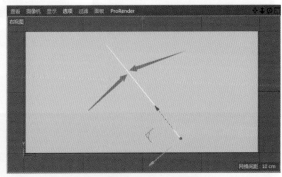
图 6-2-76　新建运动样条

将"运动样条"拖曳到"来源"属性中，如图 6-2-77 所示。

图 6-2-77　添加"运动样条"到"来源"属性

视图中实现了以运动样条为范围进行的等比例精准碎裂，运动样条透视图效果如图 6-2-78 所示。

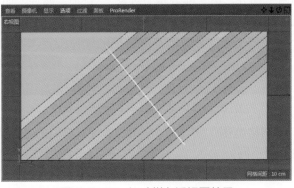
图 6-2-78　运动样条透视图效果

6.2.5　"实例"命令

"实例"命令（ 实例），用于在动画物体运动过程中记录每一帧的形态。

新建一个宝石模型，为其添加"实例"命令，生成"实例"对象，如图 6-2-79 所示。

为"实例"对象添加一个位移动画。选中"实例"对象，在时间线 0 帧处，为当前参数添加关键帧，如图 6-2-80 所示。

拖曳时间指针到时间线 50 帧处，修改参数并且添加关键帧，如图 6-2-81 所示。

单击动画播放按钮 |◀ ◀ ◀ ▶ ▶ ▶| ，观看动画效果，如图 6-2-82 所示。

"实例"的具体参数如图 6-2-83 所示。其中，"对象参考"指定实例的物体对象；"历史深度"用于设置追踪动画的数量，默认值为 10。

图 6-2-79　添加"实例"命令

图 6-2-80　在 0 帧处添加关键帧

图 6-2-81　在 50 帧处添加关键帧

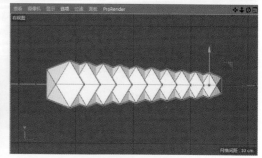

图 6-2-82　动画效果

图 6-2-83　"实例"的具体参数

6.2.6　"文本"命令

"文本"命令（ T 文本），用于快速生成文本模型，受效果器影响。

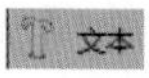

具体参数主要分为两个部分，第一部分是"对象""封顶"属性，如图 6-2-84 所示。它基本就是前面学习过的"文本样条线"和 NURBS 建模"挤压"的结合体，在此不再赘述。

图 6-2-84　"对象"和"封顶"属性

第二部分是"全部""网格范围""单词""字母"属性，它们的共同点是都可以添加效果器，区别在于效果器的影响范围不同。

单击"运动图形"菜单下的"文本"命令后，输入两行"CINEMA 4D R19"文本，如图 6-2-85 所示。

运动图形文本透视图效果如图 6-2-86 所示。

图 6-2-85　输入运动图形文本

图 6-2-86　运动图形文本透视图效果

新建一个公式效果器，其参数如图6-2-87所示。

图 6-2-87 公式效果器参数

在"全部"属性中，拖入公式效果器，单击动画播放按钮观看结果，会发现文本是整体运动的，效果如图6-2-88所示。

在"网格范围"属性中，拖入公式效果器，单击动画播放按钮观看结果，会发现文本是每一行逐行运动的，效果如图6-2-89所示。

图 6-2-88 "全部"属性动画效果

图 6-2-89 "网格范围"属性动画效果

在"单词"属性中，拖入公式效果器，单击动画播放按钮观看结果，会发现文本是以空格隔开的字母文字为单位运动的，效果如图6-2-90所示。

在"字母"属性中，拖入公式效果器，单击动画播放按钮观看结果，会发现文本是以每一个字母（或数字）为单位运动的，效果如图6-2-91所示。

图 6-2-90 "单词"属性动画效果

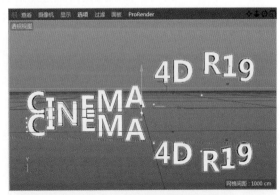
图 6-2-91 "字母"属性动画效果

6.2.7 "追踪对象"命令

"追踪对象"命令（ 追踪对象 ），用于追踪物体的点级别，生成新的样条线。

首先搭建符合追踪对象条件的场景。

使用画笔工具，随意勾画出一根样条线，再新建一个立方体，如图 6-2-92 所示。

在大纲视图中，选中立方体，单击鼠标右键，调出"CINEMA 4D 标签"菜单，添加"对齐曲线"标签，如图 6-2-93 所示。这样立方体可以沿着样条线运动。

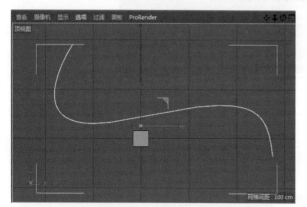

图 6-2-92　样条线与立方体　　　　　　　图 6-2-93　添加"对齐曲线"标签

设置"对齐曲线"参数，指定路径曲线为前面勾画的样条线，如图 6-2-94 所示。勾选"切线"后，模式物体会沿着样条线旋转。

图 6-2-94　设置"对齐曲线"参数

选中立方体，在时间线 0 帧处，为立方体"对齐曲线"的位置属性添加关键帧，并设置其值为 0%；把时间指针拖曳到 50 帧处，为立方体"对齐曲线"的位置属性添加关键帧，并设置其值为 100%。单击动画播放按钮，立方体沿着样条线运动，如图 6-2-95 所示。

符合追踪对象条件的场景搭建完毕后，开始添加运动图形中的"追踪对象"命令，"追踪对象"具体参数如图 6-2-96 所示。

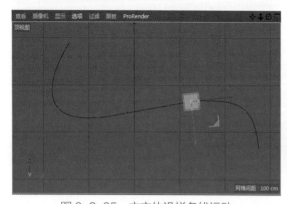

图 6-2-95　立方体沿样条线运动　　　　　图 6-2-96　"追踪对象"具体参数

"追踪对象"的参数功能如下。

- 追踪链接：用于放置追踪物体。若设置为追踪当前立方体，则播放动画效果如图 6-2-97 所示。
- 追踪模式：分为"追踪路径""连接所有对象""连接元素"三种模式。
- 采样步幅：设置采样间隔，如果为 1，表示每 1 帧采样一次，线条会比较圆滑；如果为 5，表示每 5 帧采样一次。采样步幅的效果如图 6-2-98 所示。

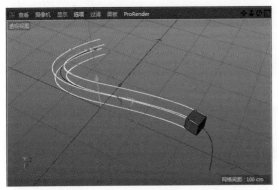

图 6-2-97　追踪链接为立方体

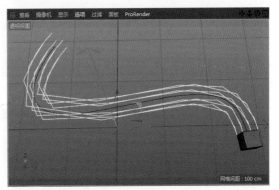

图 6-2-98　采样步幅的效果

- 追踪激活：取消勾选后，追踪对象将失去作用。
- 追踪顶点：以物体的坐标为中心，仅产生一条样条线，如图 6-2-99 所示。
- 使用 TP 子群：表示是否影响 TP 粒子。
- 手柄克隆：分为"仅节点""直接克隆""克隆从克隆"三种模式。

新建一个立方体，为其添加"克隆"命令，克隆模式设置为网格排列；在克隆里再添加一个克隆，克隆模式也设置为网格排列，大纲视图如图 6-2-100 所示。为"克隆 1"添加一个简单的位移动画，如图 6-2-101 所示。

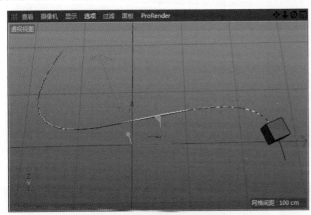

图 6-2-99　追踪顶点效果

图 6-2-100　大纲视图

新建追踪对象，把"克隆 1"拖曳到追踪链接里，手柄克隆模式默认是"仅节点"，效果如图 6-2-102 所示。手柄克隆模式切换为"直接克隆"，效果如图 6-2-103 所示。手柄克隆模式切换为"克隆从克隆"，效果如图 6-2-104 所示。

- 空间：分为"全局"和"局部"。"全局"表示追踪对象生成的样条线受运动轨迹线影响；"局部"表示追踪对象生成的样条线受追踪对象本身坐标影响。
- 限制：分为"无""从开始""从结束"三种。

"无"表示追踪的样条线长度受运动范围影响，并且始终存在，如图 6-2-105 所示。

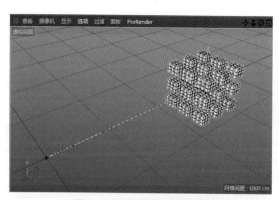

图 6-2-101　添加位移动画

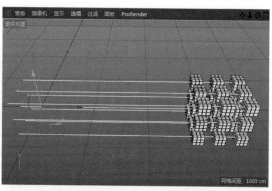

图 6-2-102　"仅节点"手柄克隆模式效果

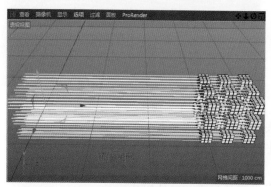

图 6-2-103　"直接克隆"手柄克隆模式效果

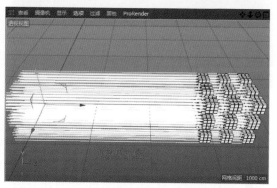

图 6-2-104　"克隆从克隆"手柄克隆模式效果

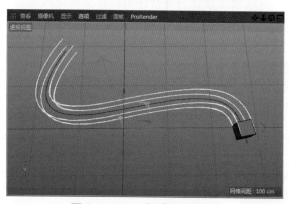

图 6-2-105　"无"限制效果

"从开始"表示设置追踪的样条线的范围。如果设置"总计"值为 20，那么在 20 帧后会停止追踪，不会生成样条线，如图 6-2-106 所示。

"从结束"表示设置追踪的样条线的范围。如果设置"总计"值为 80，那么 80 帧以后，生成的样条线开始逐渐变短消失，如图 6-2-107 所示。

追踪对象实际上也是样条线，添加"扫描"命令，然后新建一个圆环，如图 6-2-108 所示。透视图效果如图 6-2-109 所示。

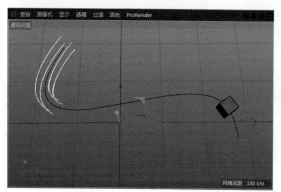

图 6-2-106　"从开始"限制效果

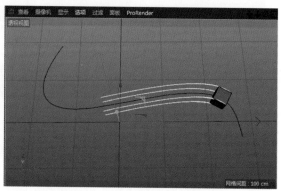

图 6-2-107　"从结束"限制效果

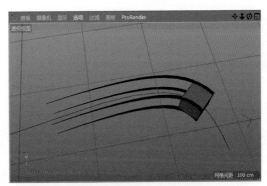

图 6-2-108 添加扫描和圆环

图 6-2-109 透视图效果

6.2.8 "运动样条"命令

"运动样条"命令（运动样条），用于外形比较特殊的样条线，而且受效果器影响，如图 6-2-110 所示。

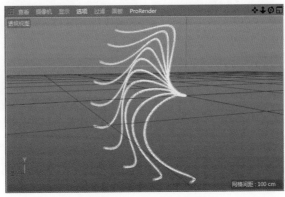

图 6-2-110 运动样条

1. "对象"属性

运动样条中的"对象"属性如图 6-2-111 所示。

具体参数如下。

● 模式：分为"简单""样条""Turtle"三种。"简单"为默认模式，效果如图 6-2-112 所示。"样条"模式是以样条线生成运动样条。新建一个文本样条线，把模式切换到"样条"模式，在样条属性中，把文本样条线拖曳到原样条属性中，如图 6-2-113 所示，透视图效果如图 6-2-114 所示。"Turtle"模式效果如图 6-2-115 所示。

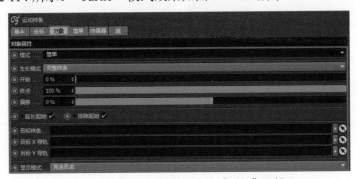

图 6-2-111 运动样条中的"对象"属性

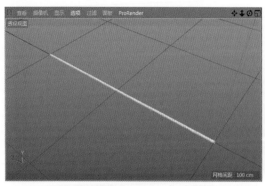

图 6-2-112 "简单"模式效果

图 6-2-113 "样条"模式

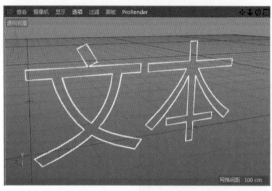

图 6-2-114 "样条"模式效果

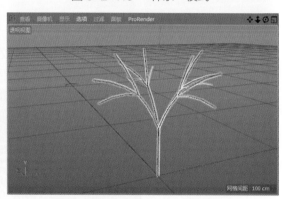

图 6-2-115 "Turtle"模式效果

● 生长模式：分为"完整样条"和"独立分段"两种。"完整样条"模式下，调节"开始""终点""偏移"等属性时，样条逐一变化，效果如图 6-2-116 所示；"独立分段"模式下，调节"开始""终点""偏移"等属性时，样条统一变化，效果如图 6-2-117 所示。

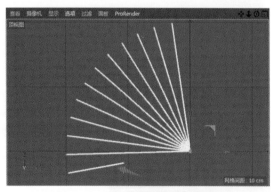

图 6-2-116 "完整样条"模式

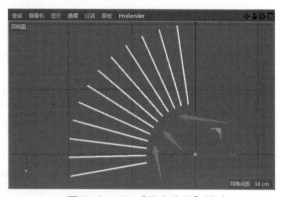

图 6-2-117 "独立分段"模式

开始：表示起点向终点生长，如图 6-2-118 所示。

终点：表示终点向起点生长，如图 6-2-119 所示。

偏移：表示向起点或者终点方向的位移，如图 6-2-120 所示。

● 延长/排除起始：主要针对偏移属性，取消选择时，偏移后不会超出样条线的起点与终点范围。

● 目标样条：样条线的形状决定运动样条线的形状，如图 6-2-121 所示。

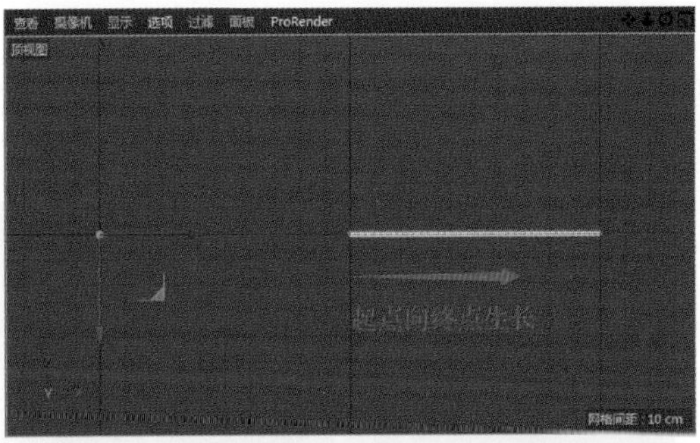

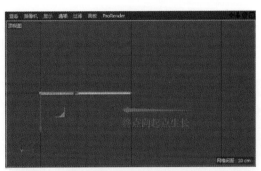

图 6-2-118 "开始"属性

图 6-2-119 "终点"属性

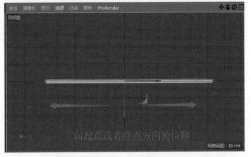

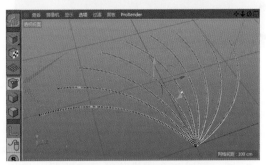

图 6-2-120 "偏移"属性

图 6-2-121 "目标样条"属性

- 目标 X/Y 导轨：分别在 X/Y 轨道影响样条线。
- 显示模式：分为"线""双重线""完全形态"三种，效果如图 6-2-122 所示。

2. "简单"属性

运动样条中的"简单"属性如图 6-2-123 所示，具体参数功能如下。

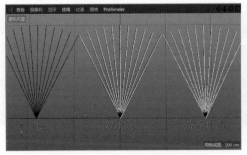

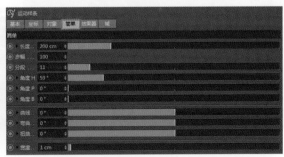

图 6-2-122 "显示模式"属性

图 6-2-123 运动样条中的"简单"属性

- 长度：用于调节运动样条长度，该属性效果如图 6-2-124 所示。
- 步幅：用于调节样条线的点的数量，点越多越圆滑。"步幅"属性效果如图 6-2-125 所示。

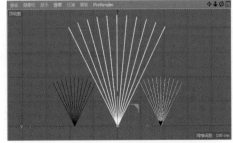

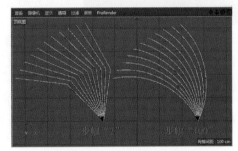

图 6-2-124 "长度"属性效果

图 6-2-125 "步幅"属性效果

- 分段：表示运动样条线的数量，默认为 1。"分段"属性效果如图 6-2-126 所示。
- 角度 H/P/B：用于设置在 H/P/B 三个方向的旋转。增加"分段"值后，变化更明显。"角度 H/P/B"属性效果如图 6-2-127 所示。

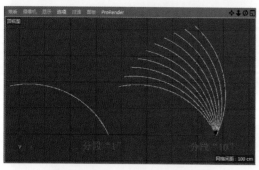

图 6-2-126 "分段"属性效果

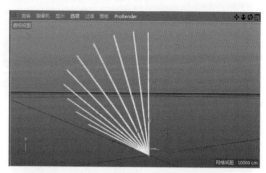

图 6-2-127 "角度 H/P/B"属性效果

- 曲线/弯曲/扭曲：用于设置在 H/P/B 三个方向的扭曲变化，效果如图 6-2-128 所示。
- 宽度：用于设置运动样条线的粗细。

3．"效果器"及"域"属性

- 效果器：用于放置运动图形中的效果器。
- 域：可以包含或排除粒子修改器。将相应的对象拖动到"域"列表中，并设置"模式"参数，即可包含或排除对象的效果。

"效果器"及"域"属性如图 6-2-129 所示。

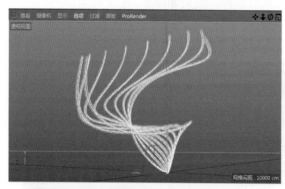

图 6-2-128 "曲线/弯曲/扭曲"属性效果

图 6-2-129 "效果器"及"域"属性

6.2.9 "运动挤压"命令

图 6-2-130 运动挤压的两种方法

"运动挤压"命令（ 运动挤压 ），可以对当前对象进行挤压，对象外形会产生非常丰富的变化，而且受效果器影响。使用方法有两种：一种是把"运动挤压"作为当前对象的子集；另一种是与当前对象进行打组，如图 6-2-130 所示。

新建一个平面，宽度分段和高度分段设置为 5，为其添加运动挤压，挤出步幅设置为 65，效果如图 6-2-131 所示。

运动挤压的"对象"属性如图 6-2-132 所示。常用参数介绍如下。

- 变形：分为"从根部"和"每步"两种。"从根部"表示受效果器影响引起整体变化。在"运动图形"菜单下为其添加"步幅"效果器（ 步幅 ），步幅的参数设置如图 6-2-133 所示，透视图效果如图 6-2-134 所示。"每步"表示受效果器影响，产生递进变化。添加"步幅"效果器并设置步幅参数后，效果如图 6-2-135 所示。

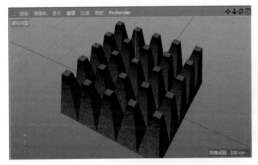

图 6-2-131　给平面添加运动挤压

图 6-2-132　运动挤压的"对象"属性

图 6-2-133　步幅的参数设置

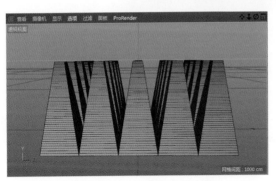

图 6-2-134　"从根部"效果

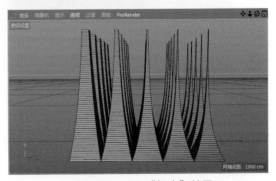

图 6-2-135　"每步"效果

- 挤出步幅：设置挤压的分段数。
- 多边形选集：指定"面"选集标签，让命令只影响面选集的位置。
- 扫描样条：可以随意指定一条样条线，来影响挤出的外形变化。新建一根螺旋样条线，把螺旋样条线拖曳到扫描样条里，效果如图 6-2-136 所示。

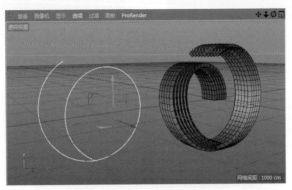

图 6-2-136　扫描样条效果

6.2.10 "多边形FX"命令

"多边形 FX"命令（  多边形FX），可以对模型或者样条线产生分裂的效果。其具体参数如图 6-2-137 所示。

图 6-2-137 "多边形FX"具体参数

新建一个球体，添加"多边形FX"并作为球体的子集，对象属性中模式为默认，为"多边形 FX"添加"随机"（ 随机 ）效果器后，效果如图 6-2-138 所示。

新建一个圆环，再新建一个文本，添加"多边形FX"并使其成为文本的子集。添加"扫描"，使圆环和文本成为其子集，层次关系如图 6-2-139 所示，透视图效果如图 6-2-140 所示。

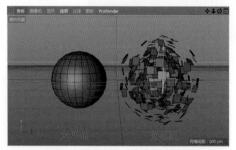

图 6-2-138 "多边形FX"随机效果器效果

图 6-2-139 层次关系

将"多边形FX"对象属性中的模式调整为"部分面（Polys）/样条"，为其添加"随机"效果器，如图 6-2-141 所示。在透视图中，可以看到样条线被分裂开，效果如图 6-2-142 所示。

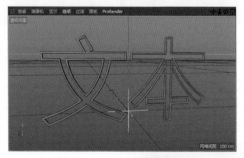

图 6-2-140 透视图效果

图 6-2-141 设置"部分面（Polys）/样条"模式

图 6-2-142 "多边形FX"随机效果器效果

6.3　辅助区命令

6.3.1　"运动图形选集"命令

"运动图形选集"命令（⊞运动图形选集），独立于"运动图形"命令，可使某些运动图形下的对象单独受效果器影响。

新建一个立方体，为其添加克隆，克隆模式调整为网格排列，克隆数量为 10×1×10，效果如图 6-3-1 所示。

在选中克隆的状态下，执行"运动图形选集"命令，会产生两个变化，一是被克隆物体上出现圆点；二是鼠标指针会变成一个圆形区域，如果调大"运动图形选集"的半径，鼠标圆形区域会变大。这时单击鼠标，鼠标圆形区域内被选中的颜色会发生变化，如图 6-3-2 所示。同时，"克隆"对象会出现一个运动图形选集标签，如图 6-3-3 所示。

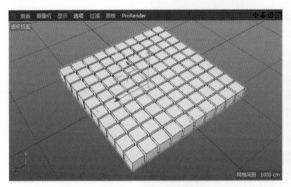

图 6-3-1　添加克隆

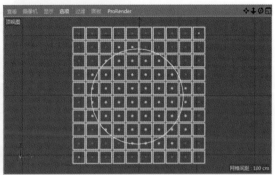

图 6-3-2　鼠标指针变成圆形区域

为克隆添加一个"简易"效果器（⊞简易），将运动图形选集标签拖曳到效果器属性中的"选择"栏，如图 6-3-4 所示。在透视图中，会发现只有所选择的区域才受简易效果器影响，如图 6-3-5 所示。

图 6-3-3　运动图形选集标签

图 6-3-4　"简易"效果器

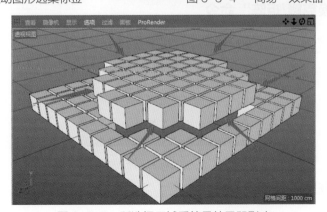

图 6-3-5　所选择区域受简易效果器影响

6.3.2 "MoGraph 权重绘制画笔"命令

"MoGraph 权重绘制画笔"命令（ <img MoGraph权重绘制画笔> ），和"运动图形选集"命令功能基本相同，区别在于其会产生梯度细节变化，效果如图 6-3-6 所示。

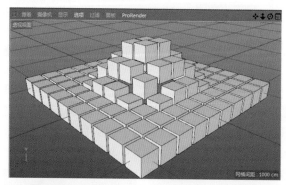

图 6-3-6 "MoGraph 权重绘制画笔"效果

6.3.3 "隐藏选择"命令

"隐藏选择"命令（ <img 隐藏选择> ），隐藏选择的当前对象，主要使用在运动图形命令中。只有"运动图形选集"标签建立后，"隐藏选择"才会被激活，在鼠标的圆形选择区域内单击鼠标，产生的效果如图 6-3-7 所示。

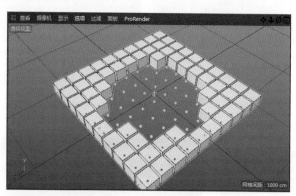

图 6-3-7 "隐藏选择"效果

6.3.4 "切换克隆/矩阵"命令

"切换克隆/矩阵"命令（ <img 切换克隆/矩阵> ），作用是使克隆命令与矩阵命令相互切换，如图 6-3-8 所示。

图 6-3-8 "切换克隆/矩阵"命令

6.3.5 "线性克隆工具"命令

"线性克隆工具"命令（ <img 线形克隆工具> ），作用是当选中物体后以快捷方式创建线性克隆，同时原始物体会被保留，效果如图 6-3-9 所示。

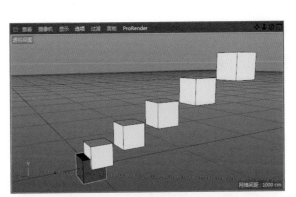

图 6-3-9　"线性克隆工具"效果

6.3.6　"放射克隆工具"命令

"放射克隆工具"命令（ 放射克隆工具 ），作用是当选中物体后以快捷方式创建放射克隆，同时原始物体会被保留，效果如图 6-3-10 所示。

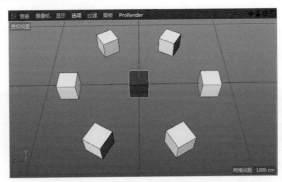

图 6-3-10　"放射克隆工具"效果

6.3.7　"网格克隆工具"命令

"网格克隆工具"命令（ 网格克隆工具 ），作用是选中物体后，以快捷方式创建网格克隆，原始物体将会被保留，效果如图 6-3-11 所示。

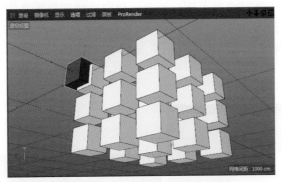

图 6-3-11　"网格克隆工具"效果

6.4　效果器命令

效果器是运动图形动画中的重要模块，每一个效果器都有自身特点，效果器既可以单独使用，也可以组合使用。

6.4.1 "群组"效果器

"群组"效果器（ 群组 ），属于收纳型的效果器，可以收纳多个效果器，同时控制它们的强度、选集和动画时间。收纳了"简易""随机""继承"三个效果器的"群组"效果器如图 6-4-1 所示。

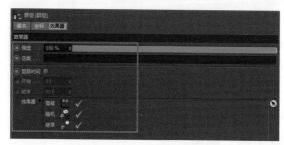

图 6-4-1 "群组"效果器

6.4.2 "简易"效果器

"简易"效果器（ 简易 ），顾名思义就是很简单的效果器，它通常和其他的效果器配合使用，可以对对象的位置、缩放、旋转、颜色等产生影响，是使用率极高的效果器。

1. "简易"效果器的"效果器"选项栏属性

"简易"效果器的"效果器"属性如图 6-4-2 所示。

图 6-4-2 "简易"效果器的"效果器"属性

具体参数功能如下。

- 强度：控制影响的变化程度，如果为 0，效果器将不起作用。
- 选择：用于放置运动图形选集。
- 最小/最大：控制参数的变换范围。新建一组网格排列克隆，如图 6-4-3 所示。对其添加"简易"效果器，在参数属性中，将 Y 轴距离调整为 500cm，如图 6-4-4 所示。在正视图中可以发现，坐标位置到物体位置距离为 500，如图 6-4-5 所示。将最大强度设为-100%，最小强度设为 0%，模型会变成-500cm 的距离，同时中心坐标并没有变化，如图 6-4-6 所示。

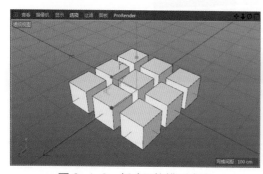

图 6-4-3 新建网格排列克隆

图 6-4-4 设置参数

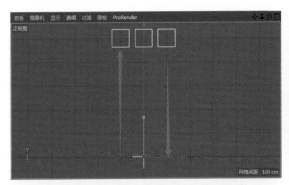

图 6-4-5　坐标位置到物体位置距离

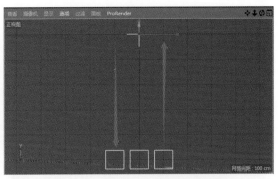

图 6-4-6　最小/最大强度设置效果

2.　"简易"效果器的"参数"选项栏属性

"参数"选项栏属性主要包括"变换""颜色""其他"三个部分，如图 6-4-7 所示。

（1）"变换"属性：主要是在"位置""缩放""旋转"中产生变化，简易效果器默认只勾选"位置"。其中，"缩放"属性比较特殊，如图 6-4-8 所示，默认状态下，为 X/Y/Z 三轴向，单轴向缩放，勾选"等比缩放"时为整体缩放，是否勾选要根据实际情况决定。勾选"等比缩放"如图 6-4-9 所示。

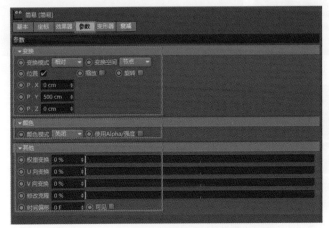

图 6-4-7　"简易"效果器的"参数"属性

图 6-4-8　"缩放"属性

图 6-4-9　勾选"等比缩放"

（2）"颜色"属性：主要包括"颜色模式"和"使用 Alpha/强度"，如图 6-4-10 所示。"颜色模式"分为"关闭""开启""自定义"三种。默认模式下是"关闭"状态，对克隆不会产生颜色影响。例如，在克隆的"变换"属性中，若将颜色修改为绿色，添加完修改器后，效果还是绿色，如图 6-4-11 所示。

图 6-4-10　"颜色"属性

在"开启"模式下，简易效果器属性中的颜色为白色，随机效果器属性中的颜色为随机色，也可以使用多种颜色叠加，效果如图 6-4-12 所示。在"自定义"模式下，可以如图 6-4-13 所示定义颜色变化，效果如图 6-4-14 所示。"使用 Alpha/强度"属性将在着色效果器中进行讲解。

（3）"其他"属性：主要包括"权重变换""U 向变换""V 向变换""修改克隆""时间偏移""可见"。

- 权重变换：可以影响克隆物体的权重分配，从而影响动画变形的变化。如图 6-4-15 所示，将克隆对象的"变换"属性下的"显示"属性设置为开启权重显示，才能更好观察结果。

开启权重显示后，可以看到物体中心会有一个红色的圆点，如图 6-4-16 所示。

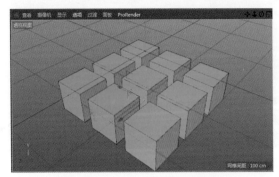
图 6-4-11　"颜色模式"关闭状态

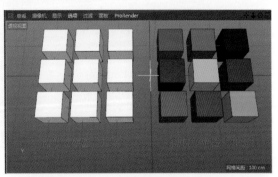
图 6-4-12　"颜色模式"开启状态

图 6-4-13　"颜色模式"自定义状态

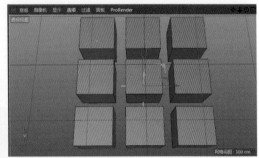
图 6-4-14　"颜色模式"自定义状态下的效果

图 6-4-15　开启权重显示

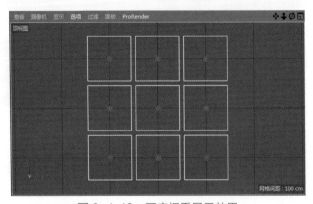
图 6-4-16　开启权重显示效果

给克隆对象添加一个随机效果器，把随机效果器的参数属性中的"位置"取消勾选，权重变换调节为 100%，可以看到权重点的颜色发生变化，"黄点"表示受效果器影响，"红点"表示基本不受效果器影响，效果如图 6-4-17 所示。再为其添加一个简易效果器，会发现平时整体影响变化的简易效果器，这时居然变成随机的了，原因就是通过随机效果器改变了它的权重变换，效果如图 6-4-18 所示。

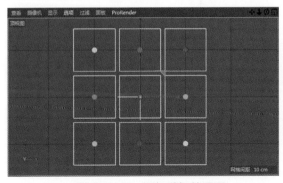
图 6-4-17　添加随机效果器

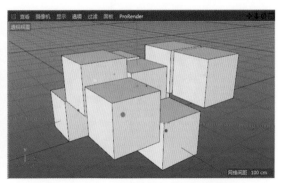
图 6-4-18　添加简易效果器后效果

- U/V 向变换：首先新建一个由立方体组成的网格排列克隆，在克隆的变换属性的显示属性里，选择"UV"，效果显示如图 6-4-19 所示。

添加简易效果器，在简易效果器的"参数"属性中，把"U 向变换"增加到 100%，会发现颜色在变换走向，如图 6-4-20 所示；把"U 向变换"还原为 0，再把"V 向变换"增加到 100%，注意观察颜色变换走向，如图 6-4-21 所示。

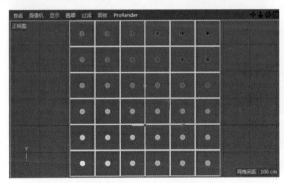
图 6-4-19　UV 效果显示

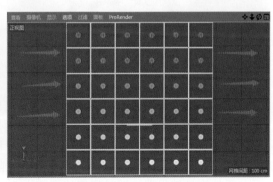
图 6-4-20　U 向变换

- 修改克隆：使克隆物体的分布产生变化，前提是被克隆物体的数量大于两个，如图 6-4-22 所示。

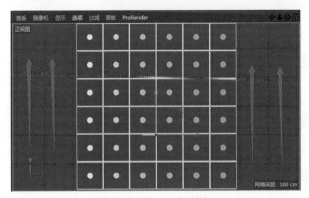
图 6-4-21　V 向变换

图 6-4-22　三个被克隆物体

克隆模式设置为网格排列克隆，给克隆添加"简易"效果器，效果如图 6-4-23 所示。当逐渐增大"修改克隆"的值时，被克隆对象的分布也会产生变化，效果如图 6-4-24 所示。继续增加"修改克隆"的值，效果如图 6-4-25 所示。将"修改克隆"的值增加到最大 100% 时，效果如图 6-4-26 所示。

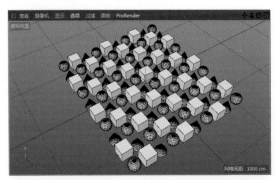

图 6-4-23　网格排列克隆效果

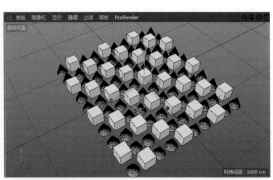

图 6-4-24　增大"修改克隆"的值

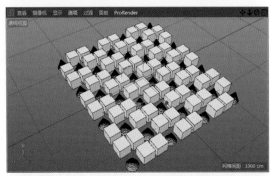

图 6-4-25　继续增大"修改克隆"的值

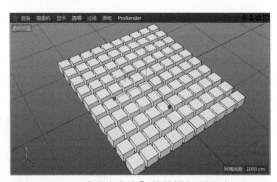

图 6-4-26　"修改克隆"的值增加到最大 100%

● 可见：在着色效果器中能有更直观的表现。
● 时间偏移：偏移被克隆物体的时间动画。

新建一个立方体，为其添加一个简单的位移动画，然后添加克隆，在克隆的对象属性内，取消勾选"固定克隆"（　固定克隆　），这时克隆出的几个立方体会有一样的动画，如图 6-4-27 所示。添加简易效果器，把时间偏移调整为 20F，如图 6-4-28 所示，则上述的动画将会从 20 帧开始，而不是从 0 帧开始。

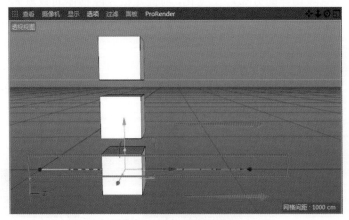

图 6-4-27　克隆动画

3."简易"效果器的"变形器"选项栏属性

"变形器"属性，使效果器也可以当作变形器使用，但是变形器不能当作效果器使用，开启的方式有"对象""点""多边形"三种，如图 6-4-29 所示。

图 6-4-28 设置"时间偏移"值

图 6-4-29 "变形器"属性

新建一个圆环模型，并转换为可编辑对象，进入"面"级别，选择所有的面，单击鼠标右键找到"断开连接"命令（断开连接... U~D, U~Shift+D），先单击当前命令后边的小齿轮，取消选择"保持群组"，如图 6-4-30 所示，然后再执行断开连接命令。新建"公式"效果器作为圆环的子集，如图 6-4-31 所示。将"公式"效果器的变形器属性的变形模式调整为"对象"时，播放动画，模型以整体为单位进行变化，效果如图 6-4-32 所示。

图 6-4-30 取消选择"保持群组"

图 6-4-31 添加"公式"效果器

将"公式"效果器的变形器属性的变形模式调整为"点"时，播放动画，模型以点为单位进行变化，效果如图 6-4-33 所示。将"公式"效果器的变形器属性的变形模式调整为"多边形"时，播放动画，模型以面为单位进行变化，效果如图 6-4-34 所示。

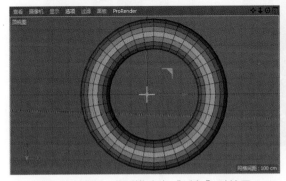

图 6-4-32 变形模式为"对象"时效果

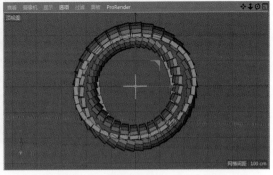

图 6-4-33 变形模式为"点"时效果

4. "简易"效果器的"衰减"选项栏属性

"衰减"属性是非常重要的一组属性，可以把它理解为动态的选集，其参数和模式比较多，如图 6-4-35 所示。

新建一个立方体，添加网格排列克隆，如图 6-4-36 所示。再为其添加简易效果器，如图 6-4-37

所示，在缩放属性中勾选"等比缩放"，缩放值设置为"-1"，这时克隆对象会消失不见。

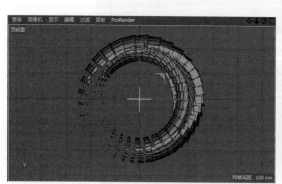

图 6-4-34 变形模式为"多边形"时效果

图 6-4-35 "衰减"属性

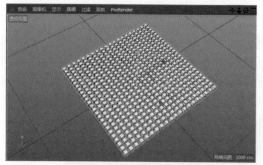

图 6-4-36 网格排列克隆

图 6-4-37 设置缩放参数

在"衰减"属性中，把形状调整为"噪波"衰减，效果如图 6-4-38 所示。"噪波"衰减类型是一种随机衰减，以噪波贴图的外形为基础，通过黑白灰控制影响变化位置，如图 6-4-39 所示。

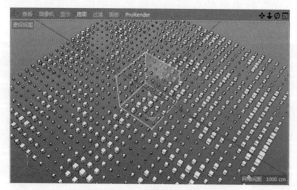

图 6-4-38 "噪波"衰减效果

图 6-4-39 "噪波"衰减贴图

在"衰减"属性中，把形状调整为"圆柱"衰减，效果如图 6-4-40 所示。"圆柱"衰减属于标准的范围形衰减，因外形类似圆柱形状，所以叫圆柱衰减。在顶视图中，可以看到范围内的立方体逐渐缩小消失，效果如图 6-4-41 所示。

在"衰减"属性中，把形状调整为"圆环"衰减，透视图效果如图 6-4-42 所示。"圆环"衰减属于标准的范围形衰减，可以发现立方体消失的位置是在圆环以内，由于圆环中心为空，所以立方体还是保留着，顶视图效果如图 6-4-43 所示。

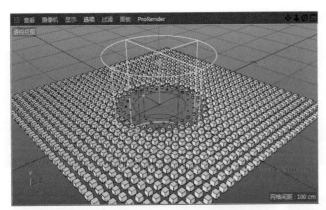

图 6-4-40 "圆柱"衰减

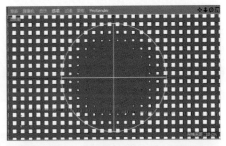

图 6-4-41 顶视图"圆柱"衰减效果

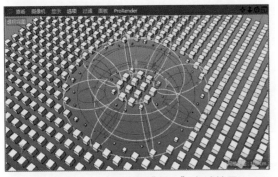

图 6-4-42 透视图"圆环"衰减效果

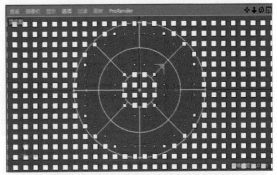

图 6-4-43 顶视图"圆环"衰减效果

在"衰减"属性中，把形状调整为"圆锥"衰减，透视图效果如图 6-4-44 所示；把形状调整为"方形"衰减，透视图效果如图 6-4-45 所示；把形状调整为"无"衰减，就是关闭衰减，效果如图 6-4-46 所示。

图 6-4-44 透视图"圆锥"衰减效果

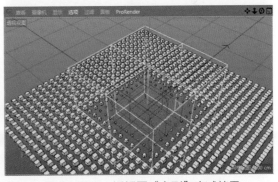

图 6-4-45 透视图"方形"衰减效果

在"衰减"属性中，把形状调整为"来源"衰减，可以使用任意一条样条线或者模型充当衰减范围。如图 6-4-47 所示，新建一个"齿轮"样条线，把它拖曳到"原始链接"里，效果如图 6-4-48 所示。在"衰减"属性中，把形状调整为"球体"衰减，效果如图 6-4-49 所示。

在"衰减"属性中，把形状调整为"线性"衰减，定位设置为"+Z"，效果如图 6-4-50 所示。"线性"衰减要注意它的方向，将定位设置为"-Z"，效果如图 6-4-51 所示。在"衰减"属性中，把形状调整为"胶囊"衰减，效果如图 6-4-52 所示。

图 6-4-46 "无"衰减效果

图 6-4-47 设置原始链接

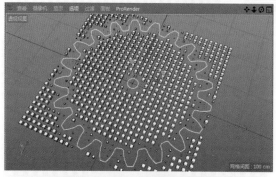
图 6-4-48 "来源"衰减效果

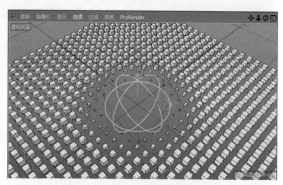
图 6-4-49 "球体"衰减效果

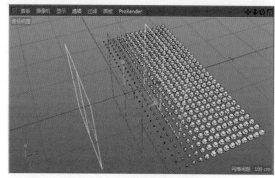
图 6-4-50 "线性"衰减效果

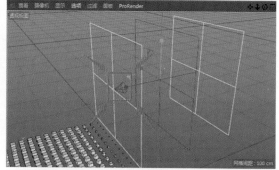
图 6-4-51 定位设置为 "-Z"效果

衰减属性通用的参数如图 6-4-53 所示，具体参数功能如下。

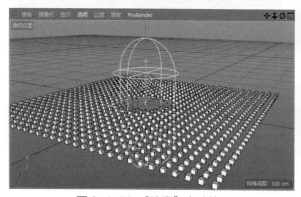
图 6-4-52 "胶囊"衰减效果

图 6-4-53 衰减属性通用的参数

- 反转：反转衰减的影响范围，勾选与取消选择的效果如图 6-4-54 所示。
- 可见：取消选择后使衰减外形隐藏，但影响变化依然保留，如图 6-4-55 所示。

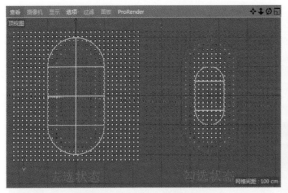

图 6-4-54 "反转"效果

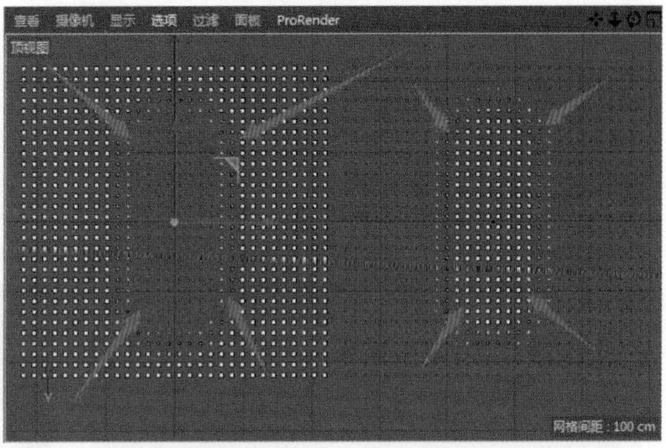

图 6-4-55 "可见"效果

- 权重：相当于衰减的强度，值为"0"时衰减不起作用。
- 尺寸 X/Y/Z：调节衰减范围的 X/Y/Z 轴向的大小。
- 缩放：调节衰减的整体的大小。
- 偏移：衰减的位移。
- 衰减：调节衰减的范围，衰减的范围就是衰减外形中红色命令的区域，如图 6-4-56 所示。
- 样条：可以使用样条的形状来影响衰减的变化，默认为无。可在样条线空白区域单击鼠标右键调出"样条预置"属性后进行选择，如图 6-4-57 所示。

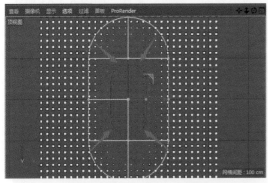

图 6-4-56 "衰减"的范围

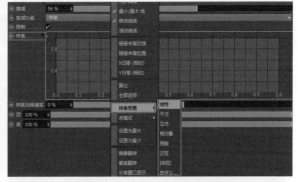

图 6-4-57 "样条预置"属性

6.4.3 "COFFEE"效果器

"COFFEE"效果器（ COFFEE），是以语言代码来控制变化的，如图 6-4-58 所示。

6.4.4 "延迟"效果器

"延迟"效果器（ 延迟），用于调节动画的节奏，其核心参数是效果器属性中的"平均""混合""弹簧"三种模式，如图 6-4-59 所示。"平均"模式表示物体在动画运动过程中匀速运动；"混合"模式表示物体在动画运动过程中加速、减速运动；"弹簧"模式表示物体在动画运动过程中发生弹簧性变化。

图 6-4-58 "COFFEE"效果器

图 6-4-59 "延迟"效果器属性

"参数"选项栏属性，如果取消"变换"属性下的勾选，将不对位置、缩放、旋转产生延迟效果，如图 6-4-60 所示。"变形器"选项栏属性及"衰减"选项栏属性和前面所讲的其他效果器相同。

下面是一个"延迟"与"简易"效果器示例。

（1）在运动图形命令中，使用"文本"命令，随意创建文本，如图 6-4-61 所示。给文本添加"简易"效果器，如图 6-4-62 所示。设置"简易"效果器的"参数"属性，如图 6-4-63 所示，这时文本会消失不见，再把"简易"效果器的"衰减"属性打开，形状选择为"线性"，注意箭头的方向一定要与文本的方向一致，效果如图 6-4-64 所示。

图 6-4-60 勾选"变换"属性

图 6-4-61 运动图形"文本"命令

图 6-4-62 给文本添加"简易"效果器

图 6-4-63 设置"简易"效果器的"参数"属性

（2）选中 X 轴，把衰减移动到左侧，让其文本处于消失的状态，在 0 帧处为"简易"效果器的"坐标"属性添加关键帧，参数设置如图 6-4-65 所示，效果如图 6-4-66 所示。

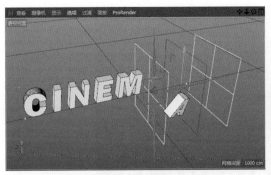

图 6-4-64 "简易"效果器效果

图 6-4-65 添加关键帧

（3）选中 X 轴，把衰减移动到右侧，让其文本处于出现的状态，在 20 帧处为"简易"效果器的"坐标"属性添加关键帧，参数设置如图 6-4-67 所示，效果如图 6-4-68 所示。播放动画会发现模型只有简单的消失、出现变化，整个状态显得非常生硬。

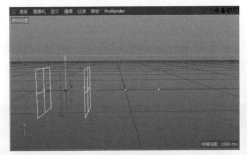

图 6-4-66 关键帧效果

图 6-4-67 添加关键帧

（4）按图 6-4-69 所示为其文本添加"延迟"效果器。在"延迟"效果器属性中，把模式调整为"弹簧"，将强度增大，如图 6-4-70 所示。再次播放就会产生非常有趣的弹性效果，最终效果如图 6-4-71 所示。

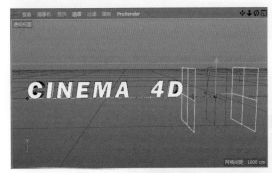

图 6-4-68 关键帧效果

图 6-4-69 添加"延迟"效果器

图 6-4-70 延迟效果器属性设置

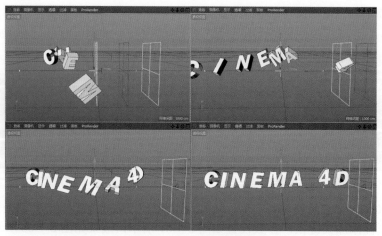

图 6-4-71　最终效果

6.4.5　"公式"效果器

"公式"效果器（ 公式 ），利用数学公式对物体产生影响，自带动画效果。利用之前创建的运动图形文本，为其添加公式效果器，效果如图 6-4-72 所示。"公式"效果器主要参数如图 6-4-73 所示。

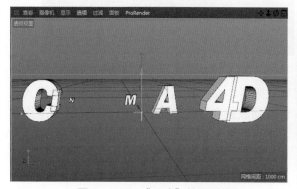

图 6-4-72　"公式"效果器效果

图 6-4-73　"公式"效果器主要参数

● 公式 sin(((di/count)+t)*360.0)：可以自行变形公式，也可以通过修改数字调节变化，若把 360 修改为 100，变化如图 6-4-74 所示。

图 6-4-74　"公式"效果器效果（改变参数）

- 变量：表示可以选择的编程公式预置变量。
- t-工程时间：调节动画速度快慢。
- f-频率：调节空间频率变化。

"参数""变形器""衰减"属性和前面所述相同。

6.4.6 "继承"效果器

"继承"效果器（ 继承），可以使克隆物体继承另一个模型的动画，也可以使一个克隆转化为另一个克隆，其参数如图 6-4-75 所示。

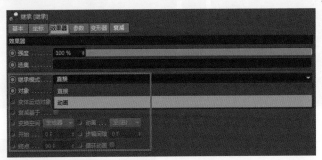

图 6-4-75 "继承"效果器参数

下面制作使克隆物体继承另一个模型的动画。

（1）新建一个立方体，并转换为可编辑对象，调整其大小，通过开启启用中心轴模式（ ），把坐标轴移动到模型下方，移动完成后一定要关闭启用中心轴模式，关闭颜色为 ，如图 6-4-76 所示。

（2）复制当前立方体，对立方体添加克隆，克隆模式为线性，注意克隆物体之间的间距，如图 6-4-77 所示。

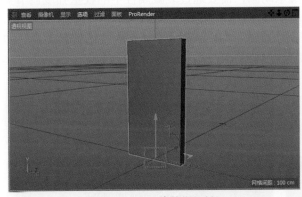

图 6-4-76 移动坐标轴

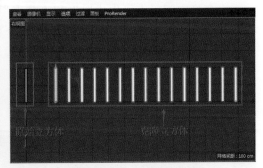

图 6-4-77 克隆立方体

（3）对原始立方体添加一个由站立变为倒下的动画，具体动画过程如图 6-4-78 所示。

（4）对克隆添加"继承"效果器，如图 6-4-79 所示。打开"继承"效果器属性，把继承模式调整为"动画"，然后把带有动画的立方体拖曳到对象属性里，如图 6-4-80 所示。这时播放动画，会发现克隆整体继承了立方体的动画。

其中的一些参数功能如下。

- 变体运动对象：首先，继承模式为"直接"的情况下才可以使用，其次，当继承对象为克隆等运动图形命令时可以进行勾选。

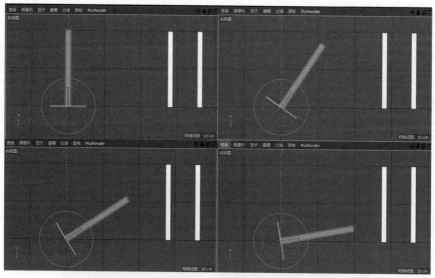

图 6-4-78　站立变为倒下动画

图 6-4-79　添加"继承"效果器

图 6-4-80　设置"继承"效果器属性

- 衰减基于：勾选后，克隆物体会停止继承动画，需要通过衰减属性中的权重强度调节变化，如图 6-4-81 所示。
- 变换空间：有"生成器"和"节点"两个模式。"生成器"表示克隆整体继承动画，如图 6-4-82 所示；"节点"表示每一个克隆物体继承动画，如图 6-4-83 所示。

图 6-4-81　衰减权重参数

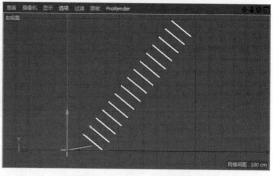

图 6-4-82　生成器模式

- 动画：有"至（进）"和"自（出）"两个模式，表示转换动画的运动范围。
- 开始/终点：控制动画的开始和结束。
- 步幅间隙：每一个克隆物体的动画时间差，如图 6-4-84 所示。
- 循环动画：表示动画结束后，还会继续循环出现。

"参数""变形器""衰减"属性和前述相同。

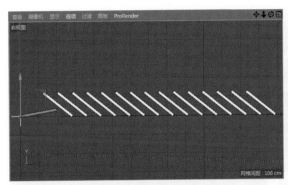

图 6-4-83　节点模式

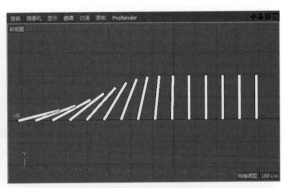

图 6-4-84　步幅间隙

下面是一个"继承"效果器的示例。

（1）新建一个圆盘，设置圆盘的参数如图 6-4-85 所示。对其添加克隆，克隆模式为"放射"，按图 6-4-86 所示调整参数，效果如图 6-4-87 所示。

图 6-4-85　设置圆盘参数

图 6-4-86　设置克隆参数

（2）在顶视图新建一个运动图形文本，调节相应参数如图 6-4-88 所示。

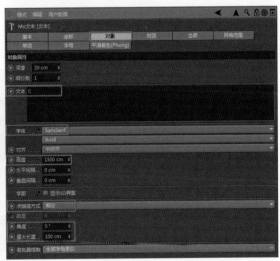

图 6-4-88　运动图形文本参数设置

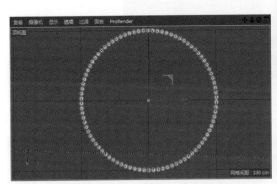

图 6-4-87　"放射"克隆效果

（3）调节"封顶"选项栏属性，参数如图 6-4-89 所示。

（4）按图 6-4-90 所示，将对象转换为可编辑对象，只保留"封顶 1"，其他全部删除，效果如图 6-4-91 所示。

（5）再新建一个圆盘，设置与上述相同的参数。对圆盘添加一个克隆，生成一个名为"克隆 1"的克隆对象，将模式设置为"对象"，对象为"封顶 1"，这样圆盘就附着在模型上了，效果如图 6-4-92 所示。

图 6-4-89 调节"封顶"属性参数

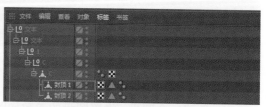

图 6-4-90 保留"封顶1"

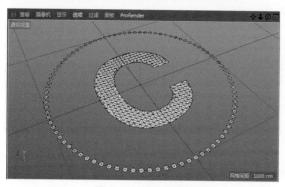

图 6-4-91 封顶效果

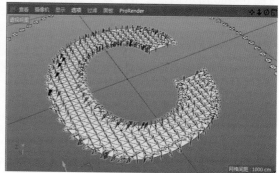

图 6-4-92 圆盘附着在模型上

（6）打开克隆的"变换"属性，调节旋转值，让圆盘与模型在同一水平线上，如图 6-4-93 所示。

图 6-4-93 设置变换参数

（7）按图 6-4-94 所示把"封顶1"模型的显示隐藏掉，效果如图 6-4-95 所示。

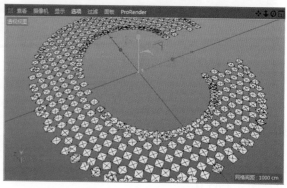

图 6-4-95 隐藏效果

图 6-4-94 隐藏显示选项

（8）对"克隆 1"添加"继承"效果器，继承对象为"克隆"，勾选"变体运动对象"，如图 6-4-96 所示。调节强度，即可发现变化，效果如图 6-4-97 所示。

图 6-4-96　设置"继承"效果器参数

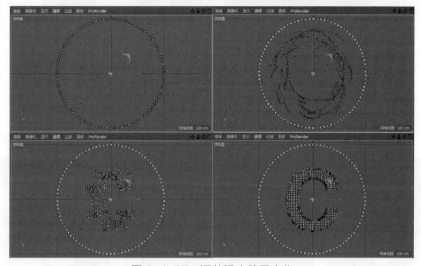

图 6-4-97　调节强度效果变化

6.4.7　"推散"效果器

"推散"效果器（ ），以克隆为例，可以在大数量的克隆下，以多种方式使物体在运动过程中不发生模型穿插，其常用参数如图 6-4-98 所示。

如果物体模型被大量克隆，可能会存在模型位置穿插现象，如图 6-4-99 所示。为克隆添加"推散"效果器，发现球体全部向外扩散分离，效果如图 6-4-100 所示。

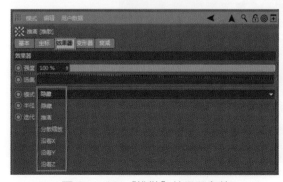

图 6-4-98　"推散"效果器参数

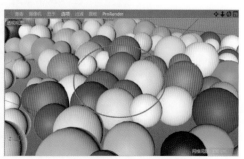

图 6-4-99　克隆模型位置穿插

"推散"的"效果器"选项栏属性常用参数功能如下。

● 半径：可以理解为每个物体周围会产生一个推力场，这个场就是保持物体不穿插的关键，而半径就是场的范围，半径设为"12"时，效果如图 6-4-101 所示。播放动画，可以发现无论怎么运动也不会发生穿插。

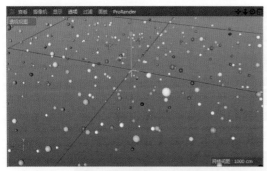

图 6-4-100　为克隆添加"推散"效果器

图 6-4-101　物体不穿插

● 迭代：数值越大，越精准。
● 模式：分为"隐藏""推离""分散缩放""沿着 X/Y/Z"几种模式。

"隐藏"模式下，运动过程中穿插的物体可能自动消失。可以看到，在相同角度下球体的数量会减少很多，如图 6-4-102 所示。

"推离"模式是默认模式，运动过程中穿插的物体可能产生位移，如图 6-4-103 所示。

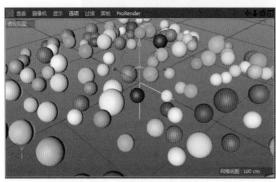

图 6-4-102　隐藏模式

图 6-4-103　推离模式

"分散缩放"模式下，运动过程中穿插的物体可能产生大小缩放，如图 6-4-104 所示。

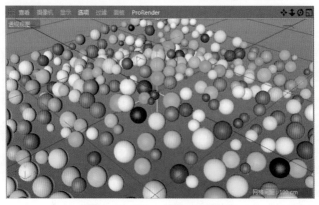

图 6-4-104　分散缩放模式

"沿着 X/Y/Z"模式下，沿着 X/Y/Z 轴向进行推散，播放动画后效果明显。
"变形器"及"衰减"属性与前述相同。

6.4.8 "随机"效果器

"随机"效果器（随机），是非常重要及常用的效果器。以克隆为例，可以调节克隆物体的尺寸、位移、旋转并产生随机变化。

"随机"效果器的核心命令在于它的随机模式，该参数如图 6-4-105 所示。

新建一个立方体，为其添加一个线性克隆，如图 6-4-106 所示。为其添加随机效果器，并设置随机效果器参数，如图 6-4-107 所示。观看效果，立方体就会以 Y 为单位随机摆放，如图 6-4-108 所示。

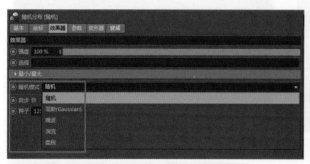

图 6-4-105　随机模式参数

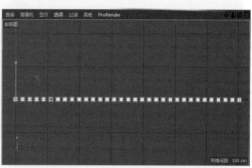

图 6-4-106　为立方体添加线性克隆

图 6-4-107　设置随机效果器参数

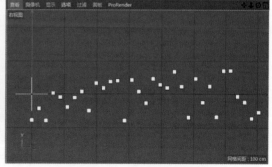

图 6-4-108　随机效果器效果

"随机模式"主要包括"随机""高斯""噪波""湍流""类别"。

- 随机/高斯：随机和高斯可以看成一类，它们有着共同的参数设置，随机的变化幅度要大于高斯，如图 6-4-109 所示。
- 噪波/湍流：噪波和湍流可以看成一类，它们都带有一个内置的噪波动画纹理。如果单击动画播放按键会自带动画，而动画的原理就是它们受噪波影响，具体参数如图 6-4-110 所示。

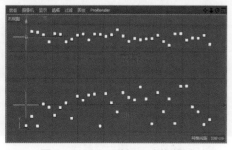

图 6-4-109　随机和高斯模式

图 6-4-110　噪波参数

在噪波/湍流随机模式下，"空间"参数分为"全局"和"UV"两种。在"全局"状态下，产生动画的噪波位置是固定的，即移动克隆后模型对象就会产生变化，如图 6-4-111 所示；在"UV"状态下，产生动画的噪波位置是在克隆本身，即移动克隆后模型对象不会产生变化，如图 6-4-112 所示。"动画速率"参数调节随机运动的速度，数值越大则速度越快，数值越小则速度越慢。"缩放"参数会影响噪波纹理的大小，而纹理的变化会带动动画的变化，如图 6-4-113 所示。相同参数下，缩放值不同，结果也不一样，效果如图 6-4-114 所示。

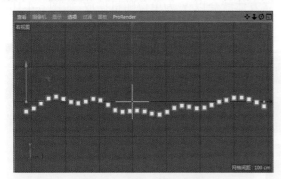

图 6-4-111　全局状态

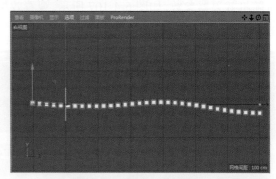

图 6-4-112　UV 状态

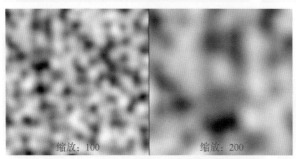

缩放：100　　　　缩放：200

图 6-4-113　不同缩放值的纹理效果

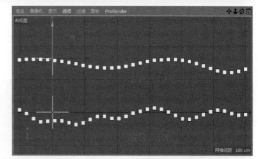

图 6-4-114　不同缩放值的效果

● 类别：物体在随机变化过程中，不会产生重复出现的效果。

例如，使用样条线文本创建一组不重复的数字，如图 6-4-115 所示。对齐添加克隆，设置克隆参数如图 6-4-116 所示。对克隆添加"随机"效果器，设置参数，取消位置、缩放、旋转的勾选，修改克隆为 100%，如图 6-4-117 所示。在随机效果器属性中，把最小值调整到"0%"，把随机模式调整为"类别"，如图 6-4-118 所示。调节随机效果器的"种子"属性，会发现数字位置产生变化，但不会重复，如图 6-4-119 所示。

图 6-4-115　用样条线文本创建数字

图 6-4-116　设置克隆参数

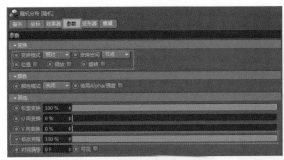

图 6-4-117 "参数"设置

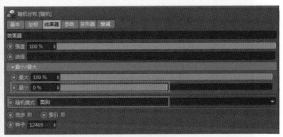

图 6-4-118 设置"效果器"参数

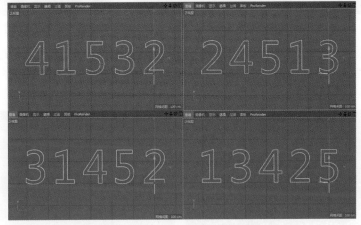

图 6-4-119 调节"种子"属性效果

下面是一个"随机"效果器示例。

（1）新建运动图形文本，设置文本参数如图 6-4-120 所示。按图 6-4-121 所示设置封顶属性，让模型分段数更加合理，效果如图 6-4-122 所示。

图 6-4-120 设置文本参数

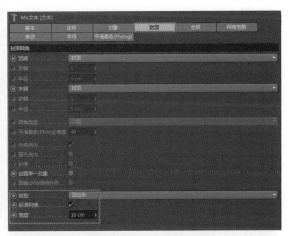

图 6-4-121 设置封顶属性

（2）新建一个运动图形文本，再新建一个"多边形 FX"，将其作为文本的子集，如图 6-4-123 所示。为"多边形 FX"添加"随机"效果器，效果如图 6-4-124 所示。

图 6-4-122 设置封顶属性后效果

图 6-4-123 新建"多边形 FX"

（3）再为其添加"公式"效果器，这样每一个小碎块就会有动画存在。同时选择"随机""公式"效果器，在"衰减"属性中，把外形调整为"线性"，并把"衰减"的朝向调节为与文本一致，效果如图 6-4-125 所示。

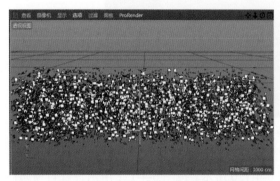

图 6-4-124 "多边形 FX"的"随机"效果器效果

图 6-4-125 调节属性后效果

（4）在 0 帧处，把衰减移动到左侧，让文本保持散开状态，并为位移坐标添加关键帧，效果如图 6-4-126 所示；在 50 帧处，把衰减移动到右侧，让文本保持聚合状态，并为位移坐标添加关键帧，效果如图 6-4-127 所示。这样文本就会有一个从散开到聚合的过程，最终效果如图 6-4-128 所示。

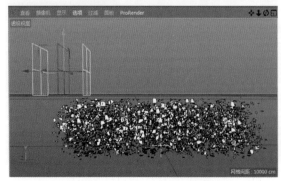

图 6-4-126 0 帧处关键帧效果

图 6-4-127 50 帧处关键帧效果

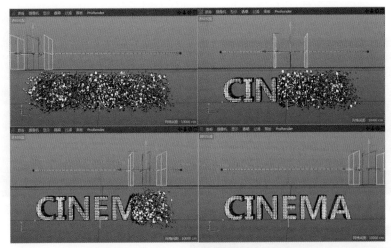

图 6-4-128　文本从散开到聚合效果

6.4.9　"重置"效果器

"重置"效果器（），可以重置其他效果器的控制参数，并且能自己承载效果器，是比较特殊的一款效果器。

在图 6-4-129 所示素材模型的"重置"效果器效果中，可以发现，模型循环动画颜色为红色，原因是素材克隆中添加了"公式"和"着色"效果器，如图 6-4-130 所示。

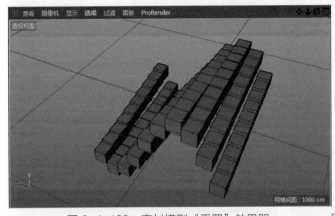

图 6-4-129　素材模型"重置"效果器　　　　　图 6-4-130　添加"公式"和"着色"效果器

对克隆添加"重置"效果器，会发现克隆虽然保持红色，但是动画却消失了，效果如图 6-4-131 所示。这是因为重置的参数所影响的位置/缩放/旋转都处于勾选状态，颜色处于取消选择状态，如图 6-4-132 所示。

按图 6-4-133 所示把位置的强度值减小，并勾选颜色，这时会发现颜色被重置了，动画又恢复了，效果如图 6-4-134 所示。

打开"衰减"属性，设置形状为球体，适当放大，使得只有衰减范围内受影响，范围外不受影响，如图 6-4-135 所示。

"重置"效果器也能承载效果器，按图 6-4-136 所示为其添加"随机"效果器，可以发现，衰减范围以内也是受随机影响的，效果如图 6-4-137 所示。

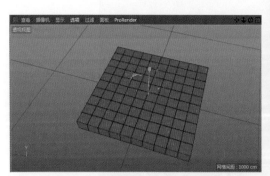

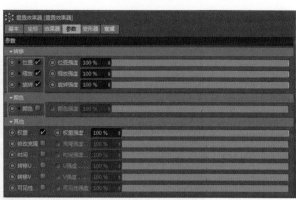

图 6-4-131　添加"重置"效果器效果　　　　图 6-4-132　"重置"效果器参数设置

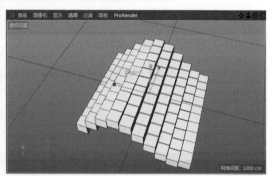

图 6-4-133　设置"重置"效果器参数　　　　图 6-4-134　动画效果

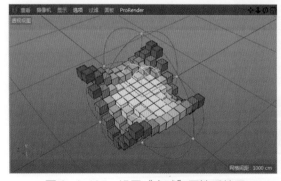

图 6-4-135　设置"衰减"属性后效果　　　　图 6-4-136　承载"随机"效果器

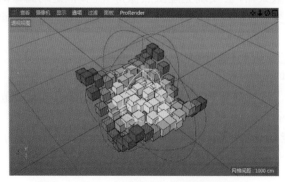

图 6-4-137　衰减范围以内也受随机影响

6.4.10 "着色"效果器

"着色"效果器（ 着色），以克隆为例，可以通过颜色信息来影响形变。其主要参数为着色属性，如图 6-4-138 所示。

新建立方体，添加克隆，设置克隆模式为网格排列，效果如图 6-4-139 所示。为其添加"着色"效果器，按图 6-4-140 所示设置效果器参数，取消选择 Alpha/强度，可以更清楚地看见颜色影响的区域。按图 6-4-141 所示，在着色属性中单击着色器位置，为其添加"渐变"，这时可以发现克隆产生了由高到低的梯度变化，默认为黑色不受影响，白色受影响，效果如图 6-4-142 所示。

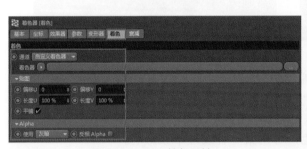

图 6-4-138 着色属性

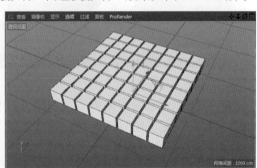

图 6-4-139 添加克隆

图 6-4-140 "着色"效果器参数设置

图 6-4-141 添加"渐变"

"着色"选项栏属性中的"通道"参数，有"自定义着色器""颜色""发光""透明"等多种，总体可以分为两大类。

（1）通道一：自定义着色器，一般在软件内置纹理时使用，如渐变、噪波等，如图 6-4-143 所示。

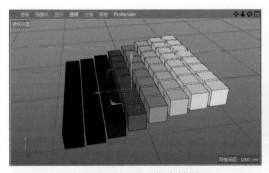

图 6-4-142 渐变效果

图 6-4-143 自定义着色器

该通道内具体属性如下。

● 着色器：表示选择内置纹理，或者修改内置纹理时使用。

- 偏移 U/Y：表示让纹理贴图产生位移，当前参数偏移 U 为 "0.5" 时，效果如图 6-4-144 所示。
- 长度 U/V：表示横/竖向缩放贴图，当前参数长度 U 为 "185" 时，效果如图 6-4-145 所示。

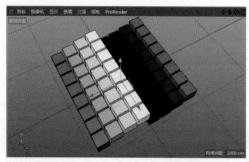
图 6-4-144　参数偏移

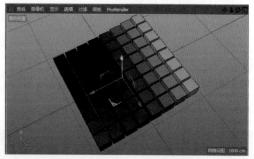
图 6-4-145　长度 U/V 效果

- 平铺：表示纹理是否重复出现。在偏移 U 为 "0.5" 前提下，勾选 "平铺" 时，偏移部分仍受平铺效果影响，取消选择 "平铺" 时，偏移部分则不受平铺效果影响。效果如图 6-4-146 所示。
- 使用：表示 Alpha/灰暗/红/绿/蓝颜色，可用某一种纹理单独影响。
- 反转：表示反转控制颜色范围，如图 6-4-147 所示。

图 6-4-146　平铺效果

图 6-4-147　反转效果

（2）通道二：颜色、发光、透明等，一般在需要使用外部素材纹理时才会选择，如自己勾画的素材。

下面是一个 "着色" 效果器示例。

（1）新建一组排列克隆，为使观看效果明显，可将数量设置得大一些，如图 6-4-148 所示。按图 6-4-149 所示对克隆添加 "着色" 效果器，设置 "着色" 效果器参数。在 "着色" 属性中，把 "通道" 修改为 "颜色"，如图 6-4-150 所示。

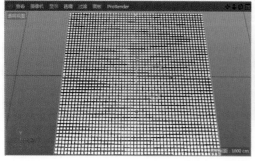
图 6-4-148　新建排列克隆

图 6-4-149　设置 "着色" 效果器参数

（2）在材质编辑区新建一个材质球，如图 6-4-151 所示。调出材质编辑器，在颜色通道属性中，纹理属性为其导入素材"着色效果器"图片，效果如图 6-4-152 所示。

图 6-4-150 颜色通道

图 6-4-151 新建一个材质球

（3）把材质球拖曳到"克隆"，如图 6-4-153 所示。这时会发现每个小的立方体都会有贴图图片，效果如图 6-4-154 所示。

图 6-4-152 导入素材图片

图 6-4-153 把材质球拖曳到克隆

（4）我们需要的是图片能投射在整个克隆体上，而不是每个小立方体上。因此选择材质球，在投射属性中选择"平直"，如图 6-4-155 所示。

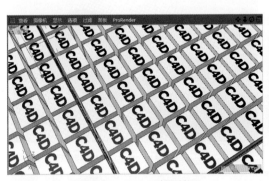

图 6-4-154 贴图效果

图 6-4-155 平直投射

（5）如图 6-4-156 所示，开启纹理投射显示和启用轴心模式。再次选择克隆，即可看到平直投射的外形，效果如图 6-4-157 所示。

（6）通过位移、旋转和缩放模式，把投射形态调整为克隆面积大小，如图 6-4-158 所示。

（7）选择材质球，由克隆拖曳到着色效果器，如图 6-4-159 所示。在着色效果器的"着色"属性中，将"反相 Alpha"勾选上，如图 6-4-160 所示。

（8）观察效果，如图 6-4-161 所示，只有黑色区域内的立方体才受着色效果器影响。在图 6-4-162 中，取消选择"可见"，可对未受黑色区域影响的立方体进行隐藏，效果如图 6-4-163 所示。

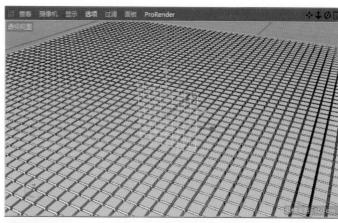

图 6-4-156　开启纹理投射显示和启用轴心模式

图 6-4-157　平直投射效果

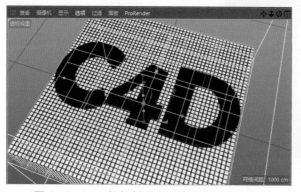

图 6-4-158　把投射形态调整为克隆面积大小

图 6-4-159　把材质球拖曳到着色效果器

图 6-4-160　设置"着色"属性

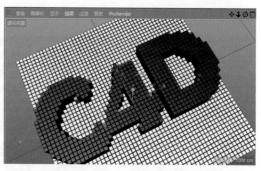

图 6-4-161　着色效果器影响

图 6-4-162　设置"参数"

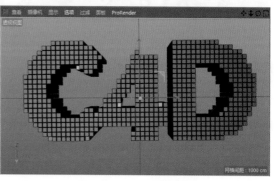

图 6-4-163　隐藏后效果

6.4.11 "声音"效果器

"声音"效果器（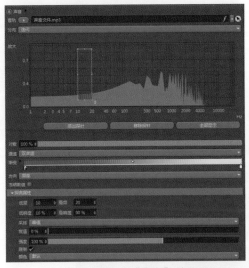声音），以克隆为例，通过声音文件的频谱波形来影响形变，如图6-4-164所示。

"声音"效果器主要参数如下。

● 音轨：用于导入声音文件，主要格式有 acc、aiff、m4a、mp3、wav。

新建一个立方体，调整大小，把坐标中心点移动到模型下方，如图6-4-165 所示。为其添加线性克隆，效果如图6-4-166 所示。

图6-4-164　"声音"效果器

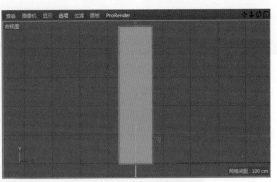

图6-4-165　新建立方体

按图6-4-167 所示设置声音效果器参数，播放动画，模型会随着音乐节奏产生变化。

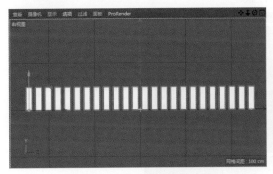

图6-4-166　添加线性克隆

图6-4-167　设置声音效果器参数

图6-4-168 所示是声音文件频率频谱区，可以看到声音的波形，图中黄色线框叫作探针，探针线框以内是影响形变的声音区域，可按住 Ctrl+鼠标左键自行勾画范围，也可通过图中命令进行添加、删除和显示操作。

当多个探针出现在频率图标区域的时候，"分布"属性才会被启动，以一种类似多个探针叠加的方式产生变化，效果如图6-4-169 所示。分布有三个模式："迭代""分布"和"混合"。三种分布模式的最终效果如图6-4-170 所示。

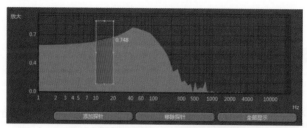

图 6-4-168　声音文件频率频谱区

图 6-4-169　"分布"属性效果

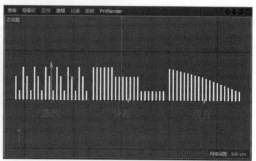

图 6-4-170　"迭代""分布"和"混合"三种模式效果

- 对数：控制频率图标的显示范围，以百分比为单位。
- 声道：可选择不同的声道来影响变化，分为双声道、左声道和右声道。
- 渐变：根据声音的振幅，对克隆进行着色，前提是需要在声音效果的参数属性中开启颜色，如图 6-4-171 所示。渐变效果如图 6-4-172 所示。

图 6-4-171　开启颜色

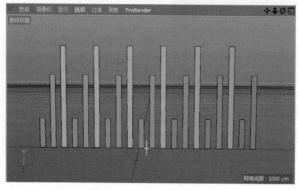

图 6-4-172　渐变效果

- 方向：设置音量/频率。
- 低频/高频：调节探针横向的宽度。
- 低响度/高响度：调节探针竖向的宽度。
- 采样：是非常重要的参数，一个音频中在不同的位置进行采样会有不同的变化。有"峰值""均匀""步幅"三个模式，如图 6-4-173 所示。"峰值"表示以频率图标最高值影响克隆整体变换，效果如图 6-4-174 所示；"均匀"表示以频率图标中间值影响克隆整体变换，效果如图 6-4-175 所示；"步幅"表示以频率图标高/中/低值影响克隆整体变换，效果如图 6-4-176 所示。

图 6-4-173　采样的三个模式

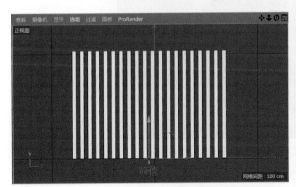

图 6-4-174　峰值效果

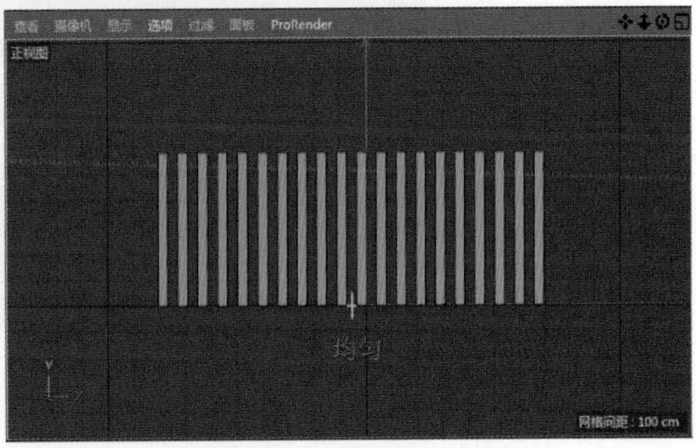

图 6-4-175　均匀效果

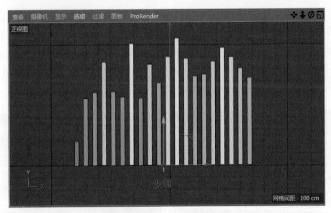

图 6-4-176　步幅效果

- 衰退：可理解为变形后的运动速度。
- 强度：控制效果是否起作用。

6.4.12　"样条"效果器

"样条"效果器（样条），以克隆为例，可让克隆物体约束在样条线上，产生形变。使用运动图形新建文字，效果如图 6-4-177 所示，再绘制一条样条路径线，效果如图 6-4-178 所示。

图 6-4-177　新建运动图形文字

图 6-4-178　绘制样条路径线

"样条"效果器主要属性如图 6-4-179 所示。

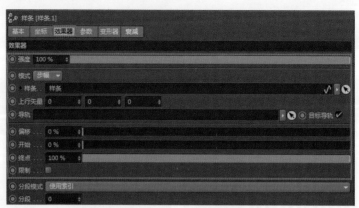

图 6-4-179 "样条"效果器主要属性

- 样条：指定克隆赋予在哪条样条线上。为文本添加样条效果器，把绘制的样条线指定到样条属性里，效果如图 6-4-180 所示。
- 模式：分为"步幅""衰减"和"相对"三种。"步幅"模式下，以文本为例，文本会平均分配到样条线上，主要体现在间距上，效果如图 6-4-181 所示。"衰减"模式是针对衰减属性而调节的模式，开启后，模型会累积到某一段，效果如图 6-4-182 所示。把衰减形状打开，选择"线性"，移动衰减的时候，即可看到文字滑入出现，效果如图 6-4-183 所示。"相对"模式保持原有文本或者物体的间隔距离，效果如图 6-4-184 所示。

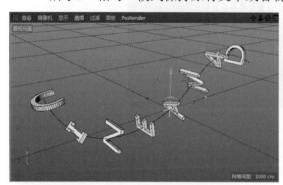

图 6-4-180 指定样条属性效果

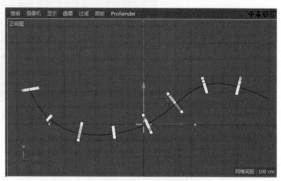

图 6-4-181 步幅模式

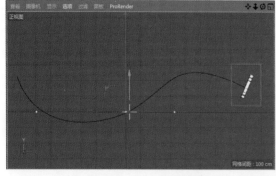

图 6-4-182 衰减模式

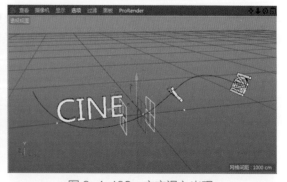

图 6-4-183 文字滑入出现

- 上行矢量：调节后，可在运动过程中发生 180° 的跳转。
- 导轨：可以指定任意样条线作为引导旋转方向，效果如图 6-4-185 所示。

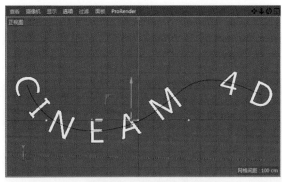

图 6-4-184 相对模式

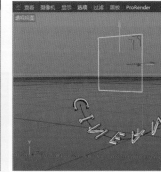

图 6-4-185 导轨效果

- 偏移：物体在样条线上的整体位移，位移过程中会出现收尾循环，前提是"限制"处于勾选状态，注意红色边框的字幕交接位置，如图 6-4-186 所示。
- 开始：从样条线的起点向终点进行移动，如图 6-4-187 所示，图中样条线白色为起点，蓝色为终点。

图 6-4-186 偏移效果

图 6-4-187 从样条线起点向终点移动

- 终点：从样条线的终点向起点进行移动，如图 6-4-188 所示，图中样条线白色为起点，蓝色为终点。

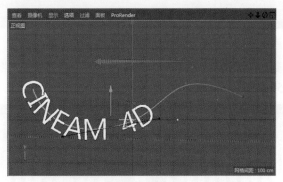

图 6-4-188 从样条线终点向起点移动

- 限制：勾选以后，物体在偏移强度下，不会超出样条线以外，而且不会产生循环。

6.4.13 "步幅"效果器

"步幅"效果器（ 步幅 ），以克隆为例，可以让模型的外形或者动画产生阶梯状的变化。新建一个立方体，调整大小，为其添加线性克隆，适当增加数量，效果如图 6-4-189 所示。

添加"步幅"效果器,按图6-4-190所示设置步幅效果器参数,效果如图6-4-191所示。

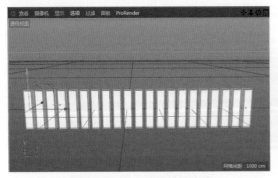

图6-4-189 添加线性克隆   图6-4-190 设置步幅效果器参数

步幅效果器的核心参数如图6-4-192所示。

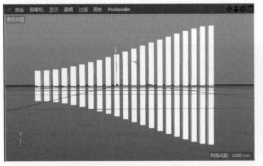

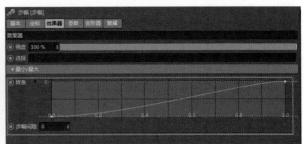

图6-4-191 步幅效果器效果   图6-4-192 步幅效果器的核心参数

● 样条:"样条"面板中,样条线的弧度会改变物体所受影响的强度。如图6-4-193所示,按住Ctrl+鼠标左键,单击样条线添加点,效果如图6-4-194所示。

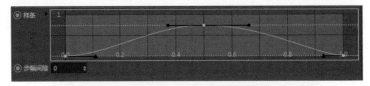

图6-4-193 "样条"面板

● 步幅间隙:该参数可以影响开始克隆和结束克隆之间的插值。将步幅间隙调整为5后,效果如图6-4-195所示。

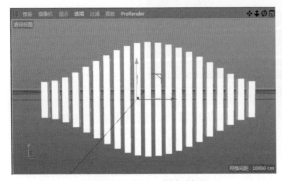

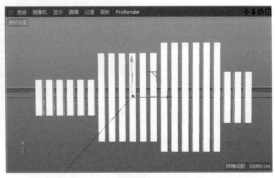

图6-4-194 样条效果   图6-4-195 步幅间隙为5效果

下面是一个"步幅"效果器示例。

（1）新建一个样条线文本，输入文字，如图 6-4-196 所示。

（2）在正视图中，使用画笔工具，创建一条样条线，效果如图 6-4-197 所示。

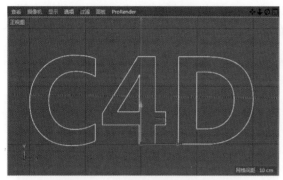

图 6-4-196　新建样条线文本

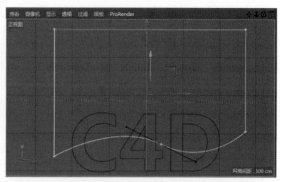

图 6-4-197　创建一条样条线

（3）在构造工具组中，按图 6-4-198 所示为其添加"样条布尔"。在"样条布尔"中，设置文本在上，绘制样条线在下，如图 6-4-199 所示。

图 6-4-198　添加"样条布尔"

图 6-4-199　调整文本和样条线位置

（4）在样条布尔的对象属性中，如图 6-4-200 所示，设置计算模式为"A 减 B"，效果如图 6-4-201 所示。

图 6-4-200　设置计算模式为"A 减 B"

（5）为样条线做一个由下向上的位移动画。先把样条线向下移动，移动到看不见文本样条线为止，为其 Y 在 0 帧处添加关键帧，效果如图 6-4-202 所示。

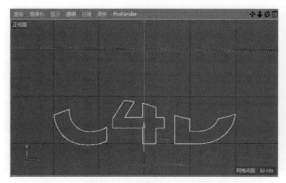

图 6-4-201　计算模式为"A 减 B"效果

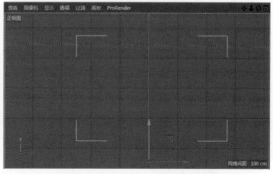

图 6-4-202　0 帧处关键帧效果

（6）在时间线上，移动指针至"30"，把样条线拖曳到上方，直到文本样条线完全显示为止，再对 Y 轴添加关键帧，效果如图 6-4-203 所示。

（7）播放动画，文本样条线就会产生一个从无到有的过程。为样条线添加布尔命令，添加"挤压"，生成模型，效果如图 6-4-204 所示。然后为挤压添加线性克隆，效果如图 6-4-205 所示。再为克隆添加步幅效果器，取消选择位置、缩放、旋转，调节"时间偏移"，可以偏移被克隆物体的时间动画，参数设置如图 6-4-206 所示。观看动画效果会发现，每一层的克隆物体都有一个运动时间差，效果如图 6-4-207 所示。

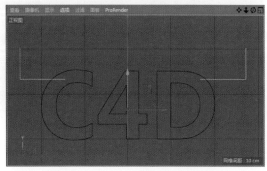

图 6-4-203　30 帧处关键帧效果　　　　　图 6-4-204　挤压生成模型

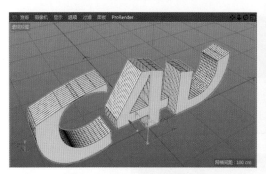

图 6-4-205　添加线性克隆　　　　　　　图 6-4-206　参数设置

（8）为其添加着色效果器，在参数面板中，取消选择位置、缩放、旋转，取消选择"使用Alpha/强度"，这是因为不需要它的动画，希望添加颜色时颜色信息更准确，参数设置如图 6-4-208 所示。按图 6-4-209 所示在"着色"属性中找到着色器，添加"渐变"，在渐变属性区域中，单击渐变后面的三角形按钮，选择载入预置，如图 6-4-210 所示。按图 6-4-211 所示选择一个渐变颜色，然后播放动画，效果如图 6-4-212 所示。

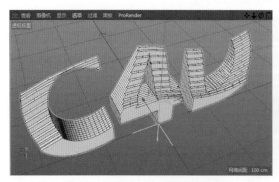
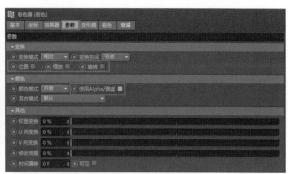

图 6-4-207　运动时间差效果　　　　　　图 6-4-208　参数设置

图 6-4-209 添加"渐变"着色器

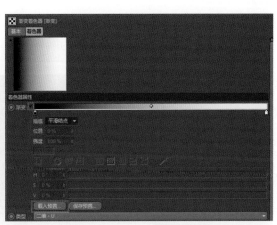

图 6-4-210 选择载入预置

图 6-4-211 选择渐变颜色

图 6-4-212 动画效果

6.4.14 "目标"效果器

"目标"效果器（ 目标），以克隆为例，可以使对象物体的某一个面或摄像始终朝向目标效果器，默认为正 Z 轴。

下面是一个"目标"效果器示例。

（1）新建一个宝石模型，把宝石模型的类型调整为"八面"，属性设置如图 6-4-213 所示。

（2）调节大小，进入面级别，选中正 Z 轴的面，如图 6-4-214 所示。

图 6-4-213 设置"宝石"模型属性

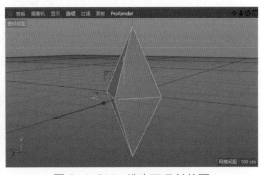

图 6-4-214 选中正 Z 轴的面

（3）为使正 Z 轴的面突出显示，可在材质编辑区新建材质球，调节颜色为蓝色，把材质球赋予当前选中的面，如图 6-4-215 所示。

（4）新建克隆，设置克隆模式为网格排列，效果如图 6-4-216 所示。

图 6-4-215　赋予材质球　　　　　　　　图 6-4-216　新建克隆

（5）为克隆添加"目标"效果器，添加完成后，会发现蓝色的面朝向目标效果器，如图 6-4-217 所示。

"目标"效果器的主要参数如图 6-4-218 所示。

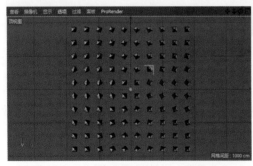

图 6-4-217　添加"目标"效果器效果　　　　图 6-4-218　"目标"效果器参数

具体参数功能如下。

● 目标模式：有"对象目标""朝向摄像机""下一个节点""上一个节点" 4 种模式。

● 目标对象：可以指定一个物体作为朝向对象。在预制模型中，添加一个人偶，把人偶拖曳到目标对象中，然后移动人偶，会发现人偶的位置影响宝石模型的朝向，效果如图 6-4-219 所示。

● 使用 Pitch：影响模型物体的朝向，是否勾选效果如图 6-4-220 所示。

● 转向：反转物体的朝向，比如默认正 Z 轴，反转后是负 Z 轴。

● 排斥：勾选以后，可以使模型对象轴产生一个有范围和强度的排斥场，如图 6-4-221 所示。

● 距离/距离强度：调节排斥范围。

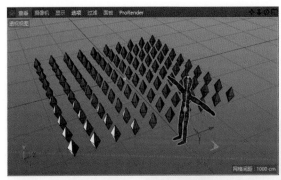

图 6-4-219　目标对象模式

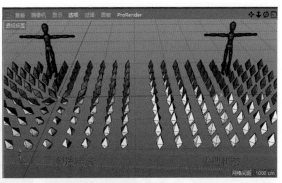

图 6-4-220　是否使用 Pitch

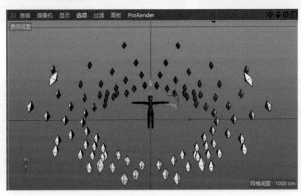

图 6-4-221　排斥效果

6.4.15　"时间"效果器

"时间"效果器（ 时间 ），以克隆为例，内置时间动画，无须添加关键帧。

下面是一个"时间"效果器示例。

（1）新建立方体，为其添加线性克隆，调整立方体之间的间距，效果如图 6-4-222 所示。

（2）添加"时间"效果器。播放动画观看效果，立方体会自动旋转，这是因为时间效果器有默认的旋转属性。时间效果器参数设置如图 6-4-223 所示。如果希望动画的变化是位移或者缩放，只需要勾选"位移"或"缩放"，调节其参数即可。

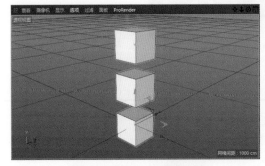

图 6-4-222　克隆立方体

图 6-4-223　时间效果器参数设置

6.4.16　"体积"效果器

"体积"效果器（ 体积 ），以克隆为例，以一个体积对象充当一个影响范围。

下面是一个"体积"效果器示例。

（1）新建立方体，新建克隆，设置克隆模式为网格排列，如图 6-4-224 所示。

（2）为其添加"体积"效果器。体积效果器的一个重要参数是"体积对象"，如图 6-4-225 所示。

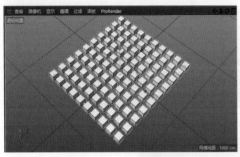

图 6-4-224　新建克隆

图 6-4-225　"体积对象"参数

（3）为体积指定一个圆环模型，设置参数如图 6-4-226 所示。

图 6-4-226　设置参数

（4）观看效果，发现在圆环模型范围内才受参数影响，效果如图 6-4-227 所示。

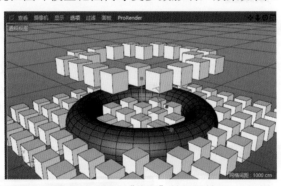

图 6-4-227　"体积"效果器效果

练　习

1．利用运动图形中的效果器实现韵律跳动的文字效果。

2．利用运动图形中的效果器实现图 6-5-1 所示效果。

图 6-5-1　动画效果

第7章

灯光、材质、渲染

在 C4D 中，灯光系统具有强大的功能，能够为复杂场景实现逼真的光线效果，提供的光照和阴影类型种类繁多。材质系统完备而又独具特色，可简单高效地模拟现实中各种复杂物体的真实质感。渲染系统能够快速渲染输出高质量的影像，并将颜色、阴影等画面效果渲染保存至单独文件中，便于后期的制作加工。

灯光是灵魂，恰当地使用灯光能让材质呈现出丰富的质感，而渲染决定着前期灯光和材质的调节能否准确呈现，以保证作品的质量。本章主要介绍灯光、材质和渲染的基础知识并通过案例介绍实际操作中的要点。

7.1 灯光

光线的应用在影视领域中具有不可或缺的地位。C4D 软件的灯光模块能够模拟自然界中逼真的光线效果。灯光有以下几种作用：一是照亮场景，体现明暗；二是烘托氛围，渲染气氛；三是突出主要对象，表现主题。灯光效果呈现如图 7-1-1 所示。

图 7-1-1　灯光效果呈现

7.1.1 灯光类型

C4D 中可以直接创建的灯光类型有灯光、聚光灯、目标聚光灯、区域光、IES 灯、远光灯、日光和 PBR 灯光 8 种，如图 7-1-2 所示。不同类型的灯光具有各自的特点及用途。需要注意的是，在灯光的"常规"属性面板的"类型"选项中还提供了四方聚光灯、圆形平行聚光灯、四方平行聚光灯、平行光 4 种（详见 7.1.2 节灯光的常用参数）。

1. 灯光

"灯光"（）也叫点光或泛光灯，其特点是照明的亮度由中心向四周递减。在场景中，新建一个地面，创建"灯光"，将"灯光"移动到上方，按快捷键 Ctrl+R 进行渲染（渲染的具体内容详见 7.3 节，若文中无特殊说明，通常可使用快捷键 Ctrl+R 进行渲染，观看当前画面效果）。该灯默认的照明效果如图 7-1-3 所示。

图 7-1-3　灯光默认照明效果

2. 聚光灯

"聚光灯"（）的特点是可以为场景呈现比较明确的照明范围。通过聚光灯圆环上的 4 个黄点，可调节光照范围；通过中心的黄点，可调节光照长度。聚光灯的外形及照明效果如图 7-1-4 所示。

图 7-1-2　灯光类型

3. 目标聚光灯

"目标聚光灯"（）和聚光灯的参数相似，但在聚光灯参数的基础上多了一个目标标签，如图 7-1-5 所示。通过添加目标标签可以使聚光灯照明范围始终锁定当前对象，具体的使用方法是：

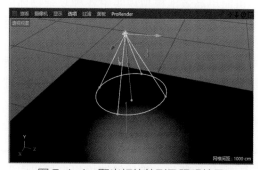

图 7-1-4　聚光灯的外形及照明效果

新建一盏目标聚光灯，将对象拖曳到"灯光.目标.1"的空白组中，此时单击选中"灯光.目标.1"，返回视图中，按住鼠标左键拖动，可实时观察照明范围随对象移动而移动的效果。以一个球体对象为例，效果如图 7-1-6 所示。

图 7-1-5　目标聚光灯参数

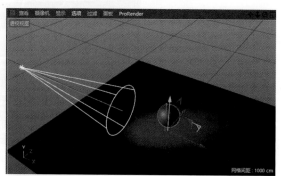

图 7-1-6　目标聚光灯照明效果

4. 区域光

"区域光"（）的特点与点光源比较相似，即沿着一个区域照明四周。通过边缘的黄点可调整照明（具体操作可参照"聚光灯"灯光调节）。灯的外形及照明效果如图 7-1-7 所示。单击渲染，可以看见比较明确的渲染范围。

5．IES 灯

光域网是灯光的一种物理性质，确定光在空气中发散的方式。由于灯自身特性的差异，在空气中的发散方式也不相同，如手电筒、壁灯、台灯等会投射出不同形状的光，这些不同形状的图案就是光域网造成的。在日常生活中，生产厂商对每个灯都指定了不同的光域网，而在三维软件里，如果给灯光指定一个特殊的文件，就可以产生与现实生活中相同发散效果的灯光，这类特殊的文件，标准格式是.IES，这种灯就叫 IES 灯。

这里介绍两种"IES 灯"的使用方式。

（1）单击 IES 灯光图标，弹出需要指定 IES 文件的对话框，直接选择即可。在本小节的素材文件夹中，名为 IES 的文件夹内提供了 IES 文件，如图 7-1-8 所示。

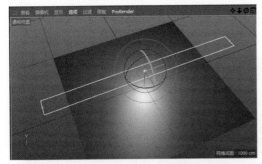

图 7-1-7 区域光灯的外形及照明效果

图 7-1-8 IES 文件素材

（2）新建一盏普通灯光，在灯光的"常规"属性的"类型"选项里选择"IES"，如图 7-1-9 所示，并在"光度"属性中勾选"光度数据"选项，导入 IES 文件，如图 7-1-10 所示。

图 7-1-9 添加 IES 灯参数

图 7-1-10 导入 IES 文件

任选一种方式完成设置后，在"常规"属性中，适当调整"强度"选项参数。渲染后观察效果，如图 7-1-11 所示。

6．日光

"日光"（ ⚙ 日光 ）的特点是模拟真实的天空光照。调节日光效果的方法有其特殊性，在"日光"表达式标签 ⬛日光 ✓ ⚙ 中，通过调节"标签"属性中的"时间""纬度""经度""距离"等选项参数改变光照，以实现所需照明效果，如图 7-1-12 所示。设置"日光"标签属性，如图 7-1-13 所示。

图 7-1-11 IES 灯渲染效果

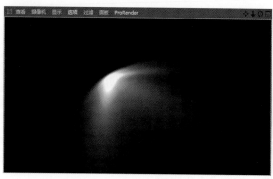

图 7-1-12 日光照明效果

图 7-1-13 "日光"标签属性

具体操作：新建地形，再新建一盏日光灯，调节不同的"纬度""经度"选项参数，可模拟出不同的光照效果，如图 7-1-14 所示。同时，也可以调节其他参数，实现更多的光照效果。

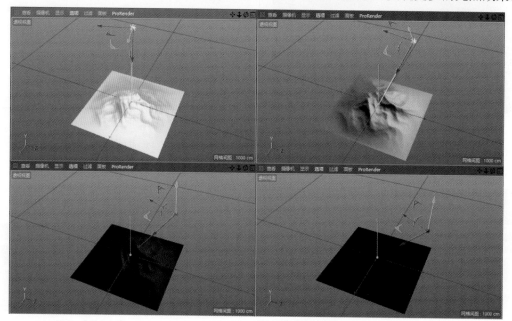

图 7-1-14 日光灯不同的光照效果

7. 远光灯

"远光灯"（在透视图中的外形和"日光"相似，其特点是光照范围巨大，通常用于大场景照明。远光灯照明效果如图 7-1-15 所示。

8. PBR 灯光

"PBR 灯光"：PBR 是 Physically Based Rendering 的缩写，即基于物理的渲染，集合了基于与现实世界的物理原理更相符的基本理论所构成的一项渲染技术，使用户在写实渲染方面可以获得更佳的效果。PBR 灯光与 PBR 材质系统的结合，能为用户更好、更快地实现逼真的效果。需要注意的是，渲染所需时间较长。

图 7-1-15 远光灯照明效果

7.1.2　灯光的常用参数

在 C4D 中提供了 8 种不同类型的灯光，不同的灯光有不同的参数，参数选项众多，而正是通过这些参数，才能让使用者模拟出丰富的光线效果。在实际使用中，一部分参数是共通的，这里选择"常规""投影"等常用参数进行介绍。

1. 常规

"常规"属性是灯光的主要属性，除了调节颜色、强度，更重要的是更改灯光类型、投影类型、可见灯光类型等，其参数面板如图 7-1-16 所示。

（1）颜色：可改变灯光的颜色，有多种方式可选。通过软件提供的色轮、光谱、从图像取色、RGB 等模式并结合"使用色温"选项来调节灯光颜色，以模拟高度逼真的自然光线。

通过简单的例子对颜色的调节进行展示：新建两盏灯光，分别调节不同颜色，渲染观察效果，不同颜色参数的灯光效果如图 7-1-17 所示。

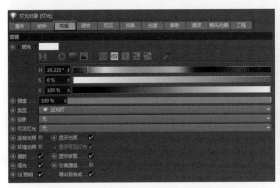 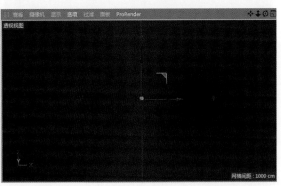

图 7-1-16　灯光"常规"参数面板　　　图 7-1-17　不同颜色参数的灯光效果

（2）强度：调节灯光明暗。注意，"强度"选项参数的上限并不是 100%，还可以继续增加。

（3）类型：可以二次选择灯光的类型。将已经建好的灯光类型转换为其他类型的灯光，已设置好的灯光的位置、强度、颜色等参数信息不会改变，能提高工作效率。如新建的泛光灯，可以转换成聚光灯等。该参数提供了三大类的转换类型，如图 7-1-18 所示。

① 第一类为基础灯光类型转换，有泛光灯、聚光灯、远光灯和区域光 4 种。

② 第二类为四方聚光灯、圆形平行聚光灯、四方平行聚光灯、平行光 4 种，其中前 3 种是聚光灯的延展类型，最后一种是远光灯的延展。4 种灯光外形如图 7-1-19 所示，顺序由右向左。

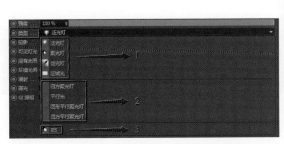 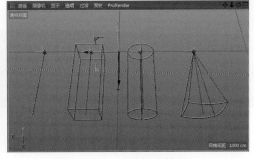

图 7-1-18　灯光的三大类的转换类型　　　图 7-1-19　4 种灯光外形

③ 第三类为 IES 灯光类型，前面灯光类型部分已有介绍，此处不再赘述。

（4）投影：灯光的重要参数，除了默认的"无"，另有三种选择，如图 7-1-20 所示。需要注意的是，在制作中一般都不将该参数设置为"无"，应选择一种合适的投影类型。

图 7-1-20　投影参数

　　例如，利用预置模型搭建一个简单的场景，新建一盏灯光，放置在模型的前上方，依次选择灯光的投影类型，渲染观察结果。

　　① 阴影贴图（软阴影）：投影的边缘比较柔和并有虚实过渡，效果如图 7-1-21 所示。

　　② 光线跟踪（强烈）：影子边缘非常清晰，效果如图 7-1-22 所示。

图 7-1-21　阴影贴图效果　　　　　　　　　　图 7-1-22　光线跟踪效果

　　③ 区域：灯光距离物体的远近影响着影子的虚实变化，可呈现逼真的阴影效果，渲染速度相对较慢，效果如图 7-1-23 所示。

　　需注意，以上三种投影类型的效果是 C4D 预置的默认效果，为得到所需的投影效果，可以在灯光的"投影"属性中进行精细的调节。"投影"的各参数选项及其调节，详见"2. 投影"部分内容。

　　（5）可见灯光：可以看见灯光的外形，以及外形可见后对物体的影响。可见灯光参数选项如图 7-1-24 所示。

图 7-1-23　区域效果　　　　　　　　　　　图 7-1-24　可见灯光参数选项

　　① 可见：新建一盏聚光灯，在"可见灯光"属性中选择"可见"，可见开启后聚光灯会有外形变化，这个范围就是可见外形的范围，如图 7-1-25 所示。同样，可以通过调节中心黄点，调整可见的范围。聚光灯"可见"渲染效果，如图 7-1-26 所示。

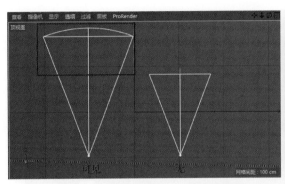

图 7-1-25　聚光灯"可见"范围

图 7-1-26　聚光灯"可见"渲染效果

② 正向测定体积：新建运动图形文本，随意输入文字；新建一盏聚光灯，拖动后与文本距离稍远；把聚光灯调整到合适大小，如图 7-1-27 所示。

选择"正向测定体积"类型，渲染后观察，可见灯光被物体挡住的效果，如图 7-1-28 所示。

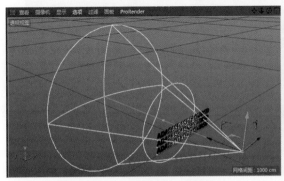

图 7-1-27　新建文本与聚光灯

图 7-1-28　正向测定体积渲染效果

③ 反向测定体积：和正向测定体积相反。切换模式，渲染后效果如图 7-1-29 所示。

需要注意的是，以上三种可见灯光类型的效果是 C4D 预置的默认效果，为得到所需的可见灯光效果，可在灯光的"可见"属性中进行精细调节。"可见"的各参数选项及其调节，详见"3. 可见"部分内容。

（6）分离通道：勾选该参数选项后，能在渲染场景时将灯光分离出投影、高光、漫射三个单独的图层。若要实现此项功能，需在"渲染设置"窗口

图 7-1-29　反向测定体积渲染效果

（快捷键为 Ctrl+B）中勾选"多通道"并将"分离灯光"选项设为"选取对象"，"模式"选项设为"3 通道：投影，高光，漫射"。设置完成后，在"图片查看器"窗口（快捷键为 Shift+R）的"层"面板中可看到分离出的三个图层。分离通道设置及效果，如图 7-1-30 所示。

（7）显示光照：该项默认处于选择状态，可在视图中显示灯光的控制线框。若取消选择，则不显示控制线框。

（8）环境光照：勾选该项后，场景中全部对象的所有表面都具有相同的亮度。

（9）GI 照明：全局光照照明，默认为选择状态，场景中的对象会在其他对象上产生反射光线效果。

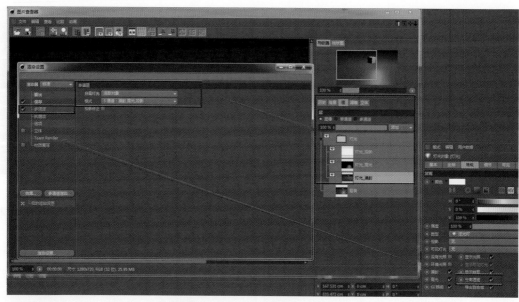

图 7-1-30　分离通道设置及效果

2. 投影

"投影"选项卡中的参数项随着选择"投影"选项的不同类型而不同。"投影"选项中的"光线跟踪（强烈）"类型只有"密度""颜色""透明""修剪改变"4 个参数选项，其他两个类型还有别的参数，这里分别介绍"阴影贴图（软阴影）""区域"类型的各项参数。

"阴影贴图（软阴影）"参数，如图 7-1-31 所示。

（1）密度：密度是指投影的透明度，数值越小，影子越暗淡。当前密度为 20%，渲染观察效果，如图 7-1-32 所示。

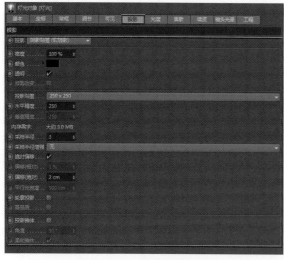

图 7-1-31　阴影贴图参数

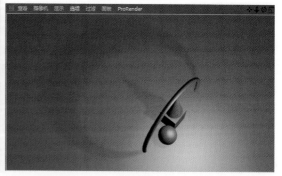

图 7-1-32　调整密度参数渲染效果

（2）颜色：通过选择颜色可更改投影的色彩，默认为黑色。如选择绿色，渲染观察效果，如图 7-1-33 所示。

（3）透明：只针对透明材质调节。以玻璃材质为例，若玻璃的颜色为蓝色，勾选透明选项后，投影颜色也为蓝色。渲染观察效果，如图 7-1-34 所示。

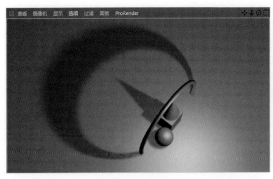

图 7-1-33　调整投影颜色参数渲染效果

图 7-1-34　勾选透明参数渲染效果

仍以玻璃材质为例，若玻璃的颜色为蓝色，去选透明选项以后，投影颜色就是黑色，确切地说是受投影属性的颜色影响。渲染观察效果，如图 7-1-35 所示。

（4）投影贴图/水平精度/垂直精度：是阴影贴图（软阴影）中设置影子虚实的重要参数。为有更好的观看效果，可新建一个运动图形文本，随意输入文字，新建一盏灯光，拖动放置使其距文本稍远，效果如图 7-1-36 所示。

图 7-1-35　去选透明参数渲染效果

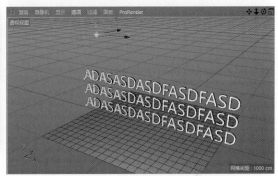

图 7-1-36　新建运动图形文本与灯光

渲染观察效果，当前投影贴图为 250×250，如图 7-1-37 所示；调节投影贴图为 1500×1500，渲染观察效果，如图 7-1-38 所示，对比可见此时投影较调节前更清晰。

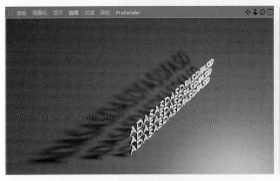

图 7-1-37　投影贴图 250×250

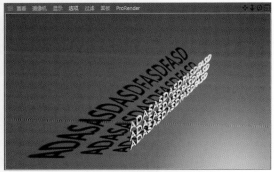

图 7-1-38　投影贴图 1500×1500

（5）采样半径/采样半径增强：勾选此项，渲染投影精度提高，但渲染速度会变慢。

（6）轮廓投影：勾选此项，渲染后只会显示影子边缘轮廓，效果如图 7-1-39 所示。

（7）投影锥体/角度：勾选此项，会使影子产生锥形收缩变化，效果如图 7-1-40 所示。

图 7-1-39　勾选轮廓投影效果

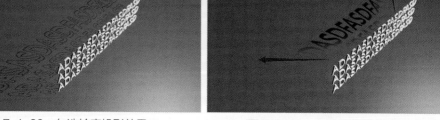
图 7-1-40　勾选投影锥体/角度效果

（8）柔和锥体：去选此项以后，影子不会过渡消失，效果如图 7-1-41 所示。

当投影模式为"区域"时，其参数选项如图 7-1-42 所示。

前 4 项参数与其他类型一致，不再赘述。其他几项参数为采样精度、最小取样值、最大取样值，表示增加强度后，可提高影子的质量。

图 7-1-41　去选柔和锥体效果

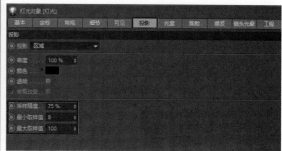
图 7-1-42　投影模式为"区域"参数选项

3. 可见

前面已学习过可见灯光的模式，接下来介绍"可见"的各参数选项，如图 7-1-43 所示。

图 7-1-43　"可见"各参数选项

（1）使用衰减：去选时，以聚光灯为例，灯光前段没有衰减过渡。

（2）衰减：选择"使用衰减"项后，方可使用。其数值越小衰减变化越小，如图 7-1-44 所示。

（3）使用边缘衰减：去选时，以聚光灯为例，灯光边缘没有衰减过渡。

（4）散开边缘：选择"使用衰减"后方可使用，其数值越小衰减变化越小，如图 7-1-45 所示。

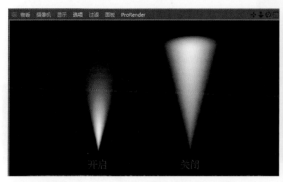

图 7-1-44 衰减开启与关闭对比图　　　　　图 7-1-45 散开边缘开启与关闭对比图

（5）内部/外部距离：内部颜色的距离范围/整体灯光的可见范围。

需要看清内部距离的变化，必须先将"使用渐变"开启，并且修改渐变颜色，如图 7-1-46 所示。

相同灯光下，内部距离不同，渲染后效果也不同，如图 7-1-47 所示。

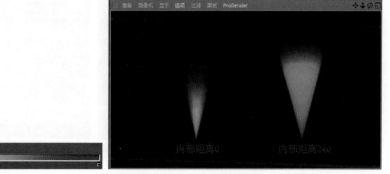

图 7-1-46 修改渐变颜色　　　　　　　　图 7-1-47 内部距离不同的灯光效果对比

（6）采样属性：主要影响灯光可见性，数值越小，精度越高，同时渲染速度越慢。

（7）亮度：调节亮度。

（8）尘埃：调节中心亮度的变化。

（9）抖动：在可见光中产生不规则的抖动，有助于防止可见光源中出现不必要的带状或轮廓。

（10）附加：可使用多盏光源叠加出现。

（11）适合亮度：防止灯光可见亮度过高。

4．细节

"细节"属性主要调节灯光的衰减（衰减的存在是为了控制光照亮度范围的变化），一般使用在模拟发光物体或者多盏灯光在同一个场景中进行协同合作的情况下。"细节"属性各参数选项如图 7-1-48 所示。

（1）衰减：有 4 种衰减模式，即平方倒数（物理精度）、线性、步幅和倒数立方限制，如图 7-1-49 所示。

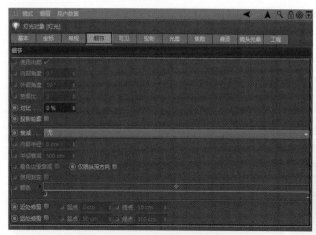

图 7-1-48 "细节"各参数选项　　　　图 7-1-49 衰减模式

　　例如，新建 4 盏灯光，将 4 盏灯光设置为不同位置、不同衰减模式，并使灯光略高于地面，具体设置如图 7-1-50 所示。

　　渲染观察效果，如图 7-1-51 所示，由图可知，4 种衰减模式的区别在于灯光中心亮度到边缘的变化。

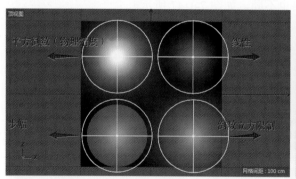

图 7-1-50 不同位置与不同模式下的灯光设置　　图 7-1-51 不同位置与不同模式下的灯光效果

　　（2）内部半径/半径衰减：在"线性"衰减模式下方可使用，用于共同调节衰减变化，如图 7-1-52 所示。

　　（3）使用渐变：勾选后可在渐变颜色区域调节衰减光照的颜色，如图 7-1-53 所示。

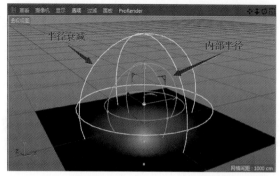

图 7-1-52 内部半径/半径衰减对灯光衰减变化的调节　　图 7-1-53 调节衰减光照的颜色

　　例如，新建聚光灯，让灯光照射地面，开启"使用渐变"，调节颜色，渲染后观察效果，如图 7-1-54 所示。

（4）着色边缘衰减：开启"着色边缘衰减"可调节不同颜色交接区域的变化，开启与关闭"着色边缘衰减"的效果如图 7-1-55 所示。

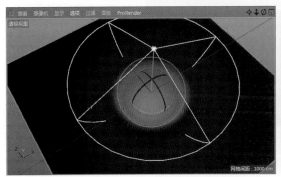

图 7-1-54　调节衰减颜色效果

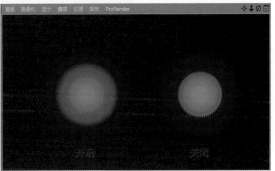

图 7-1-55　开启与关闭"着色边缘衰减"效果

（5）使用内部：以聚光灯为例，勾选后开启内部角度参数。

（6）内部/外部角度：可以调节聚光灯的边缘柔和度及光照范围，如图 7-1-56 所示。

例如，新建聚光灯，对参数进行适当调节，具体参数设置与效果如图 7-1-57 所示。

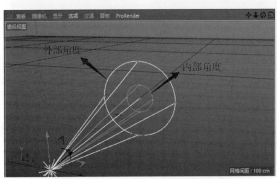

图 7-1-56　内部/外部角度调节

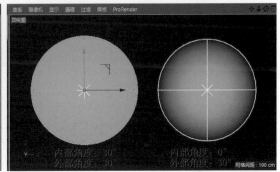

图 7-1-57　聚光灯内部/外部角度参数设置与效果

（7）宽高比：调节聚光灯单轴向缩放，如图 7-1-58 所示。

（8）对比：调节光照的明暗变化及范围，效果如图 7-1-59 所示。

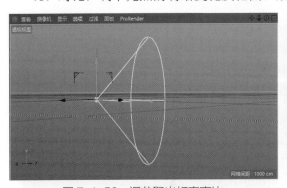

图 7-1-58　调节聚光灯宽高比

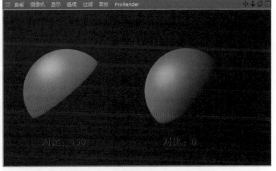

图 7-1-59　调节灯光对比效果

（9）投影轮廓：把灯光强度调整为负值，开启"投影轮廓"后可以看见影子的形状，效果如图 7-1-60 所示。

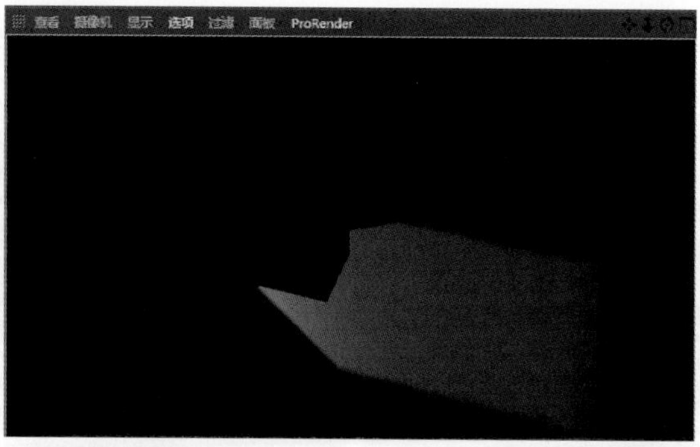

图 7-1-60 开启"投影轮廓效果"

5. 光度

"光度"属性主要调节 IES 灯光,各项参数如图 7-1-61 所示。

(1)光度数据:指认 IES 灯光文件,前面对灯光进行分类时已详细介绍。指认完成后,相应参数自动开启。具体参数设置如图 7-1-62 所示。

图 7-1-61 "光度"属性参数

图 7-1-62 光度数据参数设置

(2)强度:调节 IES 亮度。

(3)单位:烛光(cd)/流明(lm)。烛光(cd)通过强度参数控制亮度,流明(lm)通过灯光照射范围调节亮度。(注:烛光为旧单位,现已改用坎德拉)

6. 焦散

"焦散"是指当光线穿过透明物体时,由于对象表面的不平整,使光线折射并没有平行发生,从而出现漫折射,投影表面出现光子分散的一种物理现象。在 7.2 节材质的内容中,会以玻璃材质配合进行详细介绍。

7. 噪波

"噪波"属性:可以让光照范围/可见范围产生噪波变化。其各项参数如图 7-1-63 所示。

下面举例说明该属性的设置及效果。

(1)新建一个球体、一盏聚光灯,将聚光灯放置于球体的上方,把噪波模式选择为"光照",渲染效果如图 7-1-64 所示,此时可见地面的光照范围有噪波。

图 7-1-63 "噪波"属性各项参数

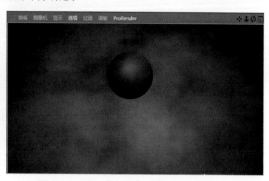

图 7-1-64 "光照"噪波模式效果

（2）把噪波模式选择为"可见"（首先需要在灯光常规属性中将可见属性打开），渲染效果如图 7-1-65 所示，可见范围有噪波。

（3）把噪波模式选择为"两者"，渲染效果如图 7-1-66 所示，光照范围、可见范围均产生噪波变化。

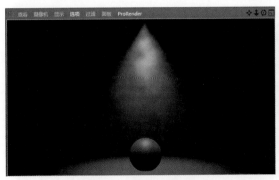
图 7-1-65　"可见"噪波模式效果

图 7-1-66　"两者"噪波模式效果

8. 镜头光晕

"镜头光晕"属性：可以选择一些软件预置好的镜头光晕。其各项参数如图 7-1-67 所示。

例如，新建灯光，将镜头光晕属性的辉光类型选择为"日光 1"，渲染后观察效果，如图 7-1-68 所示。

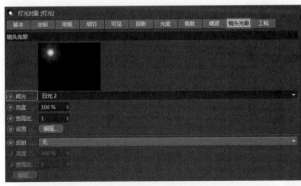
图 7-1-67　"镜头光晕"各项参数

图 7-1-68　"日光 1"效果

9. 工程

"工程"属性：分为"包括"和"排除"两个模式。

举例说明如下：

（1）新建场景与一盏灯光，开启投影属性，使圆锥成为球体的子集，效果如图 7-1-69 所示。

（2）观察大纲视图，如图 7-1-70 所示。

（3）把"球体 1"拖曳到"排除"属性中，注意红框内的 4 个标志，分别为"排除颜色""排除高光""排除投影""排除子集"4 种模式，如图 7-1-71 所示。

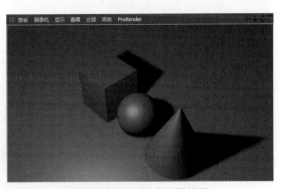
图 7-1-69　新建场景效果

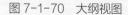

图 7-1-70 大纲视图　　　　　　　　　　图 7-1-71 "排除"属性模式

（4）渲染并观察效果，如图 7-1-72 所示，此时球体和椎体处于被灯光排除状态。

（5）单击"排除颜色"按钮 ，渲染并观察效果，如图 7-1-73 所示，此时只有"颜色"受灯光影响。

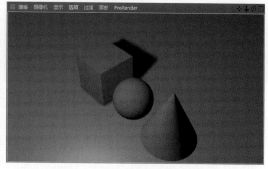

图 7-1-72 "排除"属性效果　　　　　　　图 7-1-73 "排除颜色"效果

（6）单击"排除高光"按钮，渲染并观察效果，如图 7-1-74 所示，此时只有"高光"受灯光影响。

（7）单击"排除投影"按钮，渲染并观察效果，如图 7-1-75 所示，此时只产生"投影"。

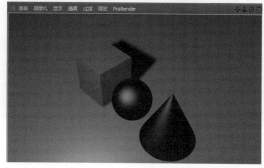

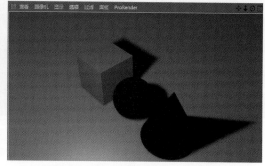

图 7-1-74 "排除高光"效果　　　　　　　图 7-1-75 "排除投影"效果

（8）单击"排除子集"按钮，渲染并观察效果，如图 7-1-76 所示，锥体可以渲染出现。

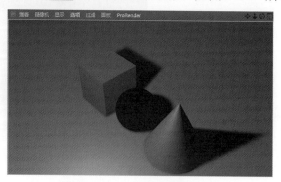

图 7-1-76 "排除子集"效果

7.1.3 场景布光案例：光影之魅

在影视行业中，小场景实拍布灯时常用三点布光法。三点布光通常是先确定主光，再布置辅助光，最后调节轮廓光。主光一般用聚光灯作为光源，从顺侧位照射居多，能较好地表现被摄对象的立体感和质感。当主光的光位和强度确定后，接着确定辅助光的光位和强度，以创作出一定的影调反差和光线气氛效果。辅助光一般用柔光灯作为光源，体现柔和的光线特点，减弱主光形成的阴影，降低对象受光面和背光面的反差，提高造型表现力。主光和辅助光的光比约为 2∶1。轮廓光从被摄对象的后方或侧后方投射过来，具有逆光的性质。轮廓光一般是画面中最亮的光线。主光与轮廓光的光比约为 1∶1～1∶2。在 C4D 中添加灯光时，这一原理也适用。

下面用所学的灯光基础知识制作一个场景布光案例，案例效果如图 7-1-77 所示。本案例的制作思路是先用一盏聚光灯作为主光，设置参数确定主要光线效果，接着添加一盏泛光灯作为辅助光，调节参数。案例仅设置了两盏灯，应注意在实际制作中灵活运用相关领域的基础知识。

具体操作步骤如下。

1．确定主光

（1）在开始添加灯光之前，先做好准备工作。打开本小节素材文件夹中的"7.1.3 场景布光案例：光影之魅.c4d"素材文件。

图 7-1-77　场景布光案例

注意：为提高工作效率，将左上角视图作为渲染视图，观看操作关键步骤后的渲染结果；将右上角默认的顶视图设置为以"光影着色（线条）"显示的透视视图，并将其作为调节视图，用来调节摆放灯光的位置，如图 7-1-78 所示。

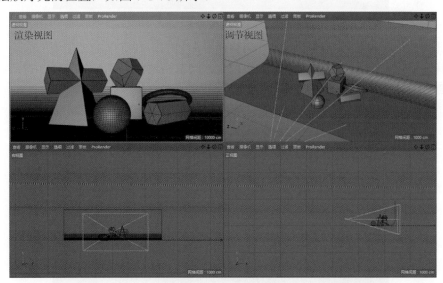

图 7-1-78　视图示意

（2）通过分析案例效果图中的亮度和影子，可以判断出主光的位置在右上角。新建聚光灯，如图 7-1-79 所示。

（3）为较快得到准确的照射范围，此时可以进入灯光视角。选择聚光灯，在"摄像机"属性中选择"设置活动对象为摄像机"，并将对象移动到右上角，具体设置如图 7-1-80 所示。

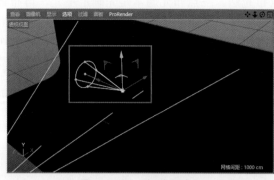
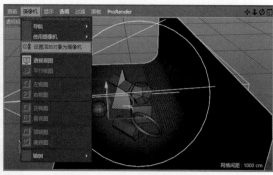

图 7-1-79　新建聚光灯　　　　　　　　　　　图 7-1-80　设置活动对象

（4）返回之前设定好的渲染视图，单击渲染，观察效果如图 7-1-81 所示，此时有比较清晰的明暗对比，也较为充分地体现出物体的体积感。

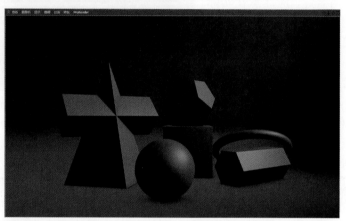

图 7-1-81　确定主光后的渲染效果

（5）此时地面显得比较空旷，可以开启聚光灯的投影。在灯光的"常规"选项卡中，将投影模式选择为"阴影贴图（软阴影）"。如果效果不理想可继续移动灯光位置，调节影子，调节到合适位置后的渲染效果如图 7-1-82 所示。

图 7-1-82　开启投影的效果

（6）为进一步增强氛围，将"灯光"属性中的可见灯光类型选项参数选择为"可见"，如图 7-1-83 所示。

（7）退出灯光视角，恢复为默认摄像机视角。

具体操作：单击"摄像机"属性，再单击"使用摄像机"命令中的"默认摄像机"，执行即可，如图 7-1-84 所示。

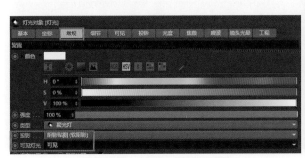

图 7-1-83　设置可见灯光类型

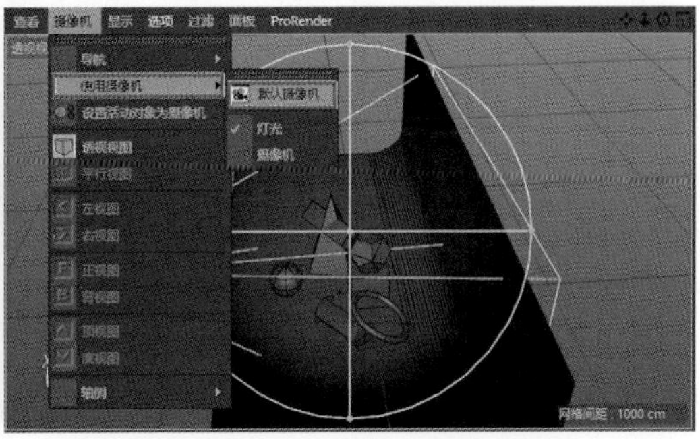

图 7-1-84　恢复默认摄像机视角

（8）调整光照范围及可见范围，使场景中的影子尽量和效果图中的影子一致，如图 7-1-85 所示。

（9）在灯光的"噪波"属性中，将"噪波"选项参数设置为"两者"，以使光线效果变得更加自然，参数设置如图 7-1-86 所示。

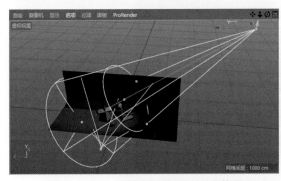
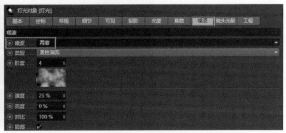

图 7-1-85　调整光照范围及可见范围

图 7-1-86　调整"噪波"属性

（10）回到渲染视图，渲染后观察效果，如图 7-1-87 所示。

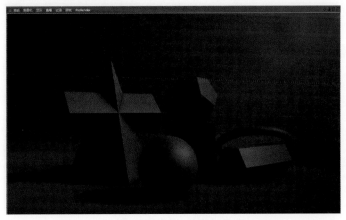

图 7-1-87　渲染效果

（11）案例效果图中，有左、右的暖、冷对比。调节聚光灯"常规"属性中的"颜色"选项，如图 7-1-88 所示。

（12）回到渲染视图，渲染后观察效果，如图 7-1-89 所示，左边偏暗。

图 7-1-88 "颜色"参数选项　　　　　　　　图 7-1-89 渲染效果

2. 设置辅助光

为解决左边偏暗的问题，需要添加一盏辅助光。

（1）新建一盏灯光，调节到画面的左前上方位置，如图 7-1-90 所示。

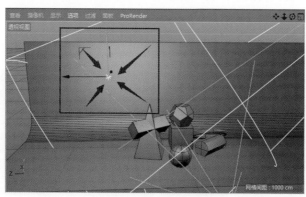

图 7-1-90 添加辅助光

（2）渲染并观察效果，如图 7-1-91 所示，此时场景亮度过高，先前所设置的明暗体积消失。

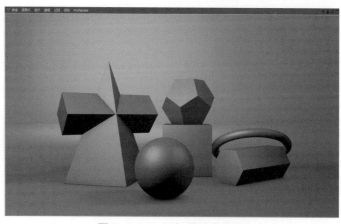

图 7-1-91 添加辅助光效果

（3）控制辅助灯的光照范围。将辅助灯灯光"细节"属性中的"衰减"选项设置为"平方倒数（物理经度）"，如图 7-1-92 所示。

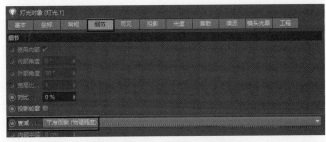

图 7-1-92　控制光照范围

（4）将"常规"属性中的"强度"降低为"60%"，如图 7-1-93 所示。

图 7-1-93　设置灯光强度

（5）回到渲染视图，渲染后观看效果，如图 7-1-94 所示。

图 7-1-94　渲染效果

（6）将辅助灯灯光颜色设置为"暖色"，如图 7-1-95 所示。

图 7-1-95　设置灯光颜色

（7）回到渲染视图，渲染后观察最终效果，如图 7-1-96 所示。至此，本案例制作完成。

图 7-1-96　最终效果

7.2　材质

材质是体现物体特色的重要特征。在生活中我们能够很容易地分辨出物体质地的不同，如

图 7-2-1　生活中常见的材质

玻璃、不锈钢、黄金、玉石等，如图 7-2-1 所示。除了源于我们的生活经验，更多的是对物体特性的了解。这些特性在 C4D 材质系统中是通过通道来体现的，通过 C4D 材质系统能够便捷地制作出极为写实的纹理，模拟逼真的质感。预设库有诸如玻璃、金属、木头及石头等种类丰富的材质，此外还提供了一些抽象的材质，以及草图模式、卡通线框模式的预设和材质捕捉的着色功能等。程序性着色器功能强大且灵活，能够快速定义 3D 对象的表面，使我们便捷地制作出写实或非写实的纹理。

1．材质的创建和删除

材质的创建一般在材质编辑区完成，这里介绍三种方法：一是在编辑区空白处双击，即可新建材质；二是单击"创建"命令菜单，选择"新材质"；三是直接按快捷键 Ctrl+N 新建材质。删除材质的方法是将需要删除的材质球选中后，按键盘上的 Delete 键。材质球如图 7-2-2 所示。

2．材质的赋予和删除

赋予材质的一般方式是在材质编辑区选中材质球，并将其拖曳到所需的模型对象上，此时会在标签区域同步生成一个材质标签。删除时，选中不需要的材质标签并按键盘上的 Delete 键即可。材质标签如图 7-2-3 所示。

图 7-2-2　材质球

图 7-2-3　材质标签

3．材质通道的调节

调节材质通道一般在材质编辑器窗口完成。在材质编辑区，双击材质球后出现材质编辑器窗口。软件提供了颜色、漫射、发光、透明、反射、环境、烟雾、凹凸、法线、Alpha、辉光、置换共 12 种通道。在左侧选中某一通道后，右侧会同步列出该通道的属性，如图 7-2-4 所示，下面逐一介绍。

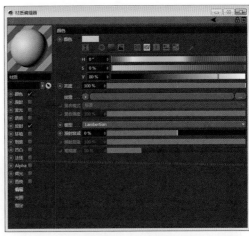

图 7-2-4 材质通道

7.2.1 颜色通道

颜色通道作为材质的主通道之一，对材质的整体效果起到十分重要的作用，颜色的变化能带来非常直观的感受。下面就该通道的"颜色""亮度""纹理"等属性进行主要介绍。

（1）颜色：该属性中修改颜色的方式有以下几种。

① 色表：也称"光谱"，以色表拾取颜色，优点在于选择速度较快。色表的左侧调节明暗及饱和度，右侧选择色相，如图 7-2-5 所示。

② RGB：优点在于可设置精准的颜色，如图 7-2-6 所示。

图 7-2-5 色表

图 7-2-6 设置 RGB

③ 色轮：以色轮拾取颜色，优点在于更加直观。色轮拾取颜色如图 7-2-7 所示。

④ 选择采样点：导入一张图片素材，在素材中选择颜色，如图 7-2-8 所示。

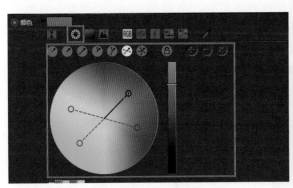

图 7-2-7 色轮拾取颜色

图 7-2-8 选择采样点

（2）亮度：一般用来表示当前通道的强度，如图 7-2-9 所示。

（3）纹理：该参数可以导入内置或者外部素材的纹理效果，如图 7-2-10 所示。

图 7-2-9　亮度　　　　　　　　　　图 7-2-10　纹理

7.2.2 漫射通道

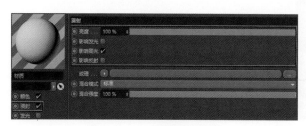

图 7-2-11　漫射通道参数

漫射，即漫反射，是投射在粗糙表面上的光向各个方向反射的现象。当一束平行的入射光线射到粗糙的表面时，表面会把光线向着四面八方反射，入射光线虽然互相平行，但由于各点的法线方向不一致，造成反射光线向不同的方向无规则地反射，这种反射称为"漫反射"或"漫射"。该通道的具体参数如图 7-2-11 所示。

漫射通道的参数简单易懂，此处不再一一赘述。

举例说明：新建两个球体模型，分别赋予两个模型不同的材质，并把"漫射"通道的"亮度"参数分别调整为"100%""50%"。渲染观察效果可知，亮度为 100%的模型会更亮，如图 7-2-12 所示。通过例子说明，在有光源的情况下，物体表面的光滑程度与亮度呈正相关，物体表面越光滑，就显得越亮，反之会显得暗淡，如图 7-2-13 所示。

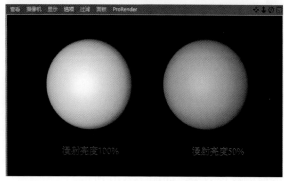

图 7-2-12　漫反射亮度对比

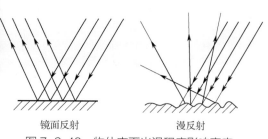

图 7-2-13　物体表面光滑程度影响亮度

7.2.3　发光通道

发光通道能使对象自身产生光亮，并在开启全局光照的设定下也可以充当光源。勾选"发光"后，该通道的属性随即显示，如图 7-2-14 所示。

该通道的各个属性，此处不再一一赘述。

举例说明，具体操作如下。

（1）新建两个平面，分别放在左边和右边，如图 7-2-15 所示。

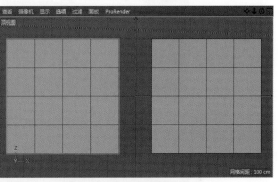

图 7-2-14　发光通道属性　　　　　　　　图 7-2-15　新建两个平面

（2）新建一个材质球，并赋予图 7-2-15 中左边的平面。在"颜色"通道的"纹理"属性中，导入本小节素材文件夹中名为"发光通道素材"的图片（此处也可随意导入一张图片），其他通道全部关闭，具体设置如图 7-2-16 所示。

图 7-2-16　左边平面材质球设置

（3）新建一个材质球并赋予图 7-2-15 中右边的平面。在"发光"通道的"纹理"属性中，导入步骤（2）中的同一张图片，其他通道全部关闭，具体设置如图 7-2-17 所示。

图 7-2-17　右边平面材质球设置

（4）渲染并观察效果，如图 7-2-18 所示，此时两者没有差别。

图 7-2-18　渲染对比效果

（5）新建一盏灯光后左边的平面处于黑色状态，右边的平面保持原有的亮度，效果如图 7-2-19 所示。此时两个平面都处于不被灯光照射的范围，但右边的平面处于发光通道的指认中。

图 7-2-19　是否被发光通道指认对比

需要注意的是，发光的对象是不接收投影的，那么如何将选定的对象设置为发光光源呢？举例说明，具体操作如下。

（1）新建一个立方体、一个球体，效果如图 7-2-20 所示。

（2）新建材质球，只勾选"发光"，其他通道去选，并把材质球赋予立方体，效果如图 7-2-21 所示。

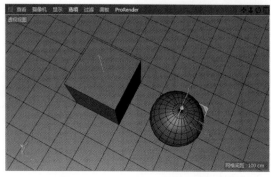

图 7-2-20　新建立方体和球体

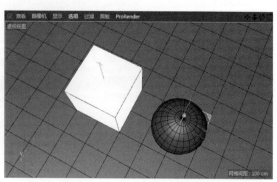

图 7-2-21　赋予立方体材质球

（3）按快捷键 Ctrl+B，调出"渲染设置"窗口，单击"效果"属性，选择"全局光照"，该选项会自动出现在列表中，如图 7-2-22 所示。

（4）渲染并观看结果，如图 7-2-23 所示，此时立方体就是一个发光光源，可以照明球体。

图 7-2-22　渲染设置

图 7-2-23　渲染效果

7.2.4　透明通道

透明通道一般用于调节玻璃、水、钻石等类型材质。勾选"透明"后，显示该通道的各项具体参数，如图 7-2-24 所示。

这里通过一个案例来介绍透明通道各属性参数的使用。打开本章素材文件夹中的"透明通道.c4d"文件，该工程文件已准备好一个酒杯的场景，且涉及场景的背景、灯光、反射环境及相应的渲染设置等都已经设定完成，主要使用该场景介绍透明通道。酒杯场景如图 7-2-25 所示。

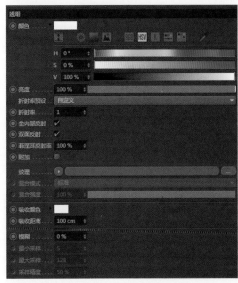

图 7-2-24　透明通道参数

图 7-2-25　酒杯场景

（1）颜色：颜色属性用来设置像玻璃、水、钻石等这一类的透明材质的颜色。该参数的调节方法与颜色通道中的"颜色"属性的调节方法一致。

（2）亮度：此处表示透明的程度。新建材质球，只保留透明通道，赋予当前场景的酒杯，此时酒杯是完全透明的，如图 7-2-26 所示。

在透明通道中，把亮度属性参数调节为 50%，观察效果，此时酒杯是半透明的，如图 7-2-27 所示。

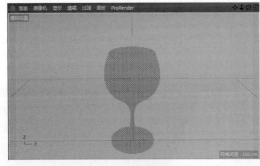

图 7-2-26　将透明材质赋予酒杯

图 7-2-27　调节亮度参数为 50%

（3）折射率：折射率是透明通道中的核心参数，也是区别不同透明材质的主要参数，比如玻璃的折射率为 1.5，水的折射率为 1.3，钻石的折射率为 2.4，水晶的折射率为 2 等。此处以玻璃为例，把当前的折射率调整为 1.5。查看材质球预览，可以看到材质球产生非常大的变化，如图 7-2-28 所示。渲染后观察酒杯效果，如图 7-2-29 所示。

图 7-2-28　调整折射率为 1.5

图 7-2-29　玻璃酒杯效果

需要注意的是，实际透明类的材质调节较为快捷，以玻璃为例，更注重考虑的是体现反射环境。

（4）折射率预设：该选项参数预置了一些常用对象的折射率，方便选择使用。预设种类如图 7-2-30 所示。

（5）全内部反射：去选后不再有反射效果，只有透明效果，如图 7-2-31 所示。

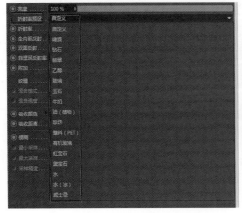

图 7-2-30　折射率预设种类

图 7-2-31　全内部反射

（6）双面反射：取决于模型是否有厚度，即是否内、外两面都会产生反射。将摄像机推进，并对该参数先后进行勾选与去选的操作，分别进行渲染，观察两者间的差别。勾选后的效果如图 7-2-32 所示，去选后的效果如图 7-2-33 所示。

图 7-2-32　勾选"双面反射"效果

图 7-2-33　去选"双面反射"效果

（7）菲涅耳反射率：光从光密介质传播到光疏介质时，在一定的角度下会发生全反射。此处可以理解为反射强度。

（8）附加：透明通道的"颜色"和颜色通道的"颜色"的混合处理。

（9）吸收颜色、吸收距离：在这两个参数的共同作用下，可以使透明材质在模型越薄的位置越透明，越厚的位置越不透明。素材工程文件中，杯子比较透明的位置在杯子上方的边缘及手握的位置，如图 7-2-34 所示。

举例说明：将"吸收颜色"参数调节为"黑色"，"吸收距离"参数调节为"10cm"，如图 7-2-35 所示。

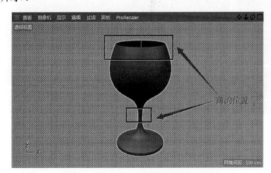
图 7-2-34　杯子较透明位置

图 7-2-35　参数调节

渲染后观察效果，如图 7-2-36 所示。

（10）模糊：该参数默认值为"0%"，增加数值，可以使玻璃具有类似磨砂的效果，如图 7-2-37 所示。需要注意的是，此操作会增加较多的渲染时间。

图 7-2-36　设置"吸收颜色""吸收距离"效果

图 7-2-37　磨砂效果

　　通过以上属性的合理设置，本案例中的杯子已具有较为逼真的效果。在 C4D 中，制作玻璃的"焦散"效果非常简单。为保证案例的完整性，下面通过对灯光"焦散"属性的设置来完善场景中杯子的效果。

　　后续的操作有两步，具体如下。

　　（1）选中场景的灯光，勾选"焦散"属性中的"表面焦散"选项，如图 7-2-38 所示。

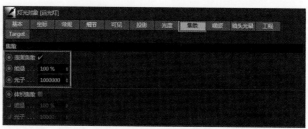

图 7-2-38　勾选"表面焦散"选项

　　（2）按快捷键 Ctrl+B，调出"渲染设置"窗口，单击"效果"属性，选择"焦散"，该选项会自动出现在列表中，如图 7-2-39 所示。渲染后观察，最终效果如图 7-2-40 所示。

图 7-2-39　"焦散"选项

图 7-2-40　最终效果

7.2.5　反射通道

　　反射通道是材质的一大重要通道，通常在该通道里设置反射和高光。我们通过现实生活中的例子来理解反射和高光。平静而纯色的水面，有如镜子一样，映出远处的沙山，这就是反射，如图 7-2-41 所示。一个非常有质感的金属圆盘，在圆盘中最亮的位置，就是高光，如图 7-2-42 所示。

图 7-2-41　反射

图 7-2-42　高光

反射通道的默认参数有"层""默认高光"等，如图 7-2-43 所示。"层"属性可以理解为反射通道的基础属性，"默认高光"属于可以添加和删除类型的属性集。

1．反射通道的基础属性

下面先对"层""添加"等基础属性进行具体介绍。

（1）层：这里表示反射和高光并存的方式，通过上下层的关系来呈现。

（2）添加：可以选择不同的高光或反射的类型，如图 7-2-44 所示。需要注意的是，新添加的类型默认以"层 1""层 2"的名称命名并依次显示在"层"的右侧，可以自行重命名。同时，所选类型的参数也会同步出现。软件中预置了 11 种类型，在此不一一赘述各类型的属性。本节只介绍在实际应用中使用率最高的"GGX"类型的各选项。

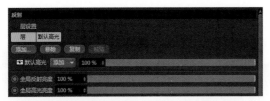

图 7-2-43　反射通道默认参数

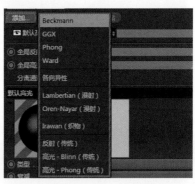

图 7-2-44　添加

（3）移除/复制/粘贴：对高光/反射层进行删除、复制、粘贴等操作。

（4）全局反射/高光亮度：用来对整体的反射/高光的强度进行调节。

2．反射通道的 GGX 类型属性

本部分将用本章素材文件夹中"反射通道.c4d"素材文件里的机械面罩场景来展示调节 GGX 类型的各参数后产生的相应效果。关于该场景的背景、灯光、反射环境、相应的渲染设置等工作已经完成。

下面通过操作来展示添加"GGX"类型的方式及其产生的默认效果。具体操作如下。

（1）打开文件，模型如图 7-2-45 所示。

（2）新建材质球，去选其他通道，只保留反射通道，并添加"GGX"类型，如图 7-2-46 所示。

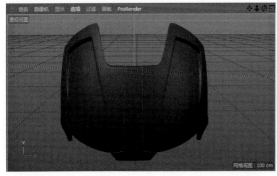

图 7-2-45　模型

图 7-2-46　添加"GGX"类型

（3）单击渲染后可以看到添加"GGX"后的默认效果，如图 7-2-47 所示。此时的反射属于 100%全面反射。

需要注意的是，本案例中看到的反射环境是"天空"对象承载的 HDR 图像，如图 7-2-48 所示。

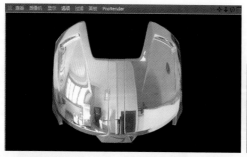

图 7-2-47 添加"GGX"的默认效果　　　　图 7-2-48 反射环境

当前工程文件中处于渲染不可见状态。解决这一问题的方法是：在当前材质球标签左边"合成标签"的"标签"属性中勾选"摄像机可见"，即可在透视图中显示，如图 7-2-49 所示。

"GGX"类型的参数包括类型、衰减、层颜色、层遮罩、层菲涅耳、层采样等，如图 7-2-50 所示。

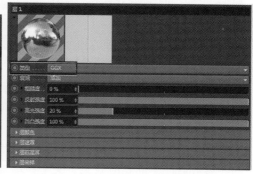

图 7-2-49 设置"摄像机可见"　　　　图 7-2-50 "GGX"类型的参数

（1）类型：可以进行二次类型设置。预设类型如图 7-2-51 所示。

（2）衰减：有平均、最大、添加、金属 4 个选项，如图 7-2-52 所示。

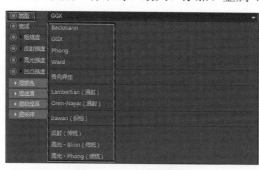

图 7-2-51 预设类型　　　　图 7-2-52 衰减选项

① 平均、最大、添加：指该反射通道的"层颜色"与颜色通道的"颜色"混合的变化，如图 7-2-53 所示。

② 金属：指的是兼容老版本。

（3）粗糙度：在"反射强度"为 100% 的前提下，可以理解为反射模糊。增加粗糙度，渲染后观察效果，如图 7-2-54 所示。

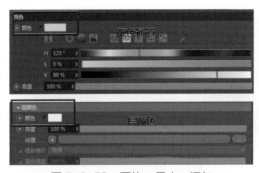

图 7-2-53 平均、最大、添加

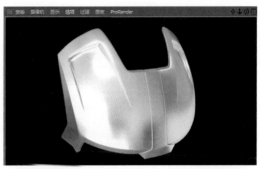

图 7-2-54 "反射强度"为100%效果

当设置"反射强度"为0%时，粗糙度又会变成高光范围，如图 7-2-55 所示。渲染后观察效果，如图 7-2-56 所示。所以反射即高光，高光即反射。

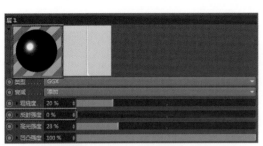

图 7-2-55 "反射强度"设置

图 7-2-56 "反射强度"为0%效果

（4）反射强度：调节反射的强度。

（5）高光强度：调节高光的亮度，在图 7-2-56 的基础上增加高光强度，渲染后的效果如图 7-2-57 所示。

（6）凹凸强度：指在反射和高光的范围内实现凹凸效果。单击三角符号后，出现两个模式可供选择，分别为"自定义凹凸贴图"和"自定义法线贴图"，如图 7-2-58 所示。实际上这两项分别就是材质球的凹凸通道和法线通道，后续会单独介绍。

图 7-2-57 渲染效果

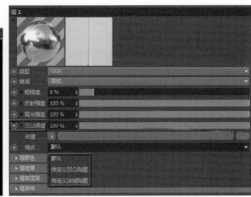

图 7-2-58 凹凸强度

此处以自定义凹凸贴图为例展示效果。

具体操作：在其通道导入本章反射通道素材文件夹中名为"划痕金属"的黑白的划痕图，如图 7-2-59 所示，导入后，渲染观察效果，如图 7-2-60 所示。

图 7-2-59　划痕图

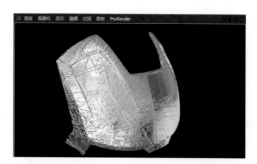
图 7-2-60　凹凸贴图效果

注意：在粗糙度、反射强度、高光强度、凹凸强度这 4 组属性中，有一个共同的参数——"纹理"，"纹理"是指用颜色影响当前的参数。纹理选项如图 7-2-61 所示。

图 7-2-60 中凹凸信息是覆盖整个模型的。在纹理模式中，选择"菲涅耳"类型的黑白图，通过黑白信息来影响凹凸存在的位置，渲染后观看效果可以看出模型中间部分没有凹凸，如图 7-2-62 所示。

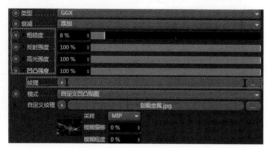
图 7-2-61　纹理选项

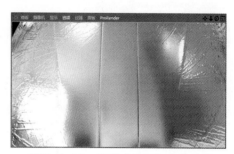
图 7-2-62　设置"纹理"参数效果

下面通过一个案例展示"菲涅耳"的效果。

具体操作：新建一个材质球，去选其他通道，只勾选发光通道。在该通道的"纹理"属性中选择"菲涅耳"。"菲涅耳"添加完成后，在材质球预览视图中可以看出材质球中间为黑色，四周为白色；同时，模型的中间部分也为黑色，四周为白色，如图 7-2-63 所示。在软件中，黑色表示透明，白色表示不透明。

（7）层颜色：是反射的颜色，也是高光的颜色，通常用来调节有色金属的颜色。层颜色选项如图 7-2-64 所示。

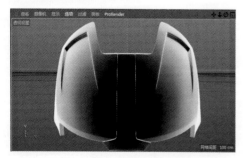
图 7-2-63　添加"菲涅耳"后模型效果

图 7-2-64　层颜色选项

例如，制作"黄金材质"，直接在"层颜色"属性中输入有色金属的 RGB 数值，如图 7-2-65 所示，渲染后观察效果，如图 7-2-66 所示。

需要注意的是，上面的操作是用反射通道来变换颜色，也可以使用材质球本身的颜色通道变换颜色，让反射通道只起到反射作用。

图 7-2-65 有色金属的 RGB 数值

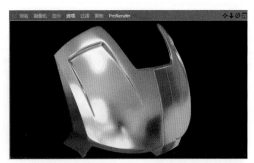

图 7-2-66 "黄金材质"效果

具体操作：先在颜色通道选择颜色，比如红色，然后在反射通道选择"层颜色"的"纹理"为"菲涅耳"。渲染后观察效果，如图 7-2-67 所示。

（8）层遮罩：与"层颜色"的参数非常相似，一般用于多层反射之间的混合。层遮罩参数选项如图 7-2-68 所示。

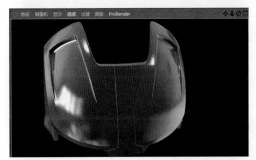

图 7-2-67 使用材质球本身的颜色通道变换颜色

图 7-2-68 层遮罩参数选项

下面通过简单案例来说明，具体操作如下。

① 新建一个材质球，删除"默认高光"属性，选择"添加"属性中的"GGX"，并修改层名字为"红色反射"。在"层颜色"属性中将颜色修改为红色，如图 7-2-69 所示。

② 再添加一个"GGX"，并将默认的层名修改为"绿色反射"，在"层颜色"属性中调节颜色为绿色。此时绿色反射层遮挡了红色反射层。设置"层遮罩"及其效果如图 7-2-70 所示。

图 7-2-69 编辑材质球颜色

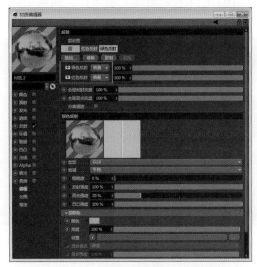

图 7-2-70 设置"层遮罩"及其效果

③ 在"绿色反射"层的"层遮罩"属性中选择"纹理"选项为"菲涅耳",如图 7-2-71 所示。

④ 渲染后观察效果,如图 7-2-72 所示,此时红、绿反射已同时存在。

图 7-2-71 选择"涅菲耳"

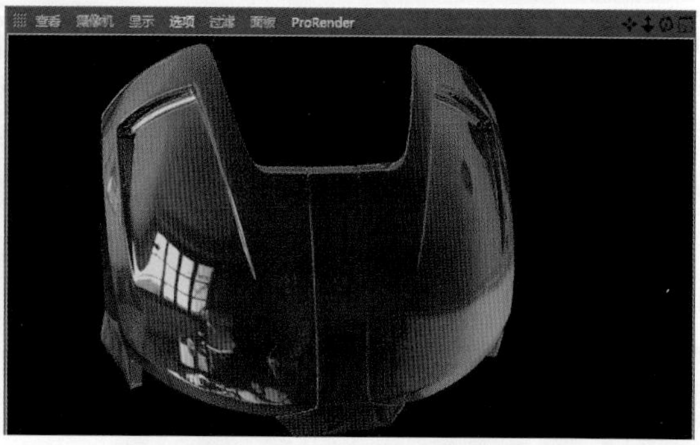

图 7-2-72 渲染效果

(9)层菲涅耳:分为绝缘体、导体。层涅菲耳选项如图 7-2-73 所示。

以导体为例,在"预置"中选择相应的菲涅耳反射率,比如选择"铜",如图 7-2-74 所示。

图 7-2-73 层涅菲耳选项

图 7-2-74 "铜"涅菲耳反射率

渲染后观察效果,如图 7-2-75 所示。通过操作可以发现,在软件中可以非常快速地实现所需效果。

(10)层采样:对于"层采样"的其他参数设置不一一赘述,但"距离减淡"是必须了解的属性组,如图 7-2-76 所示。

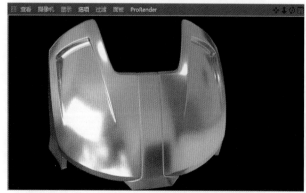

图 7-2-75 渲染效果

图 7-2-76 距离减淡

下面简单进行演示,具体操作如下。

① 新建一个地面、一个立方体,添加一盏灯光,如图 7-2-77 所示。

② 新建一个材质球，只勾选反射通道。在该通道的属性面板中删除默认的层，添加"GGX"，渲染后观察效果，如图 7-2-78 所示。

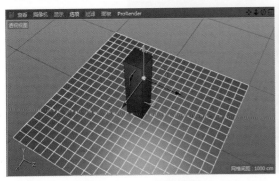

图 7-2-77　新建场景

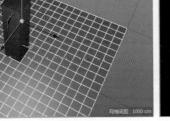

图 7-2-78　渲染效果

③ 在"层采样"属性中勾选"距离减淡"，通过调节"距离""衰减"属性来设置反射范围，渲染并观察效果，如图 7-2-79 所示。

图 7-2-79　调整"距离减淡"的渲染效果

7.2.6　环境通道

环境通道是以材质球本身承载的一个单独的环境，单独影响材质球所赋予的模型对象。该通道参数如图 7-2-80 所示。

下面使用"反射通道.c4d"素材文件进行演示。

打开"反射通道.c4d"素材文件，新建材质球，只勾选环境通道，在环境通道的"纹理"属性选项中导入本小节素材文件夹中名为"室内"的 HDR 图像，具体参数如图 7-2-81 所示。

图 7-2-80　环境通道参数

图 7-2-81　添加素材

按快捷键 Ctrl+R 进行渲染，效果如图 7-2-82 所示。

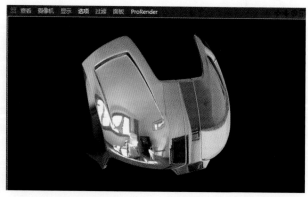

图 7-2-82　渲染效果

7.2.7　烟雾通道

烟雾通道与"环境"对象（环境）配合使用，可以产生烟雾的效果。下面通过操作来说明。

（1）此处需要使用本小节素材文件夹中的"烟雾通道.c4d"素材文件进行演示。打开素材，如图 7-2-83 所示。

（2）在场景中添加"环境"对象，用来承载烟雾材质。"环境"对象如图 7-2-84 所示。

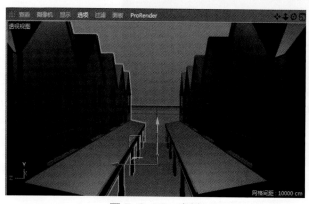

图 7-2-83　素材

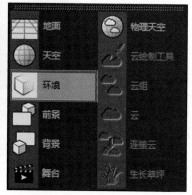

图 7-2-84　"环境"对象

（3）新建材质，只保留烟雾通道，如图 7-2-85 所示。

（4）渲染并观察效果，如图 7-2-86 所示，此时烟雾过于厚重。

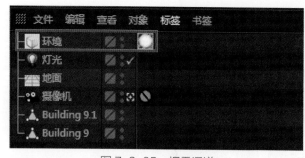

图 7-2-85　烟雾通道

图 7-2-86　渲染效果

（5）选择材质球，把烟雾通道中的"距离"参数调节为"5000"，渲染后观察效果，如图 7-2-87 所示。

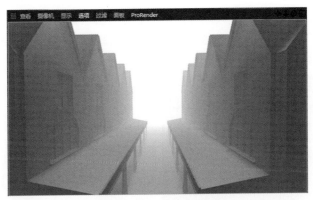

图 7-2-87　最终渲染效果

7.2.8　凹凸通道

凹凸通道指使用黑白贴图信息来调节材质凹凸的效果，具体参数如图 7-2-88 所示。
下面通过具体的操作来介绍该通道各参数的调节及其相应的效果。

（1）新建一个平面，赋予一个黄色的材质球，如图 7-2-89 所示。

图 7-2-88　凹凸通道参数

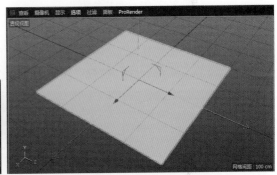

图 7-2-89　新建平面

（2）勾选凹凸通道，在其"纹理"属性中选择"噪波"类型，如图 7-2-90 所示。

图 7-2-90　设置参数

（3）单击缩略图，调出"噪波"类型的属性面板，在"着色器"属性面板中将"噪波"属性参数设置为"模度"，将"空间"参数设置为"UC（二维）"，如图 7-2-91 所示。

（4）渲染后观察效果，如图 7-2-92 所示，可以看出有凹凸的痕迹。

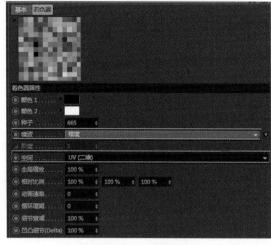

图 7-2-91　调节参数

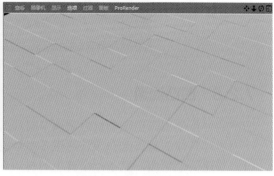

图 7-2-92　渲染效果

（5）回到通道的基本属性面板，调节"强度"参数，该参数分正、负，调节凹、凸强度。

（6）调节"视差补偿"参数，增加后可以改变凹凸的幅度，如图 7-2-93 所示。

（7）调节"视差采样"参数，增加后能减少凹凸细节中的锯齿毛边，如图 7-2-94 所示。

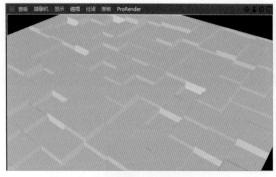

图 7-2-93　调节"视差补偿"效果

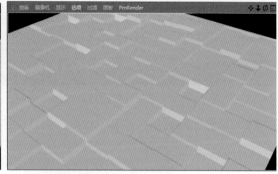

图 7-2-94　调节"视差采样"效果

7.2.9　法线通道

法线通道指通过特定的法线贴图实现将低面数模型改变为高面数模型和精模的结果。

此处对本小节素材文件夹中的"法线通道.c4d"素材文件进行调节，以说明该通道。

（1）打开素材文件，这是一枚金属硬币的工程文件，如图 7-2-95 所示。此时硬币的正面是平整的，还没有任何细节。

（2）回到大纲视图，双击当前的"多边形选集"标签，如图 7-2-96 所示。

（3）新建材质球并赋予当前的面，勾选法线通道，在该通道的"纹理"属性选项中导入本小节素材文件夹中名为"硬币法线"的贴图，如图 7-2-97 所示。

（4）单击渲染，通过一张法线贴图即可达到效果，如图 7-2-98 所示。

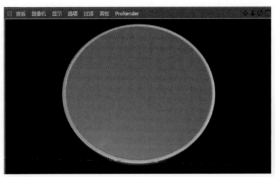

图 7-2-95 素材文件

图 7-2-96 "多边形选集"标签

图 7-2-97 导入贴图

图 7-2-98 渲染效果

（5）在颜色通道的"纹理"属性选项中导入本小节素材文件夹中名为"硬币颜色"的贴图，如图 7-2-99 所示。

（6）单击渲染并观察效果，如图 7-2-100 所示。

图 7-2-99 导入"硬币颜色"贴图

图 7-2-100 最终渲染效果

7.2.10 Alpha 通道

Alpha 通道通过贴图的黑白信息来确定透明和不透明的区域，默认状态下，黑色表示透明，白色表示不透明。

下面通过操作来说明。

（1）新建一个地面和一个平面对象，调整后者的大小，在两者的上方添加一盏灯光，开启投影，如图 7-2-101 所示。

（2）新建材质球并赋予平面模型。在颜色通道的"纹理"属性选项中导入本小节素材文件夹中名为"花瓣颜色"的贴图素材，如图 7-2-102 所示。此时花瓣的周围区域是白色的。

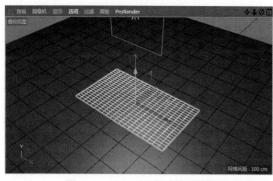

图 7-2-101　新建对象并调整

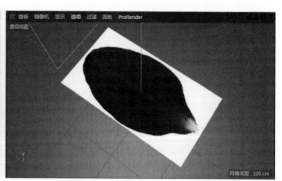

图 7-2-102　导入素材

（3）要将图中的白色区域隐藏，需要利用 Alpha 通道，进行颜色拾取。打开本小节素材文件夹中名为"花瓣通道"的图片，显示花瓣的形状区域是白色的，以外是黑色的，如图 7-2-103 所示，这与"默认状态下黑色透明，白色不透明"的设定相符合。

（4）勾选 Alpha 通道，在"纹理"属性选项中导入"花瓣通道"图片。单击渲染并观察效果，如图 7-2-104 所示。

图 7-2-103　"花瓣通道"图片

图 7-2-104　渲染效果

7.2.11　辉光通道

辉光通道可使物体表面发光，具体参数选项如图 7-2-105 所示。

下面通过操作来说明。

（1）打开本小节素材文件夹中的"辉光通道.c4d"素材文件，如图 7-2-106 所示。

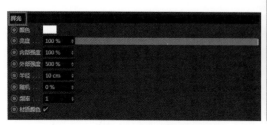

图 7-2-105　辉光通道参数选项

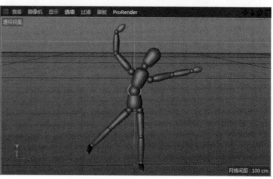

图 7-2-106　素材文件

（2）新建材质球并赋予人偶模型。勾选发光通道，在该通道的"纹理"属性中添加"菲涅耳"，进入"菲涅耳"属性面板调节"渐变"选项，使颜色出现渐变效果。接着勾选辉光通道，具体设置如图 7-2-107 所示。

（3）渲染效果如图 7-2-108 所示。

图 7-2-107　设置参数选项　　　　　　　　图 7-2-108　渲染效果

（4）调节"颜色"属性。"颜色"属性用来调节辉光的颜色。在该通道的"材质颜色"属性选项处于勾选的状态下，辉光颜色来自其他通道；去选后，辉光颜色受自身通道控制且默认为白色。具体设置如图 7-2-109 所示。

（5）单击渲染观察效果，如图 7-2-110 所示。

图 7-2-109　调节"颜色"属性　　　　　　　图 7-2-110　最终渲染效果

通过以上操作，可认识到辉光通道的一般使用方法。该通道的其他参数介绍如下。

（1）亮度："材质颜色"参数去选的状态下，调节辉光强度。

（2）内部/外部强度：辉光是由内部、外部组成的，内部、外部强度都可以调节。

（3）半径：辉光的范围。

（4）随机/频率：需要渲染序列时会发现辉光有范围随机的变化。

7.2.12　置换通道

置换通道与凹凸/法线通道比较相似，但其实现效果更加真实，具体参数选项如图 7-2-111 所示。

下面通过一系列操作来介绍置换通道。

（1）打开本小节素材文件夹中的"置换通道.c4d"素材文件，如图7-2-112所示。

图7-2-111　置换通道参数选项

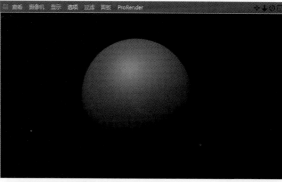

图7-2-112　素材文件

（2）新建材质球并赋予当前球体，勾选置换通道，在其"纹理"属性中选择"噪波"类型，如图7-2-113所示。

（3）进入"噪波"属性面板的着色器属性，将"噪波"参数选项设置为"斯达"，"全局缩放"设置为"150%"，如图7-2-114所示。

图7-2-113　设置参数

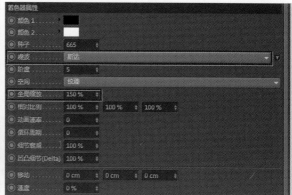

图7-2-114　调节参数

（4）单击渲染并观察效果，如图7-2-115所示，球的表面已经有了凹凸的变化，但是不明显也不精致。

图7-2-115　渲染效果

（5）在该通道的属性面板中勾选"次多边形置换"选项，如图7-2-116所示。

（6）单击渲染后的效果如图7-2-117所示，可以发现勾选"次多边形置换"后，可以让纹理结果的精度得到非常明显的提升。需要注意的是，"强度"和"高度"参数影响渲染后的形变大小。

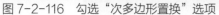

图 7-2-116　勾选"次多边形置换"选项　　　图 7-2-117　最终渲染效果

7.3　渲染

　　C4D 渲染系统功能强大，体现在以下几方面：拥有支持多物体 Alpha 通道的功能，能快速将二维或三维物体分层渲染输出；能够在 16 位和 32 位色彩深度上进行渲染，能够导出 DPX、HDRI、OpenEXR 格式的高动态范围的图像；可以输出能在 Adobe Photoshop、Adobe After Effects、Final Cut Pro、Nuke、Shake、Fusion 及 Motion 软件中进行合成的带有多通道图层信息的文件。

　　C4D 中的物理渲染引擎使用真实的相机设置，如焦距、快门速度、光圈等，同时诸如镜头畸变、暗角及色差等一些真实的摄像机选项也可选择添加，以渲染出照片级精度的图片；并可以为三维场景添加三维景深、运动模糊、区域阴影及环境光吸收等效果。物理渲染器只需使用一次采样工程中的场景，便可将这些数据在所有的效果之间共享，以减少渲染时间，且能保证输出结果的高精度。

　　本节主要介绍渲染的三种模式，其他内容不再赘述，详见后面 7.4.3 节渲染设置及输出。

　　为了便捷地观看真实的渲染结果，C4D 提供了三种渲染模式（），即渲染活动视图、渲染到图片查看器和实时渲染。

　　渲染模式一：渲染活动视图（），快捷键为 Ctrl+R，也叫全屏幕渲染，也就是渲染当前活动的透视视图所见的内容。图 7-3-1 中标出的红色线框里的部分都是渲染范围。

　　渲染模式二：渲染到图片查看器（），快捷键为 Shift+R。这种渲染方式一般用作最后的输出或是希望观看以前渲染的图片，还可以查看通道信息，进行颜色校正等。在快捷工具栏单击图标或按快捷键 Shift+R，弹出"图片查看器"对话框，如图 7-3-2 所示。

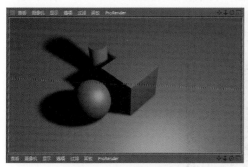

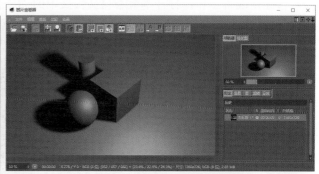

图 7-3-1　渲染活动视图　　　　　　图 7-3-2　"图片查看器"对话框

　　渲染方式三：实时渲染（），快捷键为 Alt+R，可以有明确的渲染范围（使用者可以自主选择所需的渲染范围），不需要渲染全屏，这样比较节省时间。按下快捷键，启动实时渲染模式，弹出一个带有 8 个圆点和 1 个三角形的白色边框，如图 7-3-3 所示。此处可通过调节边框上的圆点来设置渲染范围，边框右侧还有一个小三角形，这个三角形可以调节上下，位置越上质量越高，位置越下质量越低。特别要注意，再次按下快捷键 Alt+R，可关闭实时渲染模式。

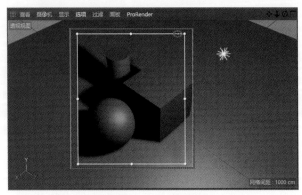

图 7-3-3　实时渲染

7.4　综合案例：静夜书桌

这里将利用前面所学灯光、材质、渲染等基础知识完成一个综合案例，同时在案例中也将介绍一些投射、渲染设置、渲染输出等常用的实用性技巧。这是一个完整的材质灯光案例流程，最终效果如图 7-4-1 所示。案例主要由场景布光、材质调节、渲染设置及输出三大块来完成。

图 7-4-1　最终效果图

首先是准备工作，打开本节素材文件夹中的"灯光、材质、渲染综合案例.c4d"素材文件，如图 7-4-2 所示。场景中主要分为两个视图，左边为渲染视图，用来观看结果，右边为调节视图，主要用来布置灯光，赋予材质，渲染细节。

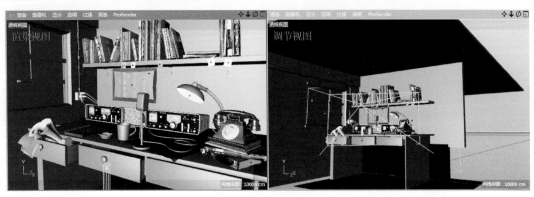

图 7-4-2　素材文件

7.4.1　场景布光

第一步，为场景布置灯光。灯光的布置主要分为三个方向，分别是由窗外照射到窗内的冷色光、台灯的体积可见光、室内右上角的主光。

具体操作如下。

1. 由窗外照射到窗内的冷色光

（1）新建一盏远光灯，如图 7-4-3 所示，用来模拟夜景天空照射的光源。

（2）调整灯光照射的角度，如图 7-4-4 所示。

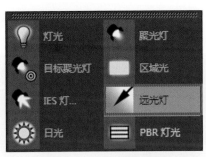

图 7-4-3　新建远光灯

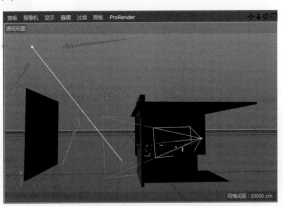

图 7-4-4　调整灯光照射角度

（3）设置灯光的颜色和投影，灯光为冷色是为了模拟夜色月光的，开启投影，窗户的结构投影能投射在桌面上，让桌面细节更加丰富。在此需要选择灯光对象的"常规"属性面板，对"颜色""投影"进行调节，如图 7-4-5 所示。

（4）单击渲染后的效果如图 7-4-6 所示。

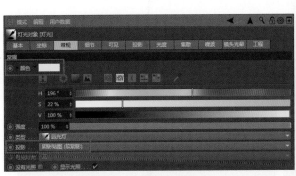

图 7-4-5　设置参数选项

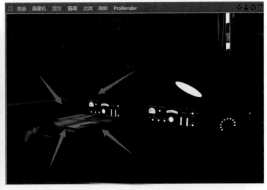

图 7-4-6　渲染效果

2. 台灯的体积可见光

室外的冷色灯调节好以后，开始制作台灯的体积可见光。

（1）新建一盏聚光灯，如图 7-4-7 所示。

（2）调整聚光灯的位置，使其与台灯的光照方向一致，如图 7-4-8 所示。

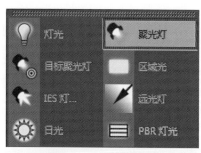

图 7-4-7　新建聚光灯

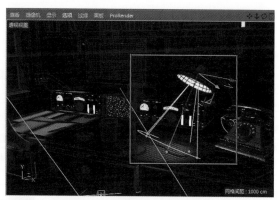

图 7-4-8　调整聚光灯位置

（3）单击渲染后观察效果，如图 7-4-9 所示。

（4）复制当前聚光灯，在其"常规"属性面板中，将"可见灯光"设置为"可见"，参数设置如图 7-4-10 所示。

图 7-4-9　渲染效果

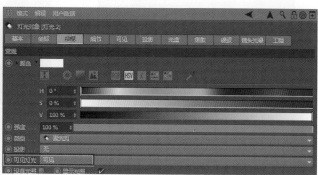

图 7-4-10　设置参数

（5）调节灯光的光照范围和可见范围，使其大于第一盏聚光灯的范围，如图 7-4-11 所示。

（6）单击渲染后观看效果，如图 7-4-12 所示。

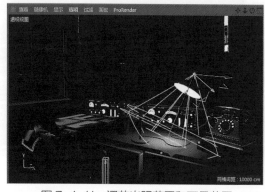

图 7-4-11　调节光照范围和可见范围

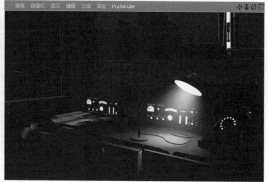

图 7-4-12　渲染效果

（7）复制当前可见的聚光灯，把范围调节小，作为可见范围中最亮的部分，使细节更为丰富，效果如图 7-4-13 所示。

3．室内右上角的主光

制作室内右上角的主光，这盏灯光也是用来照亮场景的主要灯光。

（1）新建一盏"灯光"（点光），如图 7-4-14 所示。

图 7-4-13 添加细节

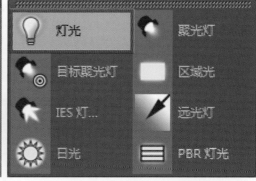

图 7-4-14 添加主光

（2）把灯光移动至靠近墙面的右上角，如图 7-4-15 所示。

（3）单击渲染并观察效果，如图 7-4-16 所示。此时光照范围过大，导致前面的布光效果不明显。

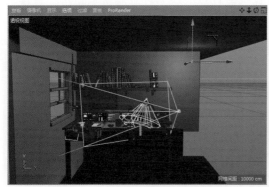

图 7-4-15 调整灯光位置

图 7-4-16 渲染效果

（4）划定光照范围，在灯光的"细节"属性面板中，将"衰减"设置为"平方倒数（物理阴影）"，如图 7-4-17 所示。

（5）观察效果，如图 7-4-18 所示。

图 7-4-17 调整参数选项

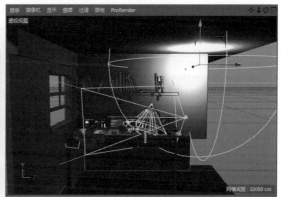

图 7-4-18 开启效果

（6）再回到灯光的"常规"属性面板中，将"投影"选择为"阴影贴图（软阴影）"，如图 7-4-19 所示。

（7）在调节过程中，如果灯光出现爆亮的情况，可以降低灯光强度。渲染后观察效果，如图 7-4-20 所示。

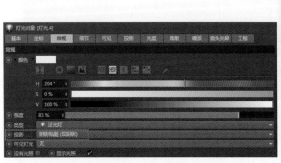

图 7-4-19　设置"阴影贴图（软阴影）"

图 7-4-20　渲染效果

（8）体现室外的冷色、室内的暖色效果。选择当前灯光，修改灯光颜色为暖色，具体设置如图 7-4-21 所示。

（9）单击渲染后的效果如图 7-4-22 所示，可以看出，左边方向墙角的位置偏暗。

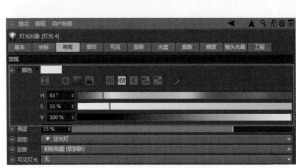

图 7-4-21　设置灯光颜色

图 7-4-22　渲染效果

（10）新建一盏区域光，如图 7-4-23 所示。

（11）把区域光放至偏暗的正前方，如图 7-4-24 所示。

图 7-4-23　新建区域光

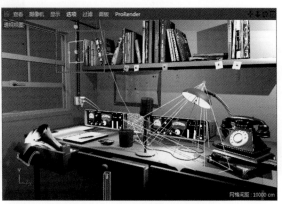

图 7-4-24　调整区域光位置

（12）若灯光强度过高，可调节灯光"常规"属性面板中的"强度"，具体设置如图 7-4-25 所示。

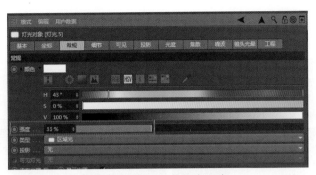

图 7-4-25　调节灯光强度

（13）在"细节"属性面板中，调节"衰减"为"平方倒数（物理精度）"，如图 7-4-26 所示。

（14）单击渲染并观察效果，如图 7-4-27 所示，此时完成了场景布光。

图 7-4-26　调节参数选项

图 7-4-27　渲染效果

7.4.2　材质调节

布光完成以后，开始调节材质部分。材质部分主要由外部贴图素材、材质通道纹理组成，下面对室外夜空、室内墙壁、室内桌子三个部分进行介绍。三个部分的不同对象，如图 7-4-28 所示。

1. 室外夜空

（1）在调节视图中进行移动、旋转等操作，以显示出图 7-4-29 所示的平面模型和圆盘模型。这两个模型用来承载夜空和月亮。

图 7-4-28　需添加材质的对象

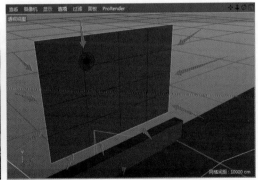

图 7-4-29　调节模型

（2）新建材质球并赋予平面，将本小节素材文件夹中名为"夜空"的图片素材，导入颜色通道的"纹理"属性选项，如图 7-4-30 所示。

（3）单击渲染并观察效果，如图 7-4-31 所示。此时夜空是黑色的，原因是当前的角度没有光照射到平面上。

图 7-4-30 导入素材

图 7-4-31 渲染效果

（4）利用发光通道提亮材质。把"夜空贴图"素材导入发光通道的"纹理"参数选项，如图 7-4-32 所示。

（5）单击渲染并观察效果，如图 7-4-33 所示。

图 7-4-32 导入"夜空贴图"素材

图 7-4-33 渲染效果

（6）如亮度过高，可通过漫射通道调节。勾选"漫射"通道，把通道属性中的"影响发光"选项选中，然后降低"亮度"参数值，具体设置如图 7-4-34 所示。

（7）单击渲染并观察效果，如图 7-4-35 所示。

图 7-4-34 设置参数

图 7-4-35 渲染效果

（8）新建材质球并赋予圆盘模型，勾选"发光"通道，将本小节素材文件夹中名为"月亮"

的贴图素材导入通道的"纹理"属性选项，如图 7-4-36 所示。

（9）单击渲染并观察效果，如图 7-4-37 所示。

图 7-4-36　导入素材

图 7-4-37　渲染效果

（10）使月亮的周围有一圈光晕效果。开启"辉光"通道，如图 7-4-38 所示。

（11）单击渲染并观察效果，如图 7-4-39 所示。

图 7-4-38　开启"辉光"通道

图 7-4-39　渲染效果

（12）前期为了布光，关闭了窗户的玻璃模型。此时需要打开大纲视图，找到玻璃模型并开启，如图 7-4-40 所示。

（13）观察效果，如图 7-4-41 所示。

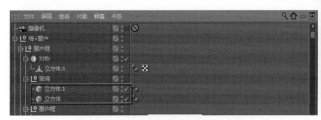

图 7-4-40　开启窗户的玻璃模型

图 7-4-41　开启效果

（14）为玻璃创建一个玻璃材质。新建材质球并赋予玻璃模型，勾选"透明"通道，设置"折射率"为"1.6"，具体参数设置如图 7-4-42 所示。

（15）单击渲染并观察效果，如图 7-4-43 所示。

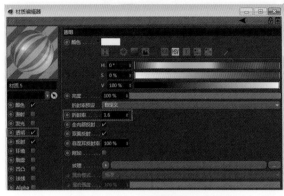

图 7-4-42　设置玻璃材质参数　　　　　　图 7-4-43　渲染效果

（16）新建材质球并赋予整个窗户的所有模型，勾选"反射"通道，增加高光强度，缩小宽度，具体参数设置如图 7-4-44 所示。

（17）单击渲染并观察效果，如图 7-4-45 所示。

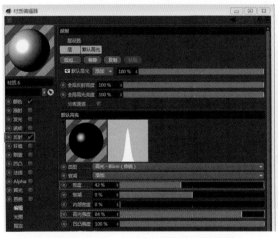

图 7-4-44　新建材质球并设置参数　　　　　　图 7-4-45　渲染效果

2. 室内墙壁

（1）制作墙壁的贴图。新建材质球，在颜色通道导入名为"墙面 1"的贴图素材，具体设置如图 7-4-46 所示。

（2）单击渲染并观察效果，如图 7-4-47 所示。可以看出，凹凸感不强。

（3）使用法线通道增强凹凸感。开启法线通道，在"纹理"属性中选择"效果"选项下的"法线生成"，如图 7-4-48 所示。

（4）选择"采样"选项左边的方框区域，进入"法线生成"的"着色器"属性面板，将本小节素材文件夹中名为"墙面 1 法线"的贴图素材导入当前"纹理"属性中，如图 7-4-49 所示。法线生成器可以把黑白图像转换成法线图像。

图 7-4-46　导入贴图素材

图 7-4-47　渲染效果

图 7-4-48　"法线通道"参数选项设置

图 7-4-49　导入素材并设置参数

（5）单击渲染并观察效果，如图 7-4-50 所示。

（6）新建材质球，将本小节素材文件夹中名为"墙面 2"的贴图素材导入"颜色"通道的"纹理"属性中，赋予左边的墙面，具体参数设置如图 7-4-51 所示。

图 7-4-50　渲染效果

图 7-4-51　导入素材并设置参数

（7）添加完成后，效果如图 7-4-52 所示。墙面红色纹理的位置没有处于同一水平线上，是错开的，显得非常不真实。

（8）在大纲视图中，找到左边墙面的模型，选择其后边的材质球，如图 7-4-53 所示。

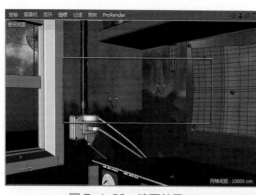

图 7-4-52　墙面效果

图 7-4-53　选择材质球

（9）调出当前材质球的"纹理"属性，在"标签"属性面板中，调节"偏移"参数可以移动贴图位置，参数设置如图 7-4-54 所示。

（10）移动后观察效果，如图 7-4-55 所示。

图 7-4-54　设置"标签"参数

图 7-4-55　移动贴图位置

（11）单击渲染并观察效果，如图 7-4-56 所示。

（12）在案例效果图中，墙壁上有一幅地图，如图 7-4-57 所示。

图 7-4-56　渲染效果

图 7-4-57　案例效果图

（13）新建材质球并赋予墙壁地图模型。只保留颜色通道，选择颜色通道的"纹理"属性，将本小节素材文件夹中名为"地图"的贴图素材导入，如图 7-4-58 所示。

（14）单击渲染并观察效果，如图 7-4-59 所示。

图 7-4-58 导入素材

图 7-4-59 渲染效果

3．室内桌子

接下来介绍为"室内桌子"添加材质的操作。从案例最终效果图中可以看出，桌子上的模型较多，所以添加材质时较为烦琐。这里将一一介绍反射环境、桌面等各对象的材质添加及调节方式。

1）反射环境

（1）由于室内桌子有很多的模型对象，此处需要添加反射环境。创建一个反射天空，在场景中添加"天空"，如图 7-4-60 所示。

（2）新建一个材质球，只保留"发光"通道。在"发光"通道的"纹理"属性中，导入本小节素材文件夹中的"天空"图片，如图 7-4-61 所示。

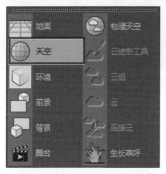
图 7-4-60 添加"天空"

图 7-4-61 导入图片

（3）将材质球赋予"天空"，如图 7-4-62 所示。

（4）按快捷键 Ctrl+B，调出渲染设置，在"效果"中选择"全局光照"，如图 7-4-63 所示。

图 7-4-62 将材质球赋予"天空"

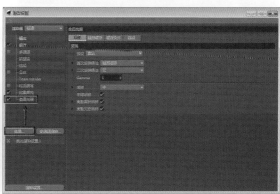
图 7-4-63 选择"全局光照"

（5）单击渲染并观察效果，如图 7-4-64 所示。"全局光照"是三维软件中的特有名词，光具有反射和折射的性质，主要通过发光体的颜色、亮度信息进行照明。

图 7-4-64　渲染效果

（6）观察图 7-4-64 可以发现，此时画面亮度过高。在渲染设置中选择"全局光照"，在"常规"属性面板中，降低"Gamma"值为"0.7"，具体参数设置如图 7-4-65 所示。

（7）单击渲染并观察效果，如图 7-4-66 所示。

图 7-4-65　调整参数

图 7-4-66　渲染效果

2）桌面

（1）制作桌面的木材纹理。新建材质球，在颜色通道的"纹理"属性中，选择"表面"类型中的"木材"，如图 7-4-67 所示。

（2）将材质球赋予桌面，渲染并观察效果，如图 7-4-68 所示，此时纹理的方向是纵向的。

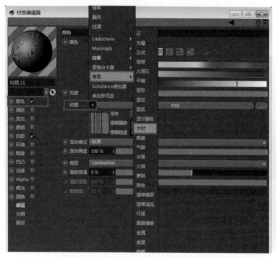

图 7-4-67　选择"木材"纹理

图 7-4-68　渲染效果

（3）在对象大纲中选择桌面后边的材质球图标，进入"材质纹理"属性，在"坐标"属性面板中，将 X 轴的"旋转.H"值设置为"90°"，如图 7-4-69 所示。

图 7-4-69　参数设置

（4）单击渲染并观察效果，如图 7-4-70 所示。此时纹理过于密集，颜色稍亮。

（5）进入木材的"纹理"属性，在"着色器"属性面板修改颜色，增加比例，让纹理宽度增大。具体参数设置如图 7-4-71 所示。

图 7-4-70　渲染效果

图 7-4-71　调整木材的"纹理"属性

（6）单击渲染并观察效果，如图 7-4-72 所示。

（7）为桌面纹理添加一层"反射"。勾选"发射"通道，删除默认高光，在"添加"属性中选择"GGX"，如图 7-4-73 所示。

图 7-4-72　渲染效果

图 7-4-73　添加"反射"

（8）在"GGX"属性面板中，调节"粗糙度"为"12%"，"亮度"为"6%"，具体参数设置如图 7-4-74 所示。

（9）单击渲染并观察效果，如图 7-4-75 所示。

图 7-4-74　参数设置

图 7-4-75　渲染效果

（10）同理，将木材纹理赋予抽屉，如图 7-4-76 所示。

3）抽屉把手

（1）制作抽屉把手的材质。新建材质球，勾选"颜色"通道，将"颜色"改为灰色，如图 7-4-77 所示。

图 7-4-76　将木材纹理赋予抽屉

图 7-4-77　设置颜色

（2）进入"反射"通道，调节"默认高光"属性面板的"宽度""高光强度"，具体参数设置如图 7-4-78 所示。

（3）将材质球赋予抽屉把手。单击渲染并观察效果，如图 7-4-79 所示。

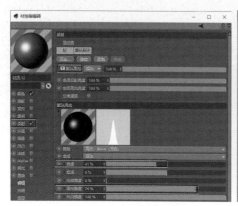

图 7-4-78　参数设置

图 7-4-79　渲染效果

4）香烟

（1）制作香烟的材质。新建材质球，将"颜色"改为黄色，如图 7-4-80 所示。

（2）在"颜色"通道的"纹理"属性中选择"噪波"类型，如图 7-4-81 所示。

图 7-4-80　设置"香烟"材质球色彩　　　　图 7-4-81　选择"噪波"类型

（3）进入"噪波"属性，设置"噪波"参数，如图 7-4-82 所示。

（4）回到"颜色"通道，将"混合模式"设置为"正片叠底"，如图 7-4-83 所示。

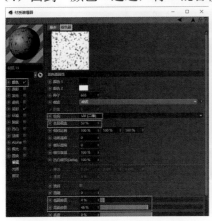

图 7-4-82　设置"噪波"参数　　　　　　　图 7-4-83　选择"正片叠底"

（5）调节完成后，将材质球赋予当前模型，效果如图 7-4-84 所示。

（6）新建材质球，在"颜色"通道选择"纹理"属性，添加"噪波"类型，并对其参数进行调节，如图 7-4-85 所示。

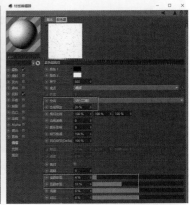

图 7-4-84　香烟效果　　　　　　　　　　　图 7-4-85　调节参数

（7）将材质球赋予当前模型。单击渲染并观察效果，如图 7-4-86 所示。

（8）新建材质球，去选其他通道，勾选"发光"通道，在"纹理"属性中选择"表面"类型中的"燃烧"，如图 7-4-87 所示。

图 7-4-86　渲染效果　　　　　　　　　图 7-4-87　参数设置

（9）添加"燃烧"，如图 7-4-88 所示。

（10）将材质球赋予当前模型。单击渲染并观察效果，如图 7-4-89 所示。

图 7-4-88　添加"燃烧"　　　　　　　　图 7-4-89　渲染效果

5）烟灰缸

（1）制作烟灰缸材质。新建材质球，在反射通道添加"GGX"类型，参数设置如图 7-4-90 所示。

（2）将材质球赋予当前模型，效果如图 7-4-91 所示。

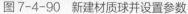

图 7-4-90　新建材质球并设置参数　　　　图 7-4-91　烟灰缸效果

6）杯子

（1）制作杯子材质。新建材质球，在颜色通道的"纹理"属性中，添加"渐变"类型，参数设置如图 7-4-92 所示。

（2）设置"渐变"属性，如图 7-4-93 所示。

图 7-4-92 新建材质球并设置参数　　图 7-4-93 设置"渐变"属性

（3）调节"渐变"颜色，如图 7-4-94 所示。

（4）选择"反射"通道，添加"GGX"类型，将"层颜色"中的"纹理"设置为"菲涅耳"，如图 7-4-95 所示。

图 7-4-94 调节"渐变"颜色　　图 7-4-95 参数设置

（5）单击渲染并观察效果，如图 7-4-96 所示。

7）桌面报纸

（1）创建桌面报纸材质。报纸材质所属区域，如图 7-4-97 所示。

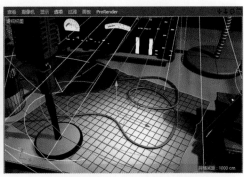

图 7-4-96 渲染效果　　图 7-4-97 报纸材质所属区域

（2）新建材质球，勾选"颜色"通道，导入贴图素材。选择"纹理"，并将本小节素材文件夹中名为"报纸"的贴图素材导入，如图 7-4-98 所示。

（3）将材质球赋予当前报纸模型，如图 7-4-99 所示，此时亮度过高。

图 7-4-98　导入贴图素材　　　　　　　　　图 7-4-99　报纸效果

（4）去选"反射"通道，勾选"漫射"通道，并将其"亮度"参数数值调低，如图 7-4-100 所示。

（5）单击渲染并观察效果，如图 7-4-101 所示。

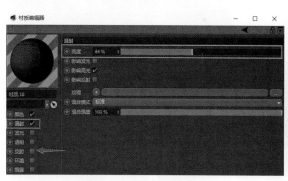

图 7-4-100　调整参数　　　　　　　　　　图 7-4-101　渲染效果

8）麦克风

（1）麦克风材质制作。新建材质球，调节颜色，如图 7-4-102 所示，并将材质球赋予麦克风的连接线。

（2）单击渲染并观察效果，如图 7-4-103 所示。

图 7-4-102　新建材质球并设置参数　　　　　图 7-4-103　渲染效果

（3）为麦克风底盘创建材质。在颜色通道的"纹理"属性中添加"噪波"类型，并对其参数进行调节，具体设置如图 7-4-104 所示。

（4）勾选"反射"通道，在"层颜色"属性中选择"纹理"为"菲涅耳"，如图 7-4-105 所示。

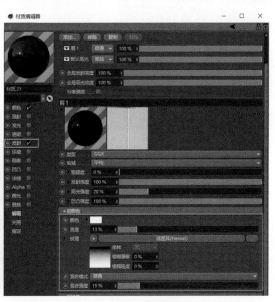

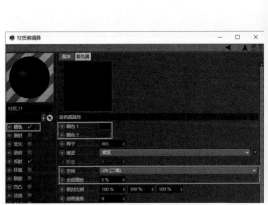

图 7-4-104　参数设置　　　　　图 7-4-105　调整参数

（5）将材质球赋予当前模型。单击渲染并观察效果，如图 7-4-106 所示。

（6）制作麦克风的金属颜色。新建材质球，勾选"反射"通道，添加"GGX"类型，增加粗糙度，具体设置如图 7-4-107 所示。

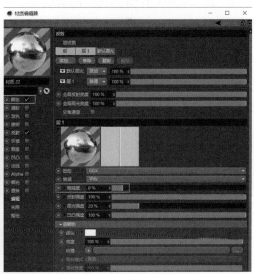

图 7-4-106　渲染效果　　　　　图 7-4-107　增加粗糙度

（7）把材质球赋予当前模型。单击渲染并观察效果，如图 7-4-108 所示。

9）台灯

创建台灯材质，可按上述设置方法进行制作。调整后单击渲染并观察整体效果，如图 7-4-109 所示。

至此，本案例的材质全部添加完成。

图 7-4-108　渲染效果　　　　　　　　　图 7-4-109　整体效果

7.4.3　渲染设置及输出

通过灯光的添加和材质的调节已经体现出了浓厚气氛，且有精美的画面效果，而最终案例的输出成品质量取决于渲染输出。接下来进行渲染设置和最后的输出，以确保高质量的画面品质。案例效果如图 7-4-110 所示。为实现案例成品图中的整体效果，需要设置"渲染选项"。在前面的操作中，已在"渲染选项"面板中选择添加了"效果"中的辉光、全局光照。这里将进行"环境吸收"的添加、"景深"的设置、"输出"属性组的设置三个部分的操作，以保证渲染质量。

1. 添加环境吸收

环境吸收也叫"接触阴影"，指的是在模型接触的位置产生阴影，添加完成后，可以非常有效地增加模型的体积感。

（1）按快捷键 Ctrl+B 调出"渲染设置"，在"效果"中选择"环境吸收"，如图 7-4-111 所示。

图 7-4-110　案例效果　　　　　　　　　图 7-4-111　设置"渲染环境"

（2）单击渲染并观察效果，如图 7-4-112 所示。

2. 设置景深

在聚焦完成后，焦点前、后范围内呈现出清晰的图像，这一前一后的距离范围，就叫景深。在镜头前方（焦点的前、后）有一段一定长度的空间，当被摄物体位于这段空间内时，其在底片上的成像恰好位于焦点前、后这两个弥散圆之间。换言之，在这段空间内的被摄体，其呈现在底片上的影像模糊度，都在容许弥散圆的限定范围内，这段空间的长度就是景深。

（1）开启景深。在摄像机对象的"细节"属性面板中，勾选相应的"景深映射-前景/背景模糊"。本案例中，后面变得模糊，所以需要开启"背景模糊"，具体设置如图 7-4-113 所示。

图 7-4-112　渲染效果

图 7-4-113　开启景深

（2）开启后，还需要划定模糊范围，如图 7-4-114 所示。

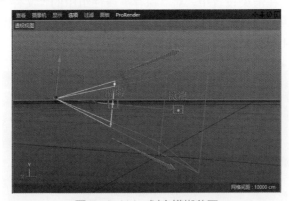

图 7-4-114　划定模糊范围

（3）回到渲染设置，在"效果"中添加"景深"，如图 7-4-115 所示。

（4）单击渲染并观察效果，如图 7-4-116 所示。

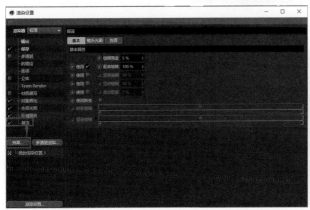

图 7-4-115　添加"景深"

图 7-4-116　渲染效果

3．设置"输出"属性组

（1）"输出"属性组的具体设置如图 7-4-117 所示。"输出"属性组可以设置影响输出图像质量的关键信息，如图像的分辨率、渲染帧数范围等。

图 7-4-117　设置"输出"属性组

（2）保存渲染结果。在渲染设置中，对"保存"属性组中的"文件""格式"进行设置，"文件"设置图像保存的位置，"格式"可以选择图像的类型，一般比较常用的是 PNG、TGA、JPG、TIFF，具体参数如图 7-4-118 所示。

图 7-4-118　保存渲染结果

（3）按快捷键 Shift+R 进行输出渲染，如图 7-4-119 所示。

图 7-4-119　输出渲染

练　习

1．模仿文中的"光影之魅"案例，自行创建场景并设置灯光效果。

2．通过网络搜索一张 C4D 成品案例图，灵活运用"静夜书桌"案例中的知识点制作成品图。

第8章

动力学

在 C4D 中，动力学系统主要用来模拟真实的物体碰撞，形成逼真的动态效果。本章主要从基本粒子系统、刚体、柔体、布料、辅助器、毛发等方面进行介绍，通过实用性的案例介绍基本粒子系统、刚体、柔体、布料等在实际应用中的技巧及注意事项。

8.1 基本粒子系统

C4D 基本粒子系统能够通过简单直接的方式制作出逼真的效果，诸如火焰、烟雾效果等。粒子及其形状可以通过各种参数和控制来修改，以产生旋转、偏转和减速等效果。球体、群组对象、光源等对象都可以作为发射粒子。粒子可以投射光和阴影。发射器中的所有对象都可实现活灵活现的效果，如飞翔的鸟和游动的鱼。

C4D 中基础粒子系统命令分布于"模拟"菜单下的"粒子"属性组。C4D 中的基本粒子系统由三部分构成：粒子发射器、场和烘焙粒子。场影响粒子运动，其有引力、反弹、破坏、摩擦、重力、旋转、湍流、风力 8 种。基本粒子系统如图 8-1-1 所示。

先通过一个简单的操作来初步认识粒子系统。新建一个粒子发射器，单击动画播放按键观看效果，如图 8-1-2 所示。白色线框为粒子发射器的范围，白色短线代表粒子存在的数量、位置等相应的变化。此时看到的效果是软件预置的默认效果，可以通过调节发射器、场等各种参数来实现更为丰富的粒子运动效果。

图 8-1-1　基本粒子系统

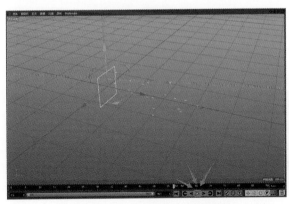

图 8-1-2　粒子的默认发射效果

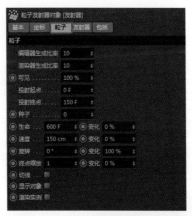

图 8-1-3 "粒子"选项卡属性面板

8.1.1 发射器

发射器用来发射粒子，是粒子系统的关键所在。这里重点介绍发射器的"粒子""发射器""包括"等属性，通过这些参数的调节，可以丰富粒子的形态，修改发射范围等。

1. 粒子

"粒子"属性是发射器的主要属性。"粒子"选项卡属性面板中显示了各选项参数，如图 8-1-3 所示。

在实际操作中经常会把其他对象设置为发射器中发射出的粒子（即"粒子代替"）。具体操作如下。

（1）新建立方体模型，调整大小，如图 8-1-4 所示。

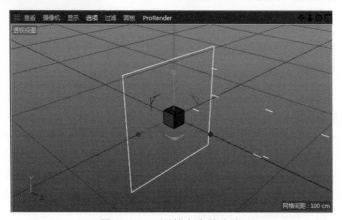

图 8-1-4 调整立方体大小

（2）把立方体设置为发射器的子集。在对象窗口的列表中把立方体拖至发射器下方，如图 8-1-5 所示。

（3）勾选"粒子"属性面板中的"显示对象"参数，如图 8-1-6 所示。

图 8-1-5 将立方体设置为发射器的子集

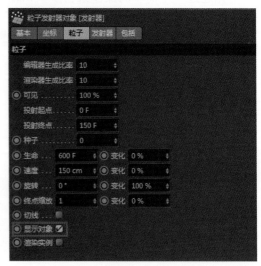

图 8-1-6 勾选"显示对象"

（4）播放并观看结果，如图 8-1-7 所示。

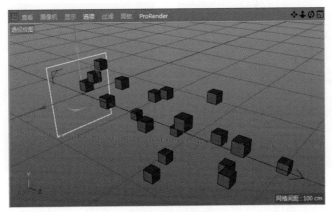

图 8-1-7　播放结果

通过以上操作不难发现软件的高效和便捷。

下面对"粒子"属性面板中的"编辑器生成比率""可见"等各选项参数进行介绍。

（1）编辑器生成比率：调节粒子的数量但不针对输出渲染。设置"编辑器生成比率"为"100"，分别从透视图和图片查看器观看，效果如图 8-1-8 所示。

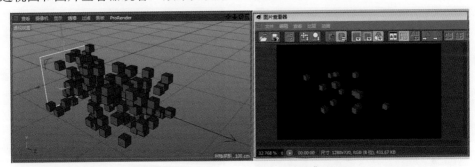

图 8-1-8　设置"编辑器生成比率"效果

（2）渲染器生成比率：调节粒子的数量，此项针对的是输出渲染。设置"渲染器生成比率"为"100"，分别从透视图和图片查看器观看，效果如图 8-1-9 所示。

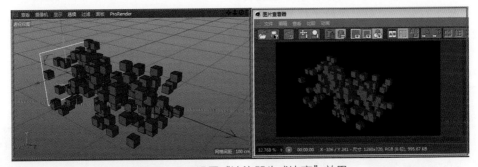

图 8-1-9　设置"渲染器生成比率"效果

（3）可见：粒子可见的百分比。当该选项的值为"0%"时，粒子将消失不见。

（4）投射起点/终点：设置发射器发射粒子的时间范围。如果数值为 0～125F，则表示在 0～125 帧的范围内发射粒子；如果数值为 0～50F，则表示在 0～50 帧的范围内发射粒子，如图 8-1-10 所示。

（5）种子：调节粒子的随机性。

（6）生命：粒子存在的帧数。默认为 600，即表示粒子存活 600 帧，如图 8-1-11 所示。

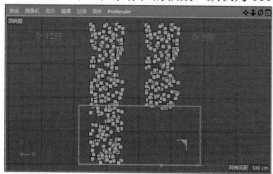
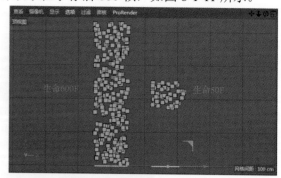

图 8-1-10 "投射起点/终点"效果　　　　　　图 8-1-11 "生命"效果

（7）速度：调节粒子速度的快慢。需要注意的是，"变化"参数在"生命""速度""旋转""终点缩放"4 个参数选项后面都有，表示调节当前参数随机变化的程度。

（8）旋转：调节粒子自身的旋转。该参数后面的"变化"选项值默认为"100%"，表示所有粒子都随机旋转，如图 8-1-12 所示。

（9）终点缩放：这里的"终点"表示粒子的生命帧数，当数值为 0 时粒子会逐渐缩小，如图 8-1-13 所示。

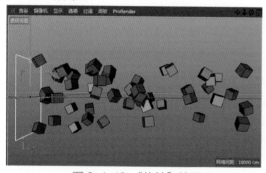
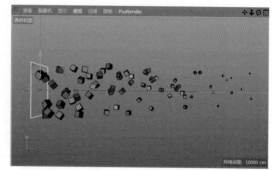

图 8-1-12 "旋转"效果　　　　　　图 8-1-13 "终点缩放"效果（1）

当该选项参数值大于 0 时，粒子会逐渐放大，如图 8-1-14 所示。

（10）切线：勾选该项后，粒子不产生旋转。

（11）显示对象：如需实现粒子代替效果，则要勾选此项。

（12）渲染实例：勾选此项表示可以渲染实例。

2．发射器

"发射器"主要用来调节发射器的尺寸和粒子的方向，该属性面板上的具体参数如图 8-1-15 所示。

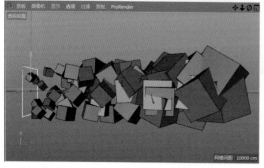

图 8-1-14 "终点缩放"效果（2）　　　　　　图 8-1-15 "发射器"属性面板

（1）水平/垂直尺寸：调节粒子发射器的大小。如果全部为 0，粒子为一条直线，如图 8-1-16所示。

（2）水平角度：表示水平方向上的粒子发射角度。最大值为 360°，此时从中心向四周成平面发射，如图 8-1-17 所示。

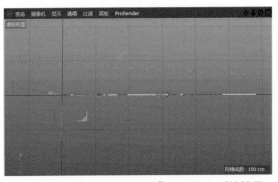

图 8-1-16 "水平/垂直尺寸"各项为 0 时的效果

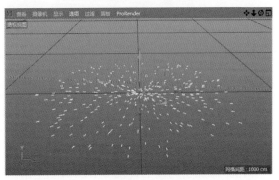

图 8-1-17 "水平角度"值为 360° 时的效果

（3）垂直角度：该选项数值最大为 180°，此时粒子发射器可以作为点发射器，如图 8-1-18所示。

3. 包括

"包括"有"排除""包括"两个模式，该参数针对的是引力、反弹等 8 种"场"。其参数选项如图 8-1-19 所示。

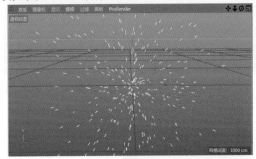

图 8-1-18 "垂直角度"值为 180° 时的效果

图 8-1-19 "包括"参数面板

8.1.2 场

"场"主要用来影响粒子行进的变化状态。这里提供了 8 种不同类型的场，如图 8-1-20 所示。除了破坏场和风力场，其他的场能够呈现丰富的样式。特别要注意的是，场不仅能够影响粒子，也能影响毛发、布料和 MoGraph。

1. 引力

引力场：可以吸引/排斥粒子。引力场的主要参数如图 8-1-21 所示。

图 8-1-20 场的种类

图 8-1-21 引力场的主要参数

先通过一个例子来认识引力场。

（1）新建粒子发射器，设置"粒子"属性参数，如图 8-1-22 所示。

（2）添加引力场，随即显示在对象的大纲视图中，如图 8-1-23 所示。

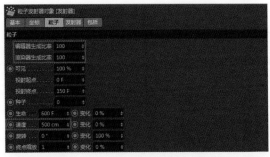

图 8-1-22 "粒子"属性参数设置

图 8-1-23 大纲视图

（3）添加引力场后，图 8-1-24 中红色框里的就是"引力"。将引力移动到稍偏的位置。

（4）调节引力场的"强度"为"1000"，这时引力场表示"吸引"，效果如图 8-1-25 所示。

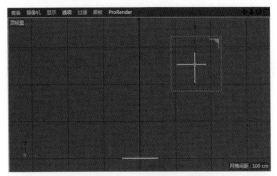

图 8-1-24 "引力"示意图

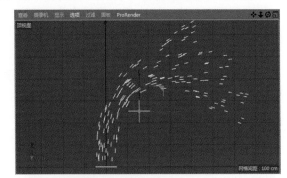

图 8-1-25 "吸引"效果

（5）调节引力场的"强度"为"-1000"，这时引力场表示"排斥"，效果如图 8-1-26 所示。

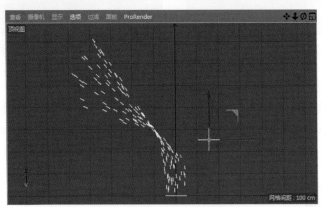

图 8-1-26 "排斥"效果

引力场的主要参数介绍如下。

（1）强度：其值为正时表示吸引，为负时表示排斥。

（2）速度限制：控制粒子被场影响后的速度。

（3）模式：有"力"和"加速度"两种。力模式需要考虑质量大小，加速度模式不考虑质量。该参数在软件中的默认选项为加速度。

（4）衰减：与效果器属性中的衰减相同。其选项如图 8-1-27 所示。

2．反弹

反弹场：可以使粒子产生反弹。其主要参数如图 8-1-28 所示。

图 8-1-27　"衰减"参数选项　　　　　　　图 8-1-28　反弹场主要参数

先通过一个例子来认识反弹场。

（1）新建反弹场，放置在粒子发射器正前方，稍微进行旋转，具体设置如图 8-1-29 所示。

（2）单击播放，效果如图 8-1-30 所示。粒子到达反弹场的范围，就会被反弹。

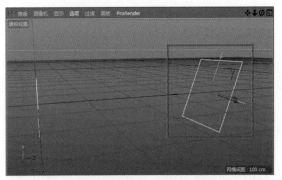

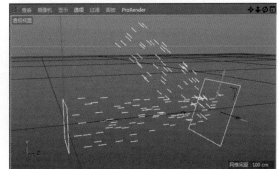

图 8-1-29　反弹场设置　　　　　　　图 8-1-30　反弹效果

反弹场的主要参数介绍如下。

（1）弹性：控制反弹强度。

（2）分裂波束：勾选该选项，一部分粒子通过，一部分粒子被反弹，效果如图 8-1-31 所示。

（3）水平/垂直尺寸：调节反弹范围大小。

3．破坏

破坏场：默认状态下进入破坏范围的粒子会消失。其主要参数如图 8-1-32 所示。

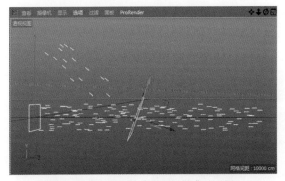

图 8-1-31　勾选"分裂波束"的效果　　　　　　　图 8-1-32　破坏场主要参数

通过一个例子来认识破坏场：把破坏场放置到发射器的正前方，播放动画并观看效果，如图 8-1-33 所示。

主要参数介绍如下。

（1）随机特性：此处可理解为强度，默认值为0%，此时所有粒子不能通过破坏场。当调整为50%时，一小部分粒子能通过破坏场，如图8-1-34所示。

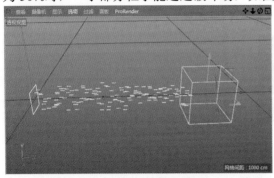

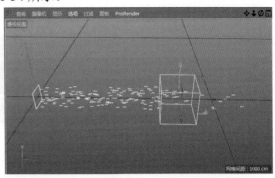

图8-1-33　破坏场效果　　　　　　　　　　　图8-1-34　"随机特性"值为50%的效果

（2）尺寸：调节范围大小。

4. 摩擦

摩擦场：可以使粒子产生停滞的效果。其参数如图8-1-35所示。

通过一个例子来认识摩擦场，具体操作如下。

新建粒子发射器，设置粒子代替，把摩擦场放置到发射器正前方，播放动画，如图8-1-36所示，此时粒子产生停滞的效果。

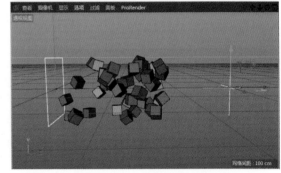

图8-1-35　摩擦场的参数　　　　　　　　　　　图8-1-36　摩擦场效果

5. 重力

重力场：可以引导粒子运动的方向。其主要参数如图8-1-37所示，其中"加速度"参数可以理解为重力强度。

要注意的是，重力场引导方向必须跟随箭头的指向，如图8-1-38所示。

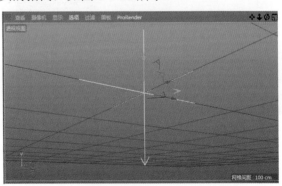

图8-1-37　重力场主要参数　　　　　　　　　　图8-1-38　重力场引导方向的指向箭头

播放动画并观看效果，如图 8-1-39 所示。

6．旋转

旋转场：使粒子产生旋转变化。其主要参数如图 8-1-40 所示。

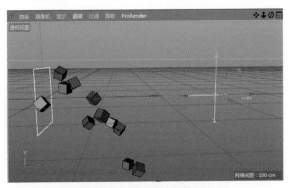

图 8-1-39 重力场效果

图 8-1-40 旋转场主要参数

新建粒子发射器，把旋转场放置到正前方，播放动画并观看效果，如图 8-1-41 所示。

7．湍流

湍流场：可以使粒子产生无规则的随机运动。其主要参数如图 8-1-42 所示。

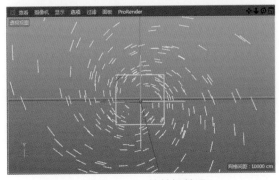

图 8-1-41 旋转场效果

图 8-1-42 湍流场主要参数

新建粒子发射器，把湍流场放置到正前方，播放动画并观看效果，如图 8-1-43 所示。

湍流场的主要参数介绍如下。

（1）强度：调节湍流的强度。

（2）缩放：调节粒子运动过程中聚散的变化，效果如图 8-1-44 所示。

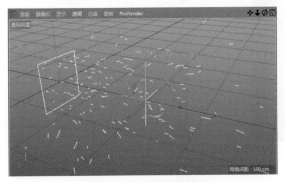

图 8-1-43 湍流场效果

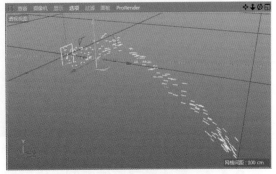

图 8-1-44 "缩放"参数效果

（3）频率：调节运动过程中抖动的次数与幅度，效果如图 8-1-45 所示。

8. 风力

风力场：既有重力场的方向性指引，又有湍流场的随机变化运动。其主要参数如图 8-1-46 所示。

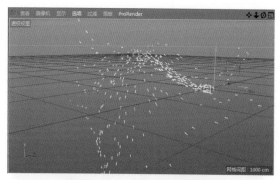

图 8-1-45 "频率"参数效果

图 8-1-46 风力场主要参数

风力场的外形较容易识别，由扇叶和箭头组成，如图 8-1-47 所示。

风力场的主要参数介绍如下。

（1）速度：调节风力的速度。

（2）湍流：表示运动过程中湍流的强度。

（3）湍流缩放：表示粒子在运动过程中聚散的变化。

（4）湍流频率：表示运动过程中抖动的次数与幅度。

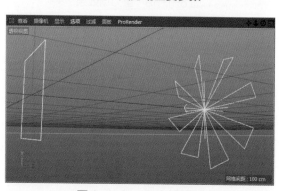

图 8-1-47 风立场外形

8.1.3 烘焙粒子

烘焙粒子：粒子的计算方式以时间线每一帧为单位，从 0 开始向后进行计算，如图 8-1-48 所示。

注意：如果没有逐帧播放动画或是手动倒放，粒子计算仍继续进行，结果将会出现错误，而烘焙粒子可以解决这个问题。需要注意的是，烘焙粒子只有在发射器被选状态下方可被开启。在弹出的"烘焙粒子"窗口中单击"确定"按钮即可执行，如图 8-1-49 所示。

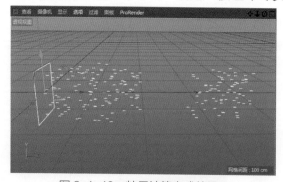

图 8-1-48 粒子计算方式效果

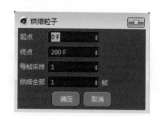

图 8-1-49 "烘焙粒子"窗口

8.1.4 基本粒子系统案例：绚丽烟花

本案例使用基本粒子系统模拟实现烟花爆炸，制作迷人绚丽的烟花绽放效果，如图 8-1-50

所示。案例首先调节基本粒子系统的发射器、粒子等属性，初步模拟实现烟花爆炸，然后通过追踪对象、添加毛发材质等操作进行美化，以实现绚丽的烟花效果。

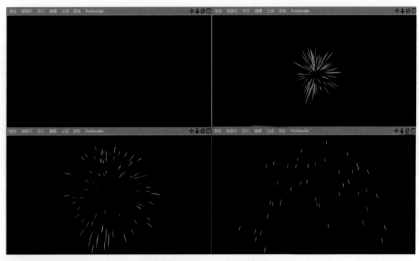

图 8-1-50　案例效果

案例的具体操作如下。

（1）新建粒子发射器，调节"发射器"属性，各项设置如图 8-1-51 所示。

（2）播放动画并观看效果，如图 8-1-52 所示，此时粒子由中心向四周发射。

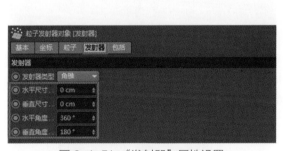

图 8-1-51　"发射器"属性设置

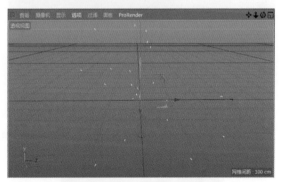

图 8-1-52　"发射器"效果

（3）回到"粒子"属性，把粒子数量设置为"600"，具体参数如图 8-1-53 所示。

（4）播放动画并观看效果，如图 8-1-54 所示。

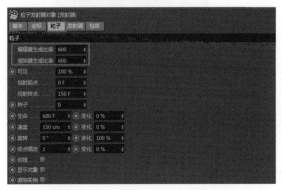

图 8-1-53　设置"粒子"属性参数

图 8-1-54　"粒子"效果

（5）为实现烟花绽放的效果，先设置粒子"投射起点/终点"为"0/5F"，如图 8-1-55 所示。

（6）播放动画并观看效果，如图 8-1-56 所示。

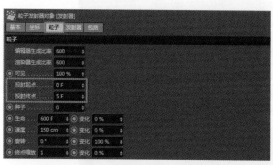

图 8-1-55 "投射起点/终点"设置

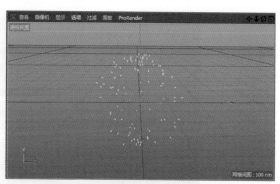

图 8-1-56 "投射起点/终点"效果

（7）设置粒子的"生命"和"速度"，具体的选项设置如图 8-1-57 所示。

（8）播放动画并观看效果，如图 8-1-58 所示。

图 8-1-57 "生命"和"速度"选项设置

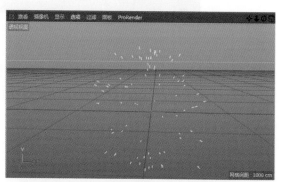

图 8-1-58 "生命"和"速度"效果

（9）实现烟花爆炸停止的瞬间，需要为其添加一个摩擦场，如图 8-1-59 所示。

（10）生活中烟花爆炸停止后，受引力影响向下散落，此处添加一个重力场，如图 8-1-60 所示。

图 8-1-59 添加摩擦场

图 8-1-60 添加重力场

（11）默认的重力强度是不够的，这里将"加速度"设置为"500cm"，如图 8-1-61 所示。

（12）目前的粒子只能显示，还不能被渲染。为其添加"运动图形"模块中的"追踪对象"，如图 8-1-62 所示。

（13）将对象列表中的"发射器"拖曳至追踪对象"对象"属性中的"追踪链接"选项区域。播放动画并观看效果，如图 8-1-63 所示。

图 8-1-61 设置"加速度"选项

图 8-1-62 添加"追踪对象"

图 8-1-63 添加追踪对象效果

（14）设置追踪对象参数，必须保证"追踪链接"区域有"发射器"，"限制"选项设置为"从结束"，"总计"设置为"5"，如图 8-1-64 所示。

（15）此时，追踪的长度变为可控，效果如图 8-1-65 所示。

图 8-1-64 设置追踪对象参数

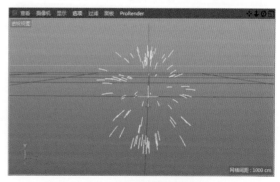

图 8-1-65 设置追踪对象效果

（16）为追踪对象添加毛发材质。在材质编辑区选择"创建"，找到"着色器"，选择"毛发材质"，如图 8-1-66 所示。

（17）将毛发材质赋予追踪对象，如图 8-1-67 所示。

（18）单击渲染并观看效果，如图 8-1-68 所示。

（19）双击毛发材质球，调出"材质编辑器"面板，选择"颜色"通道，调节该通道的"颜色"参数，设置颜色为由黄色渐变为红色的渐变模式，具体设置如图 8-1-69 所示。

（20）选择"粗细"通道，把该通道的"发根"参数调节为"2cm"，调节"曲线"并控制收尾端为细，具体参数设置如图 8-1-70 所示。

图 8-1-66 添加"毛发材质"

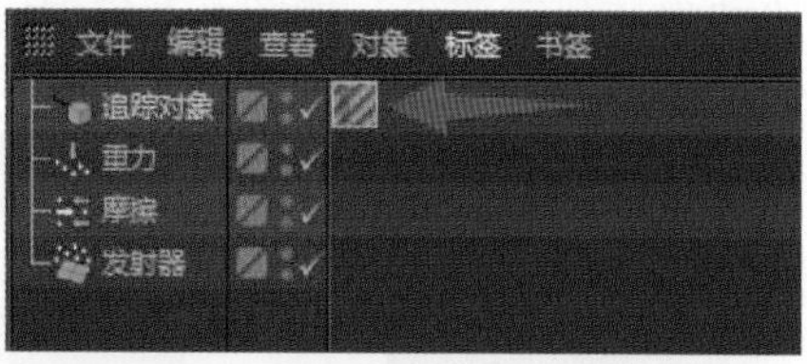

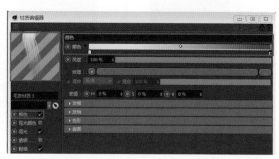

图 8-1-67 将毛发材质赋予追踪对象

图 8-1-68 添加毛发材质效果

图 8-1-69 设置"颜色"参数

（21）单击渲染并观看效果，如图 8-1-71 所示。

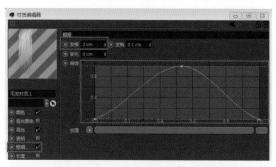

图 8-1-70 设置"粗细"通道参数

图 8-1-71 最终效果

8.2 动力学——刚体标签

动力学模拟真实的物体碰撞，主要通过"模拟标签"中的刚体、柔体、碰撞体、检测体、布料等对象的组合使用来实现，如图 8-2-1 所示。这种碰撞过程一般很难用手动添加关键帧的方式实现。为了便于理解，这里先介绍刚体的基础知识。

图 8-2-1 "模拟标签"的种类

8.2.1 基础知识

刚体是可以进行坠落、碰撞及反弹等运动的物体。刚体可与自然环境相互作用，刚体间也能产生相互作用。可以使用如质量、速度、重力等的参数轻松地将刚体动力学添加至成百上千的物体上。这里通过一个例子来初步认识模拟碰撞的实现和效果，具体操作如下：

（1）新建一个地面和一个立方体模型，如图 8-2-2 所示。

（2）添加"刚体"。在大纲视图中选择立方体，单击右键弹出 C4D 标签组，选择"模拟标签"中的"刚体"，如图 8-2-3 所示。

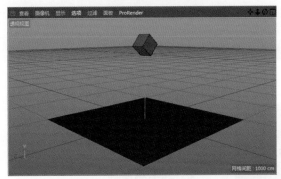

图 8-2-2 新建地面和立方体模型

图 8-2-3 添加"刚体"

（3）播放动画，效果如图 8-2-4 所示，此时立方体模型从地面穿过。

（4）添加"碰撞体"。在大纲视图中选择立方体，单击右键弹出 C4D 标签组，选择"模拟标签"中的"碰撞体"，如图 8-2-5 所示。

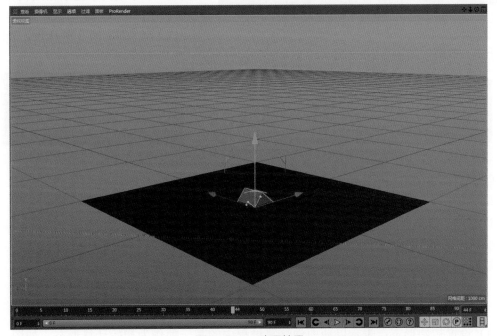

图 8-2-4 动画效果

（5）再次播放动画，观看效果，如图 8-2-6 所示，立方体和地面接触时会产生碰撞计算，并出现默认的碰撞效果。

图 8-2-5 添加"碰撞体"

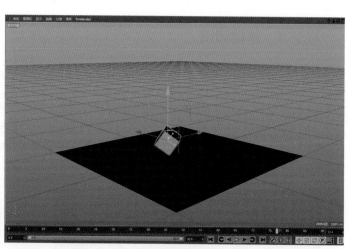

图 8-2-6 碰撞效果

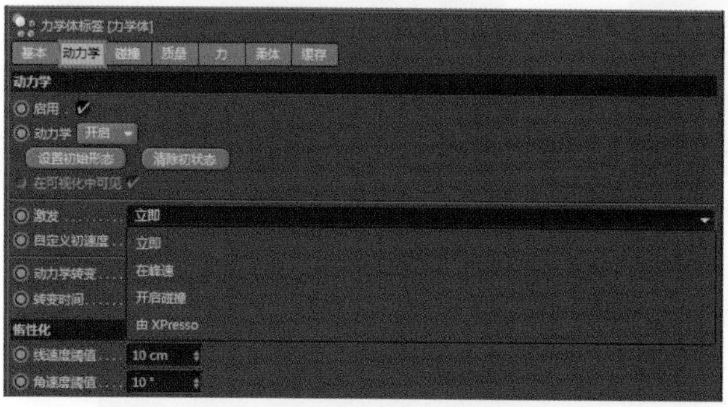

图 8-2-7 "刚体"标签面板

选择"刚体"标签，在其属性面板可以查看标签属性，如图 8-2-7 所示。

这里着重介绍"动力学"和"碰撞"属性。

1. 动力学属性

动力学属性的各选项参数如下。

（1）启用：默认为勾选状态，表示动力学处于激活状态；去选时，动力学标签为灰色，表示动力学处于失效状态，如图 8-2-8 所示。

（2）动力学：有 3 种选项，分别是关闭、开启、检测，如图 8-2-9 所示。

图 8-2-8 动力学标签显示为灰色

图 8-2-9 "动力学"选项

① 开启：表示将对象转换为刚体或者柔体。

② 关闭：表示将对象转换为碰撞体，其标签如图 8-2-10 所示。

③ 检测：表示将对象转换为检测体，其标签如图 8-2-11 所示。

图 8-2-10 碰撞体标签

图 8-2-11 检测体标签

（3）设置初始形态：表示以动力学演算过程中的某一帧作为初始计算形态，如图 8-2-12 所示。

单击"设置初始形态"按钮，播放动画时就以设置的形态作为开始的计算状态，如图 8-2-13 所示。

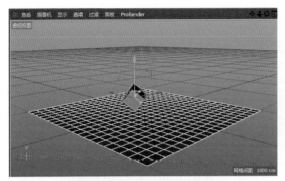

图 8-2-12 设置初始形态

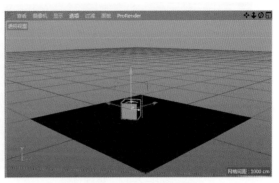

图 8-2-13 设置初始形态效果

（4）清除初（始）状态：表示清除初始状态。

（5）激发：该属性是比较重要的属性，有"立即""在峰速""开启碰撞""由 XPresso" 4 种方式，默认状态为"立即"，如图 8-2-14 所示。

图 8-2-14 "激发"选项

① 立即：表示在动力学标签开启的状态下，播放时立刻产生动力学计算。

我们通过案例介绍"立即"的效果。新建立方体，添加位移关键帧。然后为立方体添加刚体标签。播放动画后，可以看出立方体立刻下落，如图 8-2-15 所示，这是因为激发默认的方式为"立即"。

② 在峰速：表示以物体运动的速率作为计算开始的依据，一般在速度最快时产生计算，如图 8-2-16 所示。

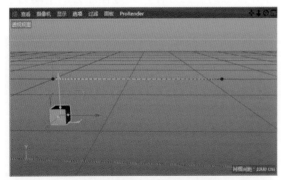

图 8-2-15 "立即"效果

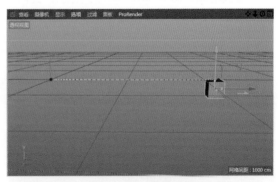

图 8-2-16 "在峰速"效果

③ 开启碰撞：该选项需要两个以上的动力学物体。例如，物体 A 在运算过程中接触到物体 B，物体 B 才会产生动力学演算。我们通过一个案例来说明。

搭建当前场景，球体模型为物体 A，立方体为物体 B，如图 8-2-17 所示。

给立方体和球体分别添加刚体标签，如图 8-2-18 所示。

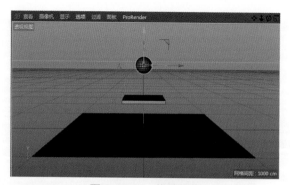

图 8-2-17 搭建场景

图 8-2-18 添加刚体标签

播放动画，效果如图 8-2-19 所示，立方体和球体同时下落。

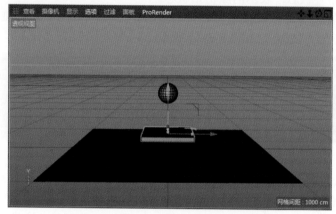

图 8-2-19 立方体和球体同时下落

选择立方体刚体标签，把"动力学"属性中的"激发"设置为"开启碰撞"，如图 8-2-20 所示。

播放动画，效果如图 8-2-21 所示，此时只有球体接触到了立方体，立方体才会产生动力学计算。

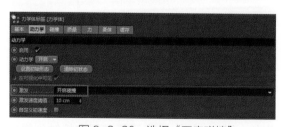

图 8-2-20 选择"开启碰撞"

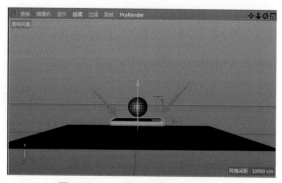

图 8-2-21 "开启碰撞"效果

④ 由 XPresso：表示由 XPresso 编辑器进行触发。

（6）自定义初速度：开启后，不需要添加关键帧即可控制模型对象的位移和旋转，如图 8-2-22 所示。

（7）初始线速度/角速度：默认数值从左向右分别对应 X、Y、Z 三个轴向，如图 8-2-23 所示。按图中所示的数值进行设置，播放动画，效果如图 8-2-24 所示。

图 8-2-22 "自定义初速度"选项 图 8-2-23 初始线速度/角速度

（8）对象坐标：默认为勾选状态，表示以自身坐标为运动旋转方向；去选表示以世界坐标为运动旋转方向，具体如图 8-2-25 所示。

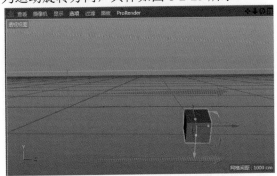

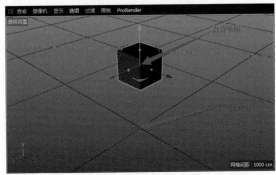

图 8-2-24 运动效果 图 8-2-25 对象坐标示意图

2. 碰撞属性

碰撞属性的常用参数如图 8-2-26 所示。

各项参数介绍如下。

（1）继承标签：有"无""应用标签到子级""复合碰撞外形"3 种方式，如图 8-2-27 所示。

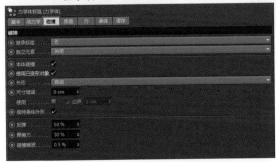

图 8-2-26 碰撞属性的常用参数 图 8-2-27 "继承标签"的 3 种方式

"继承标签"是在有组的情况下才可使用。当非常多的物体都需要受动力学标签影响时，可对其进行打组，并为组添加标签，如图 8-2-28 所示。

① "继承标签"默认为"无"，表示整组下落但不与地面发生碰撞。播放动画，效果如图 8-2-29 所示。

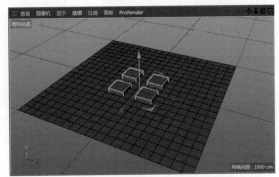

图 8-2-28 "继承标签"的使用示意图 图 8-2-29 "继承标签"为"无"的效果

② "继承标签"设置为"应用标签到子级",表示每一个立方体都受标签影响。播放动画,效果如图 8-2-30 所示。

③ "继承标签"设置为"复合碰撞外形",表示组整体受标签影响,效果如图 8-2-31 所示。

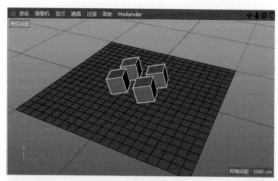

图 8-2-30 "继承标签"为"应用标签到子级"的效果　　图 8-2-31 "继承标签"为"复合碰撞外形"的效果

(2)独立元素:有"关闭""顶层""第二阶段""全部"4 个选项,如图 8-2-32 所示。
"独立元素"针对的是"运动图形"模块的命令,如图 8-2-33 所示。

图 8-2-32 "独立元素"选项

图 8-2-33 "运动图形"模块

我们通过案例来说明。

在"运动图形"菜单中选择"文本",如图 8-2-34 所示。

然后设置文本。在"对象"属性面板进行设置,注意文本输入时的间距,具体参数如图 8-2-35所示,并为文本添加"刚体"标签。

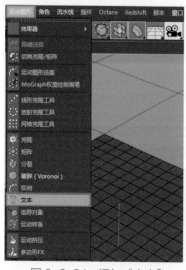

图 8-2-34 添加"文本"

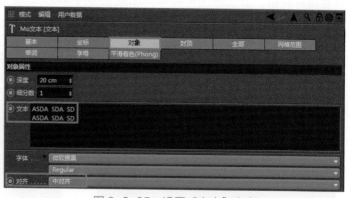

图 8-2-35 设置"文本"内容

① "独立元素"设置为"关闭",表示文本整体产生计算。播放动画,效果如图 8-2-36 所示。

② "独立元素"设置为"顶层"，表示每一行文字产生变化。播放动画，效果如图 8-2-37 所示。

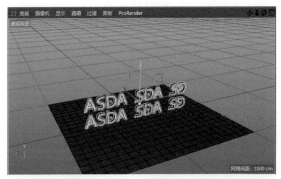

图 8-2-36 "独立元素"为"关闭"的效果

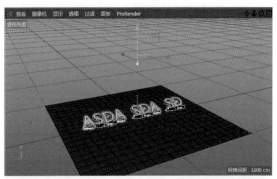

图 8-2-37 "独立元素"为"顶层"的效果

③ "独立元素"设置为"第二阶段"，表示用空格间隔开的文字产生变化。播放动画，效果如图 8-2-38 所示。

④ "独立元素"设置为"全部"，表示每一个文字产生变化。播放动画，效果如图 8-2-39 所示。

图 8-2-38 "独立元素"为"第二阶段"的效果

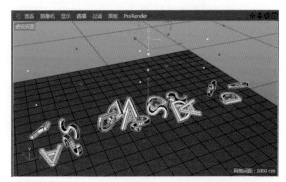

图 8-2-39 "独立元素"为"全部"的效果

（3）本体碰撞：表示多个物体之间产生碰撞计算。

下面通过例子来说明。

① 新建球体，为其添加克隆，并将其"对象"属性面板的"模式"选项设置为"网格排列"，设置结果如图 8-2-40 所示。

注意：球体之间不能发生穿插，如图 8-2-41 所示。

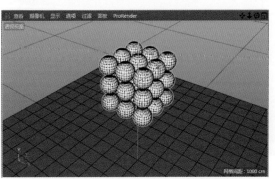

图 8-2-40 设置结果

图 8-2-41 球体之间不能发生穿插

② 为球体添加刚体标签，"独立元素"设置为"全部"，"本体碰撞"默认为勾选。播放动画，效果如图 8-2-42 所示，此时每个球体之间都是产生动力学计算的。

③ 去选"本体碰撞"，再次播放动画，效果如图 8-2-43 所示，此时球体之间会发生穿插，证明本体之间不产生碰撞计算。

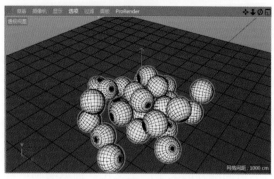

图 8-2-42 选择"本体碰撞"效果

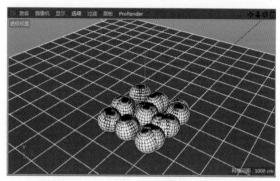

图 8-2-43 去选"本体碰撞"效果

（4）外形：一般最常用的是"自动（MoDynamics）"，如图 8-2-44 所示。

下面通过例子来说明。

① 新建球体并转换为多边形对象，按快捷键 C，进入"点"模式，选中上半部分的点并删除。点选择示意如图 8-2-45 所示。

图 8-2-44 "自动（MoDynamics）"选项

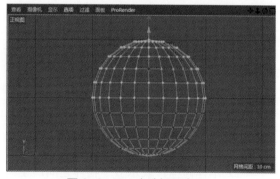

图 8-2-45 点选择示意

② 删除后的效果如图 8-2-46 所示。

③ 新建一个小的球体模型，放在半球的上方，如图 8-2-47 所示。

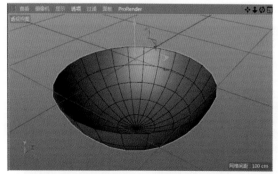

图 8-2-46 删除效果

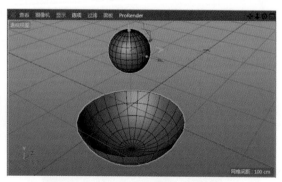

图 8-2-47 球体放置在半球上方

④ 为球体添加刚体标签，为半球添加碰撞体标签，如图 8-2-48 所示。

图 8-2-48　添加标签

⑤ 播放动画，效果如图 8-2-49 所示，此时球体不能落入半球内。

⑥ 选择半球的碰撞体标签，在"碰撞"属性面板设置"外形"为"自动（MoDynamics）"，如图 8-2-50 所示。

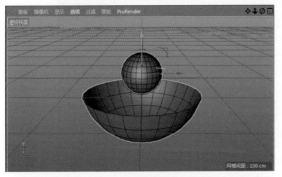

图 8-2-49　球体不能落入半球内

图 8-2-50　选择"外形"为"自动（MoDynamics）"

⑦ 播放动画，效果如图 8-2-51 所示，此时球体落入半球内。

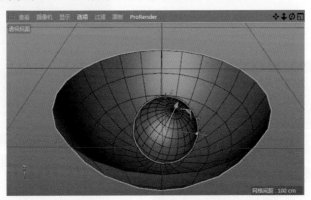

图 8-2-51　球体落入半球内

（5）反弹：调节反弹大小，数值越大弹力越大。

（6）摩擦力：阻碍物体相对运动（或相对运动趋势）的力叫作摩擦力。数值越大，阻碍物体运动的力就越大。

（7）碰撞噪波：产生碰撞以后的变化程度。数值越大，碰撞结果变化越大。

8.2.2　刚体动力学案例：球与杯子碰撞破碎效果

本案例制作球与杯子碰撞破碎效果，如图 8-2-52 所示。案例主要由破碎效果的实现、碰撞效果的实现，以及时间冻结效果三部分组成，其中关键点是碰撞效果，主要涉及的操作是刚体标签相关属性参数的灵活调整。下面按案例制作的先后顺序来介绍。

首先是准备工作。打开本小节的"破碎杯子.c4d"文件，场景模型如图 8-2-53 所示。

1. 破碎效果的实现

（1）制作杯子碎裂的效果。选择"运动图形"中的"破碎"，如图 8-2-54 所示。

（2）将杯子模型设置为碎裂子集，观看效果，如图 8-2-55 所示。虽然已经碎裂，但是形态不正确，碎裂的点要由中心向四周进行扩散。

图 8-2-52　案例效果

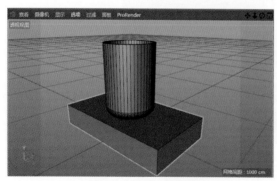

图 8-2-53　场景模型

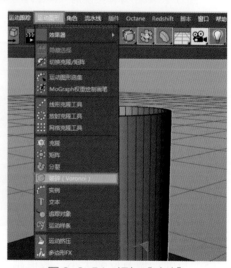

图 8-2-54　添加"破碎"

（3）在大纲视图中选择"破碎"，在其"来源"属性面板中，将"来源"选项卡中的"默认来源"删除，单击"添加着色器来源"按钮，如图 8-2-56 所示。

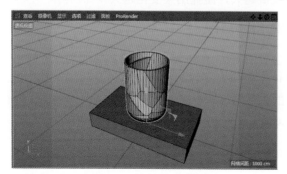

图 8-2-55　碎裂效果

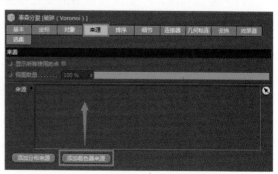

图 8-2-56　设置"添加着色器来源"

（4）在"来源"添加区域单击新添加的"点生成器-着色器"，弹出其属性面板。在"通道"属性中选择"自发光"，如图 8-2-57 所示。

（5）新建材质球，只保留"发光"通道，如图 8-2-58 所示。

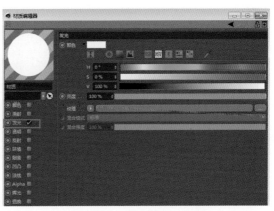

图 8-2-57　选择"自发光"　　　　　　　　图 8-2-58　保留"发光"通道

（6）在发光通道的属性面板中，将"纹理"属性设置为"渐变"，并单击弹出的缩略图进入"渐变"类型的"着色器"属性面板，把"类型"选项参数修改为"二维-圆形"，如图 8-2-59 所示。

（7）将材质球赋予"破碎"对象，如图 8-2-60 所示。

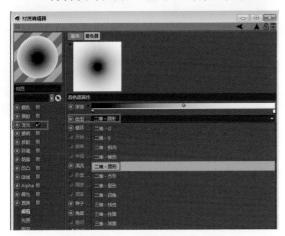

图 8-2-59　设置"发光"通道　　　　　　　图 8-2-60　材质球赋予"破碎"对象

（8）在透视图观看，杯子没有渐变颜色，如图 8-2-61 所示。

（9）在破碎的"对象"属性中，去选"着色碎片"选项，如图 8-2-62 所示。

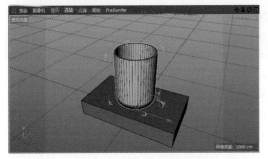

图 8-2-61　杯子无渐变颜色　　　　　　　图 8-2-62　去选"着色碎片"

（10）此时在透视图中可以看到材质本身的颜色，如图 8-2-63 所示。

（11）渐变的位置不准确，可通过调节投射来解决。在大纲视图中选择"破碎"对象后面材质球的"纹理标签"，调出其"标签"属性面板，"投射"选项选择"平直"，如图 8-2-64 所示。

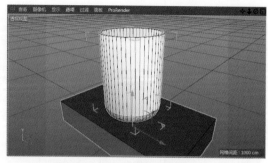

图 8-2-63　材质本身的颜色

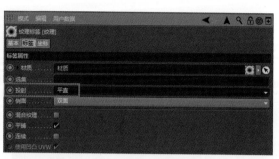

图 8-2-64　设置"纹理标签"

（12）观看效果，此时纹理重复度太高，如图 8-2-65 所示。

（13）切换工作模式，调节纹理样式。开启"使用纹理模式"，可以看见平直投射外形；开启"启用轴心模式"，可以对平直投射范围进行位移、缩放、旋转操作，如图 8-2-66 所示。

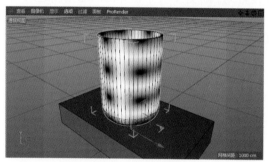

图 8-2-65　纹理重复度太高

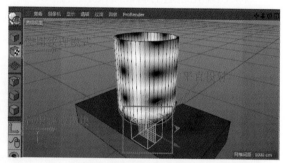

图 8-2-66　模式示意

（14）调节完成后关闭"使用纹理模式""启用轴心模式"，调节效果如图 8-2-67 所示。

（15）把材质球拖曳到"破碎"对象"来源"属性面板的"纹理标签"选项中，如图 8-2-68 所示。

图 8-2-67　调节效果

图 8-2-68　"纹理标签"设置

（16）此时产生以渐变贴图的颜色为影响的碎裂效果，如图 8-2-69 所示。

（17）回到材质球的"渐变"属性面板，修改渐变颜色，具体设置如图 8-2-70 所示。

（18）这样就形成了由中心向四周碎裂的效果，如图 8-2-71 所示。

（19）调节参数，增加碎块数量。"破碎"对象"来源"属性面板中的"点数量"是指碎块的数量，"采样精度"是碎裂的精确性，调节这两个参数，如图 8-2-72 所示。

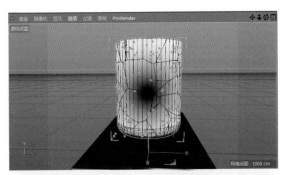

图 8-2-69　碎裂效果

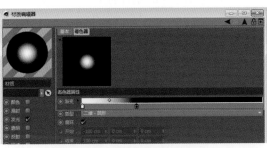

图 8-2-70　修改渐变颜色

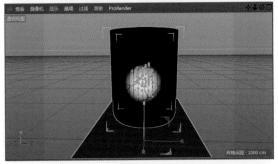

图 8-2-71　由中心向四周碎裂的效果

图 8-2-72　调节参数、增加碎块数量

（20）新建一个白色材质球，再次赋予"破碎"对象，以更好地观看结果，如图 8-2-73 所示。

（21）此时破碎效果如图 8-2-74 所示。

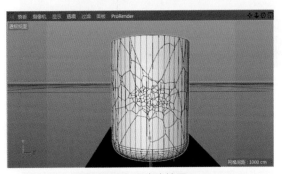

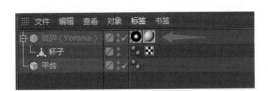

图 8-2-73　新建白色材质球并赋予"破碎"对象

图 8-2-74　破碎效果

2．碰撞效果的实现

（1）新建一个球体模型，放至杯子碎裂中线前面的位置，如图 8-2-75 所示。

（2）为球体、破碎对象分别添加刚体标签，为平台添加碰撞体标签，如图 8-2-76 所示。

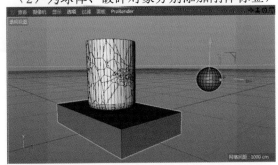

图 8-2-75　新建球体模型并放至合适位置

图 8-2-76　添加不同标签

（3）选择球体的刚体标签，在"动力学"属性面板中，勾选"自定义初速度"，设置"初始线速度"为-5000cm、0cm、0cm，如图8-2-77所示。

（4）播放动画，如图8-2-78所示，此时球体还没有碰撞到杯子，杯子就已经开始破碎。

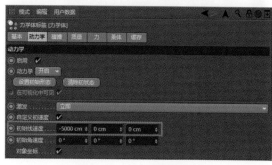

图8-2-77　参数设置

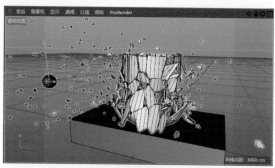

图8-2-78　杯子破碎效果

（5）选择破碎的刚体标签，在其"动力学"属性面板中，把"激发"选项设置为"开启碰撞"，如图8-2-79所示。

（6）播放动画，如图8-2-80所示，此时球体不能把杯子撞碎。

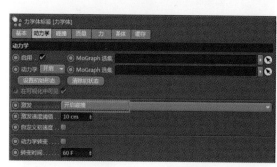

图8-2-79　选项设置

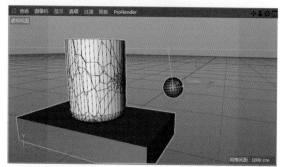

图8-2-80　杯子无法破碎

（7）在"碰撞"属性面板中，把"独立元素"调整为"全部"，如图8-2-81所示。

（8）播放动画，如图8-2-82所示，杯子已经产生碎裂，但是炸裂的效果不明显。

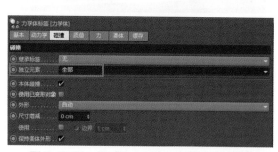

图8-2-81　把"独立元素"调整为"全部"

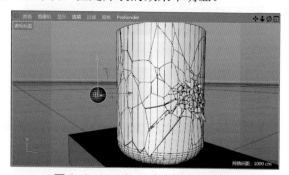

图8-2-82　杯子破碎效果不明显

（9）调节"碰撞"属性面板中的"尺寸增减"选项为5cm，"碰撞噪波"选项为80%，如图8-2-83所示。

（10）播放动画并观看效果，如图8-2-84所示。

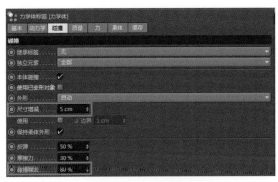

图 8-2-83　调节参数

图 8-2-84　动画效果

3. 慢动作效果（时间冻结效果）

在一些电影特效中经常会看到物体被猛然击碎，然后时间会突然静止并产生慢动作的效果。在 C4D 动力学中，可以通过调节工程设置中"动力学"的"时间缩放"达到同样的效果。

（1）按组合键 Ctrl+D 调出"工程"设置面板，选择"动力学"属性模块。其中，"时间缩放"选项的数值越小，动力学演算越慢；数值越大，动力学演算越快。参数设置如图 8-2-85 所示。

（2）在球体击碎杯子的当前帧的位置，为"时间缩放"添加关键帧，如图 8-2-86 所示。

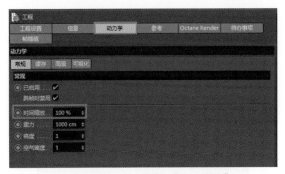

图 8-2-85　设置"时间缩放"

图 8-2-86　添加关键帧

（3）在碎裂开以后的当前帧的位置，调节"时间缩放"为 10%，再次添加关键帧，如图 8-2-87 所示。

（4）播放动画，效果如图 8-2-88 所示。

图 8-2-87　再次添加关键帧

图 8-2-88　慢动作效果

至此，案例完成。需要注意的是，在制作案例时，无须记住各选项参数的值，而应掌握各模块的主要功能，以便在实践中灵活使用，自主制作所需效果。

8.3 动力学——柔体标签

C4D 在刚体动力学的基础之上，引入了柔体动力学，以帮助用户模拟其他各种各样的碰撞或是物体效果，甚至是充满气体的环境。通过对硬度、衰减、弯曲等参数进行设置，可以精确控制物体，并完成击打、掉落及挤压的动作。

8.3.1 基础知识

柔体，一般指的是在动力学演算过程中可以发生形变的物体，如气球、果冻等。柔体的具体参数如图 8-3-1 所示。

这里将介绍"柔体"属性面板中的"柔体""弹簧""保持外形""压力"4 类属性参数。

1. 柔体

（1）柔体：有 3 个模式，分别为"关闭""由多边形/线构成""由克隆构成"，如图 8-3-2 所示。

① 关闭：新建一个球体模型和一个地面，球体添加柔体标签，地面添加碰撞体标签，把"柔体"修改为"关闭"，如图 8-3-3 所示，此时柔体会变成碰撞体。

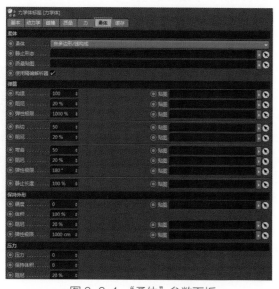

图 8-3-1 "柔体"参数面板

图 8-3-2 "柔体"选项

图 8-3-3 选择"关闭"的效果

② 由多边形/线构成：柔体的默认模式。选择该选项，播放动画，如图 8-3-4 所示，球体会从高处落到地面并产生形变。

③ 由克隆构成：该选项针对克隆使用。新建一个立方体，缩小，为立方体添加克隆。把克隆的"对象"属性面板的"模式"调整为"对象"，把球体拖曳到"对象"属性中，并为克隆添加"柔体"标签，在"碰撞"属性中把"独立元素"调整为"全部"，如图 8-3-5 所示。

克隆效果如图 8-3-6 所示。

在"柔体"属性中，把"柔体"调整为"由克隆构成"，如图 8-3-7 所示。

播放动画，如图 8-3-8 所示，克隆也发生了柔体变化。

（2）静止形态/质量贴图：表示共同作用下可以使模型某一部分受柔体标签影响。

下面通过案例来介绍。

① 新建球体，并转换为多边形对象，进入"点"级别，选择上半部分的点，如图 8-3-9 所示。

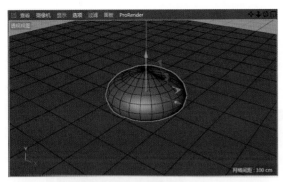

图 8-3-4 球体产生形变

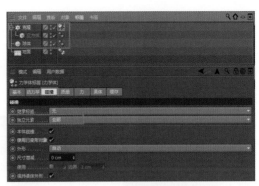

图 8-3-5 参数设置

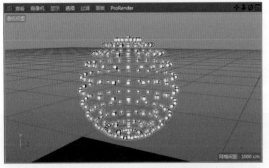

图 8-3-6 克隆效果

图 8-3-7 把"柔体"调整为"由克隆构成"

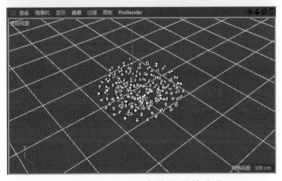

图 8-3-8 克隆的柔体变化

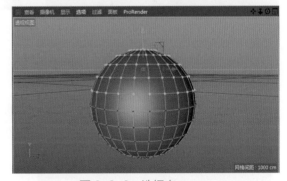

图 8-3-9 选择点

② 在"选择"菜单中，添加"设置顶点权重"，如图 8-3-10 所示。

③ 在"设置顶点权重"属性中，设置"数值"为 100%，如图 8-3-11 所示。

④ 单击"确定"按钮，球体后面会多出一个"权重标签"，如图 8-3-12 所示。

⑤ 在柔体属性中，把球体模型拖曳至"静止形态"，把权重贴图拖曳至"质量贴图"，具体设置如图 8-3-13 所示。

⑥ 播放动画并观看效果，如图 8-3-14 所示。

（3）使用精确解析器：默认为勾选状态，表示可提高计算精度。

2．弹簧

弹簧属性是影响柔体形变的重要属性，其主要属性为构造、斜切、弯曲。这 3 类属性的表现形式可以理解为"施加在模型结构线上的支撑力"，这种力表现为弹性，即构造、斜切、弯曲的强度大时形变小，强度小时形变大。

图 8-3-10 添加"设置顶点权重"

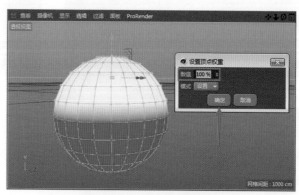

图 8-3-11 "数值"设为 100%

图 8-3-12 "权重标签"的显示

图 8-3-13 选项设置

（1）构造：表示模型结构的支撑力。

下面通过操作来介绍。

① 新建一个球体模型和一个地面，为球体添加"柔体"标签，把"构造"调节为 0，如图 8-3-15 所示。

② 播放动画，效果如图 8-3-16 所示，由于失去了构造力的支撑，球体落地后变得非常扁平。

（2）斜切：表示对角线的支撑力。

① 修改参数"斜切"为 0，如图 8-3-17 所示。

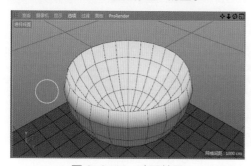

图 8-3-14 动画效果

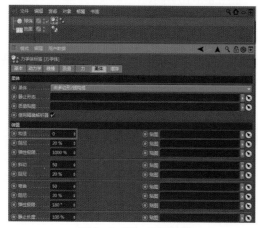

图 8-3-15 参数设置

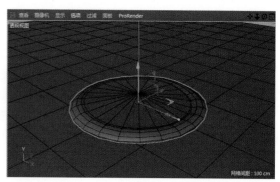

图 8-3-16 构造为 0 的效果

② 播放动画，效果如图 8-3-18 所示。因为还有构造和弯曲，故球体落地后还能保持基本外形，但由于失去了斜切的支撑，球体发生了扭曲。

图 8-3-17　设置"斜切"为 0

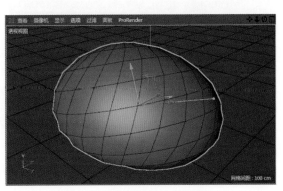

图 8-3-18　斜切为 0 的效果

（3）弯曲：表示点的支撑力。

① 修改"弯曲"参数为 0，如图 8-3-19 所示。

② 播放动画，效果如图 8-3-20 所示。由于失去了弯曲力的支撑，球体落地后变形程度较大，但因为有构造和斜切，每一个面的形态仍能基本保持。

图 8-3-19　设置"弯曲"为 0

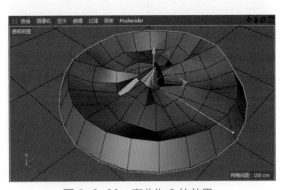

图 8-3-20　弯曲为 0 的效果

需要注意的是，柔体在默认模式下是由构造、斜切、弯曲 3 个参数共同影响的。

例如，把"构造""斜切""弯曲"选项参数都调节为 100，如图 8-3-21 所示。

播放动画，效果如图 8-3-22 所示，球体的变形程度并不明显。

（4）阻尼：在"弹簧""保持外形""压力"这 3 个主要参数里都有"阻尼"选项参数，此时，阻尼表示力的衰减，或物体在运动中的能量耗散。

（5）静止长度：当该选项数值为 100% 时，表示柔体未受到接触前保持自身形态；如果小于 100%，则表示一旦开始播放动画产生计算，柔体就会立刻产生变化。

同样的模型和参数，由于"静止长度"数值不同，结果也会不同。这里将"静止长度"分别设为 100%、70%，播放动画，观看到的效果有差异，如图 8-3-23 所示。

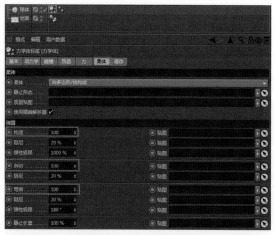

图 8-3-21　参数调节

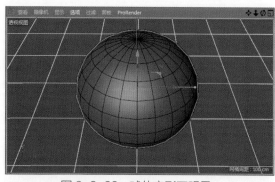

图 8-3-22　球体变形不明显

3．保持外形

各项参数如下。

（1）硬度：该项数值越大表示形变越小。

（2）体积：设置体积大小。

4．压力

各项参数如下。

（1）压力：正值为"膨胀"，负值为"收缩"，如图 8-3-24 所示。

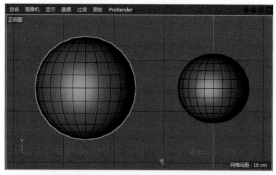

图 8-3-23　不同静止长度值的效果对比

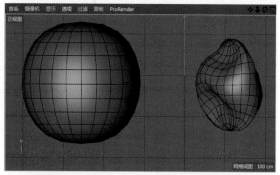

图 8-3-24　不同压力值的效果对比

（2）保持体积：当被其他刚体挤压时，保持原有体积外形的强度。下面通过案例来介绍。

① 搭建场景，如图 8-3-25 所示。

② 添加动力学标签，如图 8-3-26 所示。

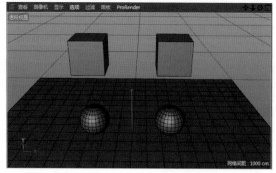

图 8-3-25　搭建场景

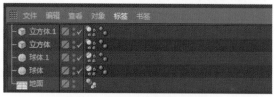

图 8-3-26　添加动力学标签

③ 将各对象的"保持体积"参数调节为不同的数值。播放动画并观看效果，如图 8-3-27 所示。

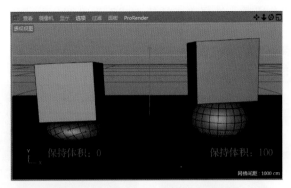

图 8-3-27 不同参数值的效果对比

8.3.2 柔体案例：充气文字效果

下面使用柔体的基础知识来制作充气文字，案例最终效果如图 8-3-28 所示。

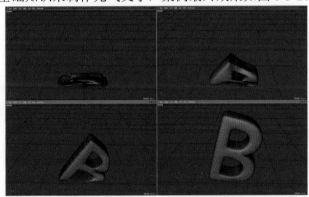

图 8-3-28 案例最终效果

具体操作如下。

（1）在"运动图形"菜单中选择"文本"，如图 8-3-29 所示。

（2）设置文本的"对象"参数面板的各选项参数，具体设置如图 8-3-30 所示。

图 8-3-29 添加"文本"

图 8-3-30 参数设置示意

（3）观看效果，如图 8-3-31 所示。需要注意：在当前透视视图的"显示"菜单中要选择"光影着色（线条）"模式，通常称为"N-B"显示。

（4）增加文本模型的分段数。选择"点插值方式"为"细分"，同时将"角度"数值设置为90，"最大长度"设置为 22cm，如图 8-3-32 所示。

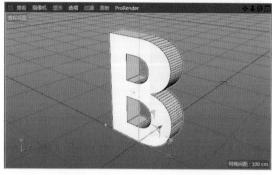

图 8-3-31 "N-B"模式显示

图 8-3-32 参数设置

（5）在"封顶"属性面板中，将"类型"设置为"四边形"，勾选"标准网格"，"宽度"设置为 22cm，如图 8-3-33 所示。

（6）观看效果，如图 8-3-34 所示。

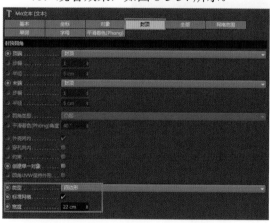

图 8-3-33 "封顶"属性参数设置

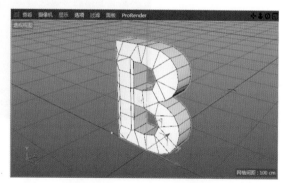

图 8-3-34 增加分段数效果

（7）增加模型侧面的分段数。在"对象"属性面板中，将"细分数"设置为 3，如图 8-3-35 所示。

（8）观看效果，如图 8-3-36 所示。

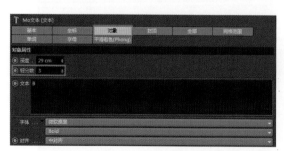

图 8-3-35 "对象"属性参数设置

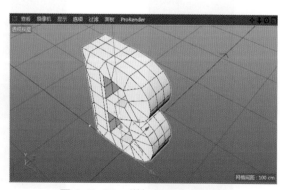

图 8-3-36 增加侧面分段数效果

（9）开启对象倒角。在"封顶"属性面板中进行具体设置，如图 8-3-37 所示。

（10）观看效果，如图 8-3-38 所示。

图 8-3-37 开启对象倒角

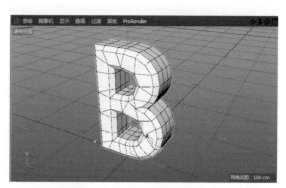

图 8-3-38 开启倒角效果

（11）在工具栏中选择"细分曲面"，在大纲视图中拖动"文本"为其子集，并在"文本"对象的"封顶"属性面板中，勾选"创建单一对象"，如图 8-3-39 所示。

（12）观看效果，此时文本显得圆滑，如图 8-3-40 所示。

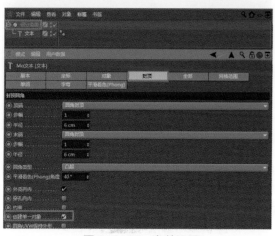

图 8-3-39 参数设置

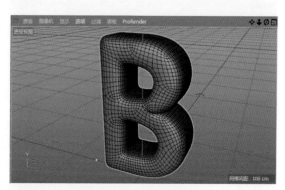

图 8-3-40 圆滑效果

（13）为文本添加柔体标签，为地面添加碰撞体标签，如图 8-3-41 所示。

（14）播放动画并观看效果，如图 8-3-42 所示，文本产生塌软现象。

图 8-3-41 添加标签

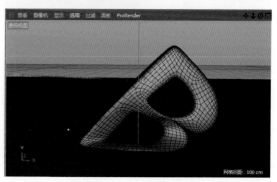

图 8-3-42 塌软效果

（15）控制塌软范围。新建立方体，在其"基本"属性面板中勾选"透显"，如图 8-3-43 所示。

（16）调整立方体大小，如图 8-3-44 所示。

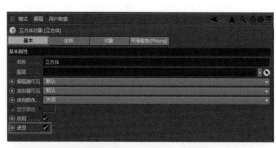

图 8-3-43　勾选"透显"

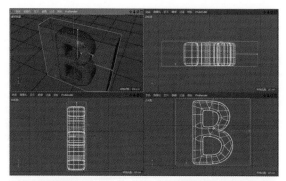

图 8-3-44　调整立方体大小

（17）为立方体添加碰撞体标签，在"碰撞"属性面板中将"外形"设置为"静态网格"，如图 8-3-45 所示。

（18）观看效果，如图 8-3-46 所示，模型塌软范围已被限定。

图 8-3-45　添加标签并调节参数

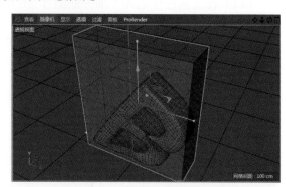

图 8-3-46　模型塌软范围被限定

（19）调整塌软的形变度为更大。在文本后面"柔体标签"的"柔体"属性面板中，将"构造""斜切""弯曲"选项都设置为 1，如图 8-3-47 所示。

（20）播放动画，效果如图 8-3-48 所示，模型已完全塌软。

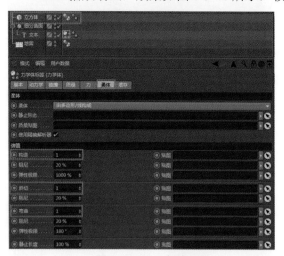

图 8-3-47　参数设置

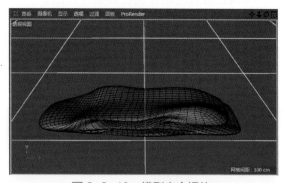

图 8-3-48　模型完全塌软

（21）调节"静止长度"为 80%，如图 8-3-49 所示。这样模型会先有缩小效果然后伴随塌软，动作会更加丰富。

（22）播放动画并观看效果，如图 8-3-50 所示。

图 8-3-49　调节"静止长度"

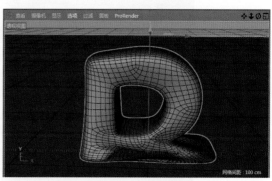

图 8-3-50　动画效果

（23）让动画停止在塌软的最大形态，如图 8-3-51 所示。

（24）在柔体标签的"动力学"属性面板中，单击"设置初始形态"按钮，如图 8-3-52 所示。

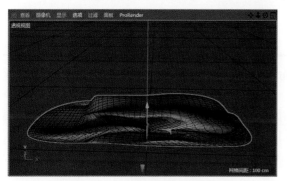

图 8-3-51　动画停在塌软的最大形态

图 8-3-52　设置"动力学"属性参数

（25）回到"柔体"属性面板，再次调节"构造""斜切""弯曲"选项，具体设置如图 8-3-53 所示。这是为了使文本在恢复原本样子的过程中看起来更有力度。

（26）在 0 帧时，为"硬度"添加关键帧，数值为 0，如图 8-3-54 所示。

（27）在 90 帧时，为"硬度"添加关键，数值为 20，如图 8-3-55 所示。

（28）播放动画，案例最终效果如图 8-3-56 所示。

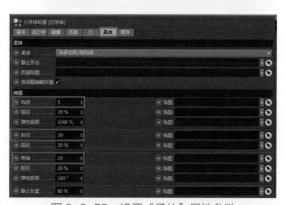

图 8-3-53　设置"柔体"属性参数

图 8-3-54　添加关键帧

图 8-3-55　再次添加关键帧

本案例的操作使用的基本上是本节内容前面部分所讲的基础知识，读者可通过大量练习以增强在实际设计中灵活设置参数的能力。

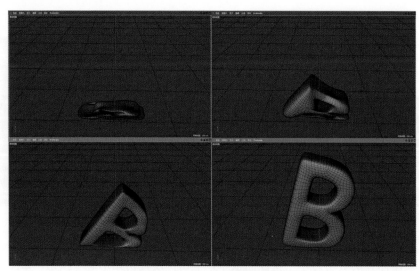

图 8-3-56　案例最终效果

8.4　动力学——布料标签

C4D 布料系统用来模拟布料的效果，并为布料的视觉化提供了如硬度、弯曲、摩擦等诸多必备特性。其布料模拟功能包含碰撞检测功能，并可与场景中的其他物体产生交互作用。布料系统能够模拟出与真实世界中相似的布料特性，如绸缎、棉布、丝绸等都可被拉拽或撕扯。"布料"主要命令布局在"模拟标签"中，如图 8-4-1 所示。

模拟菜单的"布料"命令中有"布料曲面"和"布料缓存工具"命令，如图 8-4-2 所示。

图 8-4-1　"布料"主要命令

图 8-4-2　"布料曲面"和"布料缓存工具"命令

8.4.1　基础知识

这里先通过一个简单的例子来初步认识布料标签的使用，具体如下。

（1）新建一个平面及一个胶囊，如图 8-4-3 所示。

（2）为平面添加布料标签。注意：模型必须转换为多边形对象（快捷键为 C）。列表视图如图 8-4-4 所示。

（3）播放动画，效果如图 8-4-5 所示，平面穿过胶囊。

（4）为胶囊添加布料碰撞器，如图 8-4-6 所示。这里要注意的是，对于布料的碰撞属性来说，必须使用其自身的碰撞器。

（5）播放动画，效果如图 8-4-7 所示。

下面介绍"标签"和"影响"参数选项卡中的相关参数。

1．标签

选择布料标签，选择"标签"属性面板，具体参数选项如图 8-4-8 所示。

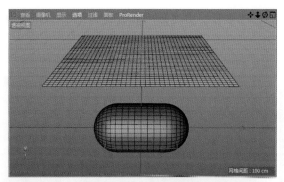

图 8-4-3 场景搭建

图 8-4-4 添加标签

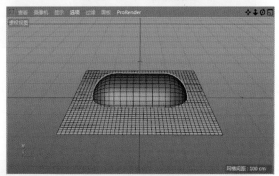

图 8-4-5 平面穿过胶囊

图 8-4-6 为胶囊添加布料碰撞器

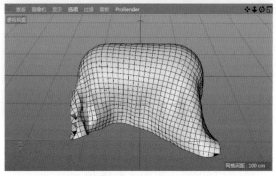

图 8-4-7 动画效果

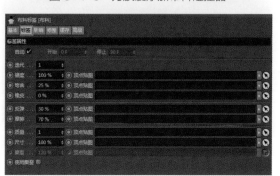

图 8-4-8 "标签"属性面板

各参数介绍如下。

（1）自动：去选后，可设置布料的计算时间。

（2）迭代：数值越大，布料形变越小。将"迭代"设置为 50，如图 8-4-9 所示。播放动画并观看效果，如图 8-4-10 所示。

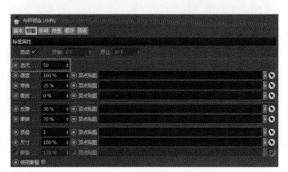

图 8-4-9 "迭代"设置

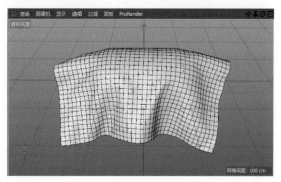

图 8-4-10 "迭代"效果

（3）硬度：调节布料硬度，数值越小表示布料越柔软。将"硬度"设置为2%，如图 8-4-11 所示。

播放动画并观看效果，如图 8-4-12 所示。

图 8-4-11 "硬度"设置

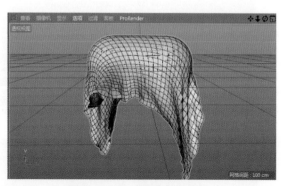

图 8-4-12 "硬度"效果

（4）弯曲：该选项数值越大，物体褶皱蜷缩越小；数值越小，物体褶皱蜷缩越大。不同值的效果对比如图 8-4-13 所示。

（5）橡皮：调节类似橡皮筋弹拉的效果。将"橡皮"设置为50%，如图 8-4-14 所示。

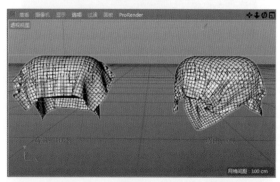

图 8-4-13 "弯曲"不同值的效果对比

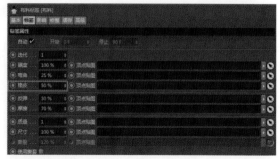

图 8-4-14 "橡皮"设置

播放动画并观看效果，如图 8-4-15 所示。

（6）反弹：碰撞时产生反弹效果。将"反弹"设置为1500%，如图 8-4-16 所示。

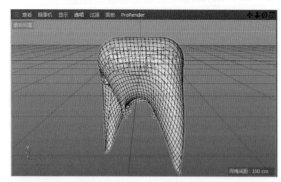

图 8-4-15 "橡皮"效果

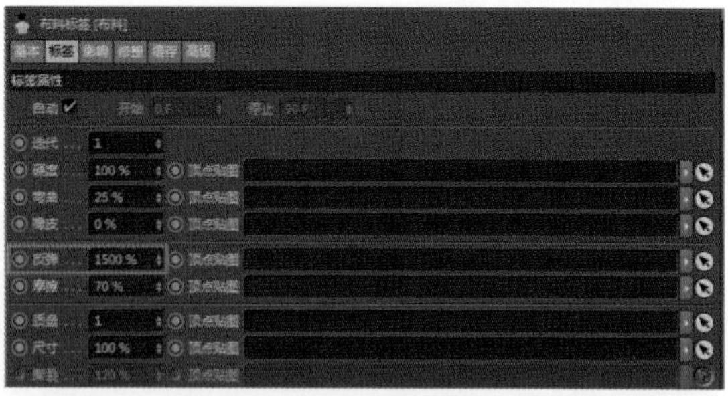

图 8-4-16 "反弹"设置

播放动画并观看效果，如图 8-4-17 所示。

（7）摩擦：增大或者减小摩擦力。将"摩擦"设置为100%，如图 8-4-18 所示。

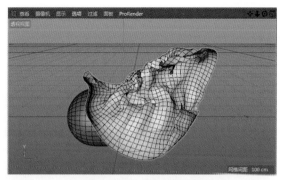

图 8-4-17 "反弹"效果

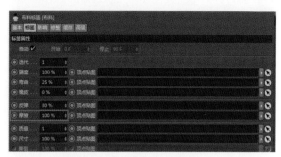

图 8-4-18 "摩擦"设置

播放动画并观看效果,如图 8-4-19 所示,平面不易从胶囊上滑落。

(8)质量:增加或者减少布料质量。

(9)尺寸:增加该项数值后,布料未接触到,碰撞物体就会产生变化。

(10)使用撕裂:勾选以后可以使模型产生撕裂效果。可调节撕裂强度以实现不同的撕裂变化。勾选"使用撕裂",并将"撕裂"设置为 120%,如图 8-4-20 所示。

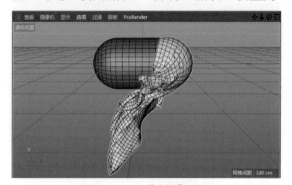

图 8-4-19 "摩擦"效果

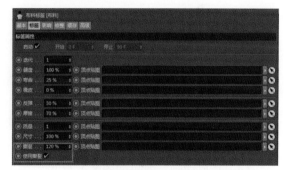

图 8-4-20 勾选"使用撕裂"并设置"撕裂"值

特别要注意,此时必须为平面添加"布料曲面",如图 8-4-21 所示。

播放动画并观看效果,如图 8-4-22 所示,此时可以看到明显的撕裂效果。

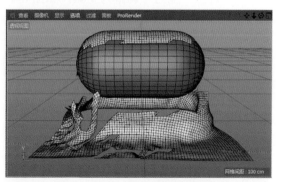

图 8-4-21 为平面添加"布料曲面"

图 8-4-22 明显的撕裂效果

2.影响

"影响"属性主要有重力、风力、排斥等参数,如图 8-4-23 所示。

下面通过案例来认识布料的"影响"属性。

(1)新建一个平面,并转换为多边形对象(快捷键为 C),选择最上面的点,如图 8-4-24 所示。

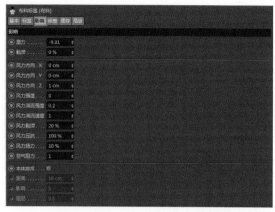

图 8-4-23 "影响"属性主要参数

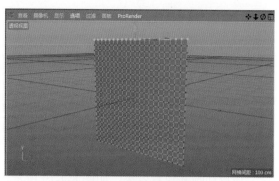

图 8-4-24 搭建场景

（2）在"修整"属性中，单击"固定点"选项的"设置"按钮，如图 8-4-25 所示。

（3）选择"标签"属性，调节"硬度"为 20%，"弯曲"为 5%，如图 8-4-26 所示。

图 8-4-25 设置"修整"属性

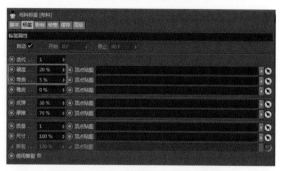

图 8-4-26 设置"标签"属性

（4）播放动画，效果如图 8-4-27 所示。平面被固定，同时会有向下拉伸现象。

（5）向下拉伸现象是因布料有属于自己的重力系统并且默认重力为-9.81，在"影响"属性面板的"重力"选项中可以查看，如图 8-4-28 所示。

（6）若将"重力"调整为 9.81，如图 8-4-29 所示。

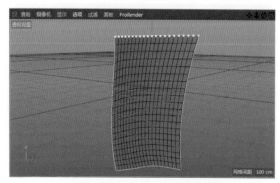

图 8-4-27 布料向下拉伸效果

图 8-4-28 "重力"默认值

图 8-4-29 调整"重力"值

（7）播放动画，效果如图 8-4-30 所示，布料向上飘动。

（8）调节"风力"属性，具体设置如图 8-4-31 所示。"风力"属性主要用来调节风吹的方向、力度、气流的变化，从而影响模型。

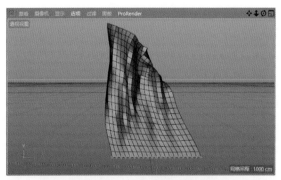

图 8-4-30　布料向上飘动效果

图 8-4-31　风力"属性参数设置

（9）播放动画并观看效果，如图 8-4-32 所示。

其他参数介绍如下。

本体排斥：勾选后，用来控制布料自身的碰撞范围，如图 8-4-33 所示。

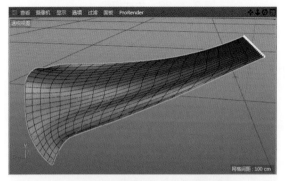

图 8-4-32　调节"风力"属性效果

图 8-4-33　开启"本体排斥"

黏滞：数值较大时会减缓布料的运动及形变。

其余的参数将在后续的案例中介绍。

8.4.2　案例一：文字碎裂效果

本案例利用布料知识制作文字碎裂的效果。案例效果如图 8-4-34 所示。该案例主要进行模型的创建、布料标签的添加及参数修改等操作。

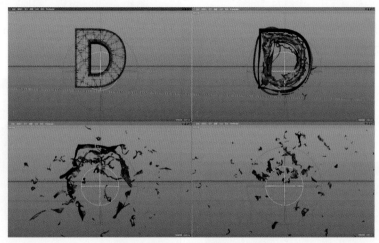

图 8-4-34　案例效果示意图

具体步骤如下。

（1）新建文本样条线。在文本的"对象"属性面板中，"文本"选项设置为"D"，"对齐"设置为"中对齐"，效果如图 8-4-35 所示。

（2）为其添加"生成器"中的"挤压"，以生成模型，如图 8-4-36 所示。

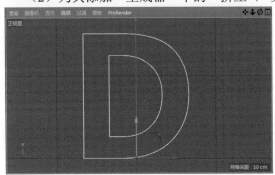
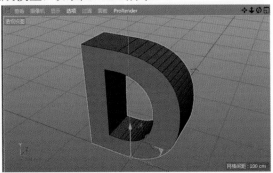

图 8-4-35　文本样条线效果　　　　　　　图 8-4-36　生成模型

（3）选择文本样条线，在其"对象"属性面板中将"点插值方式"设置为"细分"，如图 8-4-37 所示。

（4）在"挤压"对象的"封顶"属性面板中，调整"封顶"的各项参数值，具体设置如图 8-4-38 所示。

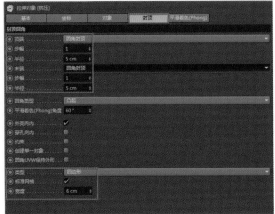

图 8-4-37　"点插值方式"设置为"细分"　　　　图 8-4-38　设置"封顶"各项参数

（5）在"挤压"对象的"对象"属性面板中，将"移动"设置为 0cm、0cm、54cm，"细分数"设置为 5，如图 8-4-39 所示。

（6）观看效果，如图 8-4-40 所示。

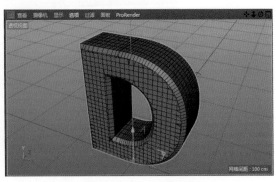

图 8-4-39　设置"对象"各项参数　　　　　　图 8-4-40　动画效果

（7）选择"挤压"并将其转换为可编辑对象（快捷键为 C），生成单独的模型，以方便后续的更改，如图 8-4-41 所示。

图 8-4-41 转换

（8）进入模型的"边"级别，单击鼠标右键，调出切刀工具，随意添加切割线，如图 8-4-42 所示。

（9）回到模型模式，观看效果，如图 8-4-43 所示。到这里，简单的模型制作完成。

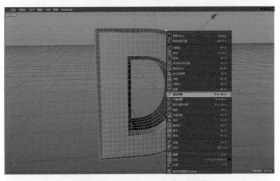

图 8-4-42 添加切割线

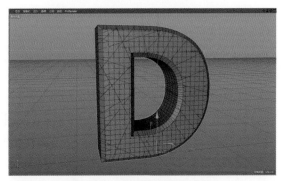

图 8-4-43 模型制作完成

（10）为模型添加布料标签，在"标签"属性面板中勾选"使用撕裂"，调节"撕裂"选项为 140%，如图 8-4-44 所示。

（11）添加引力场。引力场是用来破碎的关键命令，如图 8-4-45 所示。

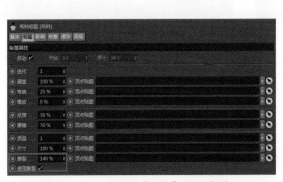

图 8-4-44 设置"标签"各项参数

图 8-4-45 添加引力场

（12）把引力场拖曳到布料的"高级"属性面板中的"限制到"选项，如图 8-4-46 所示。

（13）选中引力，在其"衰减"属性面板中，将"形状"设置为"球体"，如图 8-4-47 所示。

图 8-4-46 选项设置

图 8-4-47 "形状"选择为"球体"

（14）在引力的"对象"属性面板中，把"强度"设置为-800，如图 8-4-48 所示。数值为负，是为了产生向外推开的力。

（15）在布料的"影响"属性面板中，调节"重力"为 0，并设置风力的相关选项，以使破碎冲击感更强。具体设置如图 8-4-49 所示。

图 8-4-48 "强度"设置为"-800"　　　图 8-4-49 "影响"属性的相关参数设置

（16）把引力场放置到图 8-4-50 所示的当前位置。

（17）播放动画，观看最终效果，如图 8-4-51 所示。

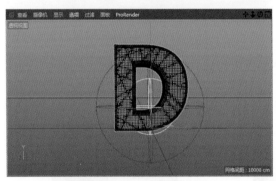

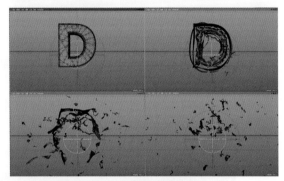

图 8-4-50 放置引力场　　　　　　　　图 8-4-51 动画最终效果

本案例制作完成。需要注意的是，在制作中要灵活调节相关参数选项的数值，有时甚至需要反复多次精调某个数值，以得到预期的效果。

8.4.3 案例二：旗面飘动效果

本小节通过制作旗面飘动效果案例介绍布料标签的使用。案例效果如图 8-4-52 所示。案例主要综合使用布料、布料碰撞器、布料绑带 3 种标签来完成，通过案例进一步介绍这 3 种标签的功能及调节方式。

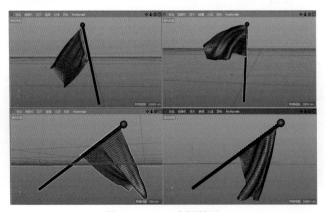

图 8-4-52 案例效果

具体操作如下。

（1）打开本章素材文件夹中的"布料旗杆.c4d"素材文件。这是一个添加好摇摆动画的旗杆，播放动画并观看效果，如图 8-4-53 所示。

（2）新建一个平面，设置平面的"对象"参数，具体设置如图 8-4-54 所示。

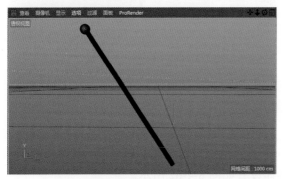

图 8-4-53　场景

图 8-4-54　参数设置

（3）通过位移、旋转调节，使平面与旗杆贴合，如图 8-4-55 所示。

（4）选择平面，为其添加布料标签，如图 8-4-56 所示。

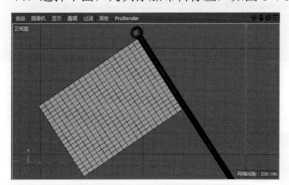

图 8-4-55　使平面与旗杆贴合

图 8-4-56　添加布料标签

（5）要实现旗面跟随旗杆动，需要为其添加"布料绑带"，如图 8-4-57 所示。

（6）"布料绑带"的使用方法是，先把跟随的物体拖曳到"绑定至"选项中，如图 8-4-58 所示。

图 8-4-57　添加"布料绑带"

图 8-4-58　"布料绑带"的使用方法

（7）选择平面，进入"点"级别，把距离旗杆最近的点选中，然后单击"点"选项的"设置"按钮，如图 8-4-59 所示。

（8）原有点的颜色变为"黄色"，表示绑定成功，如图 8-4-60 所示。

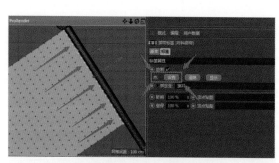

图 8-4-59　参数设置

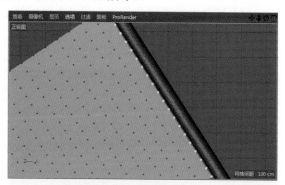

图 8-4-60　绑定成功

（9）为平面添加"布料曲面"，如图 8-4-61 所示。布料曲面可以为模型增加结构段数及厚度。

（10）设置"布料曲面"的"对象"参数，具体设置如图 8-4-62 所示。

图 8-4-61　添加"布料曲面"

图 8-4-62　设置"布料曲面"的"对象"参数

（11）观看动画效果，如图 8-4-63 所示。

（12）设置布料的"影响"属性，具体设置如图 8-4-64 所示。

图 8-4-63　动画效果

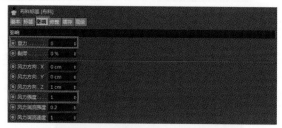

图 8-4-64　设置布料的"影响"属性

（13）设置布料的"标签"属性，具体设置如图 8-4-65 所示。

（14）为旗杆添加"布料碰撞器"，如图 8-4-66 所示。

图 8-4-65　设置布料的"标签"属性

图 8-4-66　为旗杆添加"布料碰撞器"

（15）在布料的"高级"属性中，勾选"本体碰撞"，如图 8-4-67 所示。

图 8-4-67 勾选"本体碰撞"

（16）播放动画并观看效果，如图 8-4-68 所示。至此，本案例制作完成。

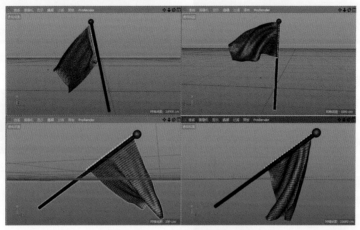

图 8-4-68 案例最终效果

8.4.4 案例三：收边效果

本案例主要使用所学的布料知识来制作收边的效果。案例效果如图 8-4-69 所示。
具体操作如下。

（1）新建文本样条线，如图 8-4-70 所示。

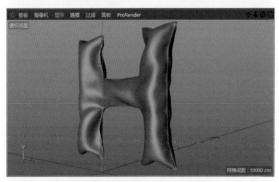

图 8-4-69 案例效果

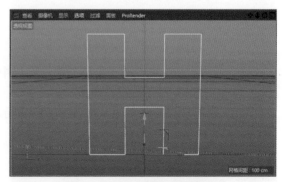

图 8-4-70 新建文本样条线

（2）选择比较粗的字体，具体如图 8-4-71 所示。

（3）对其添加挤压，设置挤压的厚度。具体是：选择挤压的"对象"属性面板，将"移动"
设置为 0cm、0cm、60cm，如图 8-4-72 所示。

（4）选择样条线，设置为"点差值方式"，如图 8-4-73 所示。

（5）调节挤压属性，具体设置如图 8-4-74 所示。

图 8-4-71 设置字体

图 8-4-72 设置"对象"属性

图 8-4-73 设置"点差值方式"

图 8-4-74 调节挤压属性

（6）把挤压模型转换为多边形对象（快捷键为 C），如图 8-4-75 所示。

（7）选择文字，进入文字的"面"模式，使用循环选择工具，快速选取侧面（快捷键为 U+L），如图 8-4-76 所示。

（8）在选择面的同时，为文字添加"布料"标签，如图 8-4-77 所示。

图 8-4-75 进行转换

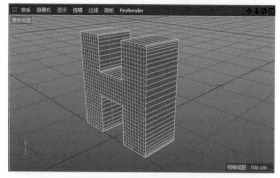

图 8-4-76 选取侧面

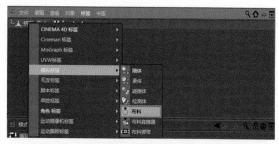

图 8-4-77 为文字添加"布料"标签

（9）在"布料"标签的"修整"属性面板中，单击"缝合面"的"设置"按钮，如图 8-4-78 所示。

（10）面缝合以后的效果，如图 8-4-79 所示。

图 8-4-78 单击"设置"按钮

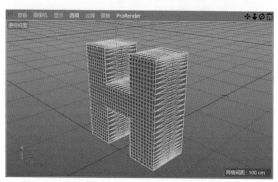

图 8-4-79 面缝合后的效果

（11）设置"步""宽度"，然后单击"松弛"按钮，如图 8-4-80 所示。

（12）观看效果，如图 8-4-81 所示，所选中的面已收缩。

图 8-4-80 参数设置

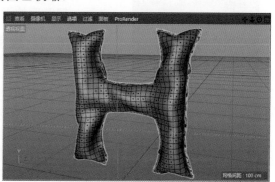

图 8-4-81 收缩效果

（13）再次进入"面"级别，刚才被收缩选中的面，依然保留着。立即执行挤压操作，挤压方向向外（快捷键为 M+T），效果如图 8-4-82 所示。

（14）为其添加"细分曲面"，增加圆滑度，如图 8-4-83 所示。

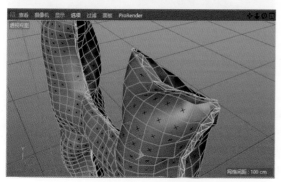

图 8-4-82 挤压效果

图 8-4-83 添加"细分曲面"并增加圆滑度

（15）最终效果如图 8-4-84 所示。

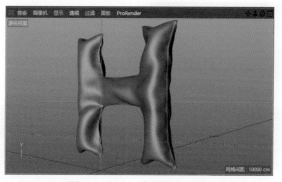

图 8-4-84 案例最终效果

至此案例制作完成。本案例主要通过综合调节应用布料、生成器的相关参数完成。

8.5 动力学——辅助器

通常把"模拟"菜单下"动力学"子菜单中的连接器、弹簧、力、驱动器 4 个对象，统称为辅助器。辅助器模块通过铰链、万向节及弹簧把各对象连接在一起，并让其之间产生交互作

图 8-5-1　辅助器的类型

用。无须设置关键帧，即可在对象上应用按角度转动的动力装置或线性动力装置，并且能够单独设置扭转及速度，以更加精细地调节动画。辅助器的类型如图 8-5-1 所示。

8.5.1　连接器

连接器 （软件翻译有误，应为"连接器"，下同）：可以把多个动力学对象连接到一起，产生动画演算。它有很多类型可以选择，如图 8-5-2 所示。连接器可限制刚体及柔体的运动和旋转，如果没有连接器的限制，这些物体将只受环境力及碰撞的约束。

下面通过案例来介绍。

（1）打开本小节中的"连接器.c4d"素材文件，如图 8-5-3 所示。这里设定好了一个场景，以供学习使用。

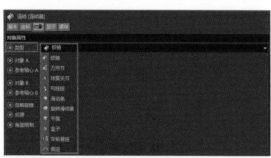

图 8-5-2　连接器的类型

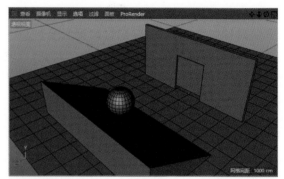

图 8-5-3　场景

（2）新建连接器，如图 8-5-4 所示。观看外表，默认的类型为"铰链"，由两个圆柱组成，圆柱套在一起，可以理解为任何一个圆柱都是可以旋转的。

（3）勾选连接器"显示"属性中的"总是可见"，增加"绘制尺寸"参数值，这样就能始终看见连接器的外形，如图 8-5-5 所示。

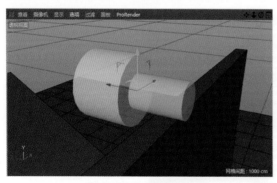

图 8-5-4　新建连接器

图 8-5-5　设置"显示"属性

（4）把连接器移动到墙和门板的连接位置，如图 8-5-6 所示。

（5）在连接器的"对象"属性中，把"门"拖曳到"对象 B"，把"墙 1"拖曳到"对象 A"，如图 8-5-7 所示。

（6）连接器要产生作用，还需要为各对象添加动力学标签。为球体、门添加刚体标签，为滑坡、墙 1 添加碰撞体标签，如图 8-5-8 所示。

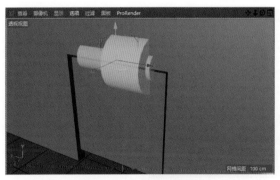

图 8-5-6 移动连接器

图 8-5-7 设置"对象"属性

（7）选择墙 1 的碰撞体标签，在其"碰撞"属性面板中，选择"外形"为"自动（MoDynamics）"，如图 8-5-9 所示。

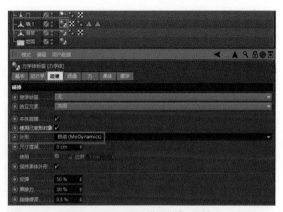

图 8-5-8 添加动力学标签

图 8-5-9 设置"碰撞"属性

（8）播放动画，效果如图 8-5-10 所示。球体模型沿着斜坡向下滚动，撞开门，门自动完成后续摇摆动作。

（9）将连接器"对象"属性面板中的"忽略碰撞"选项去选后，门和墙产生碰撞，效果如图 8-5-11 所示。

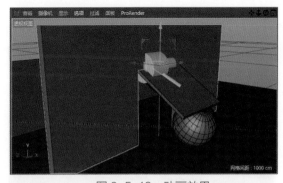

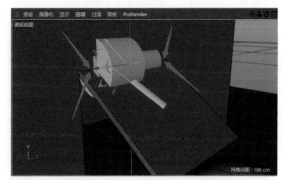

图 8-5-10 动画效果

图 8-5-11 门和墙产生碰撞效果

（10）勾选连接器"对象"属性面板的"角度限制"选项后，可通过调节"来自"和"到"选项控制运动范围，如图 8-5-12 所示。

另外，连接器"对象"属性面板的"反弹"选项参数用来调节反弹的强度。

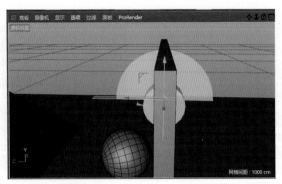

图 8-5-12　控制运动范围

8.5.2　弹簧

弹簧（　弹簧）：物体之间产生可以拉伸或压缩的弹簧效果。具体参数如图 8-5-13 所示。弹簧可以对物体施加弹力，力的大小取决于其扭曲程度。

下面通过案例来介绍。

（1）打开本小节素材文件夹中的"弹簧.c4d"素材文件，场景如图 8-5-14 所示。

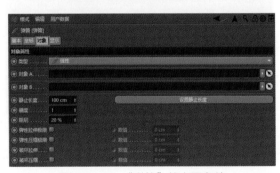

图 8-5-13　"弹簧"的主要参数

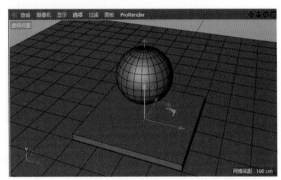

图 8-5-14　场景

（2）添加"弹簧"，在其"对象"属性面板中，把"球体"拖曳到"对象 A"，把"立方体"拖曳到"对象 B"，如图 8-5-15 所示。

（3）连接好以后，出现一个虚拟的弹簧外形，如图 8-5-16 所示。

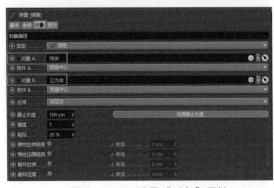

图 8-5-15　设置"对象"属性

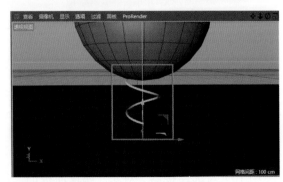

图 8-5-16　虚拟的弹簧外形

（4）为模型添加动力学标签。具体为：为球体添加刚体标签，为立方体、地面添加碰撞体标签，如图 8-5-17 所示。

（5）播放动画，发现弹簧并没有弹起，如图 8-5-18 所示，这是因为弹力不够。

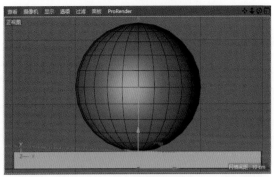

图 8-5-17 为模型添加动力学标签　　图 8-5-18 弹簧未弹起

（6）调节"静止长度"选项为 800cm，如图 8-5-19 所示。弹簧长度的数值越大，弹簧弹出的范围越大。

（7）播放动画并观看效果，如图 8-5-20 所示。

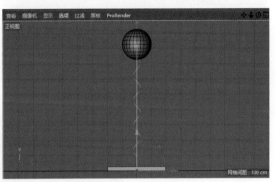

图 8-5-19 将"静止长度"设为 800cm　　图 8-5-20 动画效果

弹簧的其他参数介绍如下。

硬度：调节弹簧的刚性。

阻尼：影响弹簧强度大小。

弹性拉伸/压缩极限：开启后再次增加拉伸/压缩范围。

破坏拉伸/压缩：开启后可以使拉伸/压缩超出弹簧显示范围。

应用：设置受力的一方，如图 8-5-21 所示。

图 8-5-21 "应用"选项

8.5.3　力

力（力）：可以产生吸引或者排斥的力。具体参数如图 8-5-22 所示。已添加动力学标签的对象之间可传递彼此的重力参数，以模拟真实的物理世界。

下面通过案例来介绍。

（1）打开本小节素材文件夹中的"力.c4d"素材文件，场景如图 8-5-23 所示。

（2）新建"力"。为克隆添加刚体标签，在其"碰撞"属性面板中，将"继承标签"设置为"应用标签到子级"，具体设置如图 8-5-24 所示。

（3）在力的"对象"属性面板中，"强度"数值为正数时，表示吸引，效果如图 8-5-25 所示。

（4）力的"强度"为负数时，表示排斥，效果如图 8-5-26 所示。

图 8-5-22 "力"的主要参数

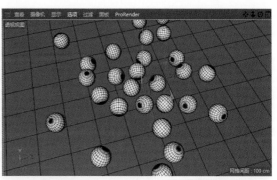

图 8-5-23 "力.c4d"文件场景

图 8-5-24 设置"碰撞"属性

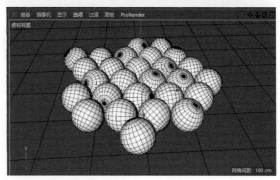

图 8-5-25 吸引效果

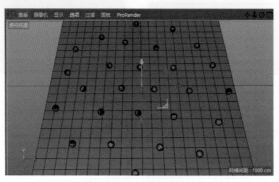

图 8-5-26 排斥效果

8.5.4 驱动器

驱动器（ 驱动器 ）：表示在与碰撞体或其他刚体碰撞之前驱动对象持续运动的力。具体参数如图 8-5-27 所示。驱动器可以在动力装置中对物体施加恒定连续的力或转矩，如果想启用这一功能，需为其赋予一个动力学对象标签。

下面通过案例来介绍。

（1）打开本小节素材文件夹中的"驱动器.c4d"素材文件，场景如图 8-5-28 所示。

（2）将两个模型连接起来，并添加连接器，设置"显示"属性，具体参数设置如图 8-5-29 所示。

（3）调节好以后，把连接器移动到模型中心，如图 8-5-30 所示。

（4）选择连接器，在"对象"属性面板，把"圆柱"拖曳到"对象 A"，把"管道"拖曳到"对象 B"，如图 8-5-31 所示。

图 8-5-27 "驱动器"的主要参数

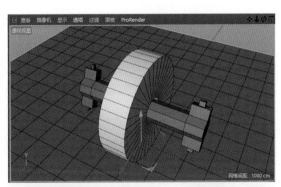

图 8-5-28 "驱动器.c4d"义件场景

图 8-5-29 设置"显示"属性

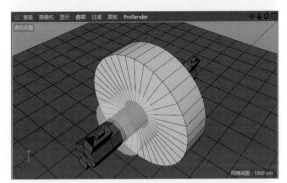

图 8-5-30 把连接器移动到模型中心

（5）新建"驱动器"，设置"显示"属性，如图 8-5-32 所示。

图 8-5-31 设置"对象"属性

图 8-5-32 设置"显示"属性

（6）把该驱动器也移动到模型中心，如图 8-5-33 所示。

（7）管道在地面旋转带着圆柱运动。在驱动器的"对象"属性面板，把"管道"拖曳到"对象 A"，如图 8-5-34 所示。

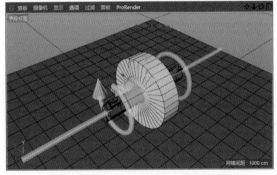

图 8-5-33 把驱动器也移至模型中心

图 8-5-34 设置驱动器的"对象"属性

（8）播放动画并观看效果，如图 8-5-35 所示。管道带着圆柱移动，但是动的速度稍慢。

（9）选择地面的动力学标签，在其"碰撞"属性面板中，增加"摩擦力"的数值，如图 8-5-36 所示。

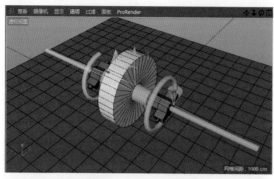

图 8-5-35　动画效果

图 8-5-36　增加地面的"摩擦力"数值

（10）选择管道的刚体标签，在其"碰撞"属性面板中，增加"摩擦力"的数值，如图 8-5-37 所示。

（11）把驱动器、连接器作为管道的子级，如图 8-5-38 所示。

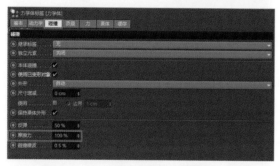

图 8-5-37　增加管道的"摩擦力"数值

图 8-5-38　子级设置

另外，驱动器的"角度相切速度""扭矩"参数用来调节驱动器的方向和力度，读者可自行练习使用，限于篇幅，此处不再赘述。

8.6　动力学——毛发

图 8-6-1　"毛发对象"的类型

毛发系统用来模拟真实世界中的毛发、羽毛、绒毛等效果。本节主要介绍毛发对象、毛发材质编辑器、毛发标签等内容。

8.6.1　毛发对象

本小节将对毛发对象、毛发模式、毛发编辑、毛发选择、毛发工具、毛发选项等进行介绍。

1. 毛发对象

"毛发对象"中有"添加毛发""羽毛对象""绒毛"3 种类型，如图 8-6-1 所示。

1）添加毛发

下面通过简单的操作来体会"添加毛发"的初步效果。

（1）毛发的体现需要一个模型作为载体，新建平面，如图 8-6-2 所示。

（2）选择平面模型的同时，在"毛发对象"中单击"添加发毛"命令，如图 8-6-3 所示。

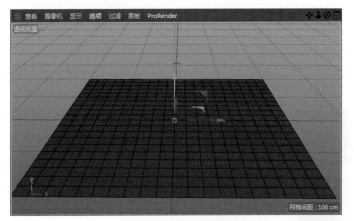

图 8-6-2　新建平面　　　　　　　　　　图 8-6-3　"添加毛发"命令

（3）添加完成以后，毛发的显示方式是以"引导线"的样式呈现的，如图 8-6-4 所示。

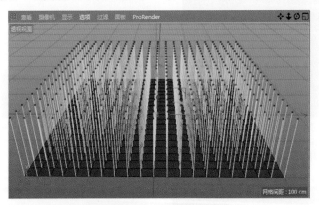

图 8-6-4　毛发的呈现样式

（4）观看对象大纲视图的变化，多了毛发命令及毛发材质，如图 8-6-5 所示。

（5）单击渲染，即可观察到毛发的效果，如图 8-6-6 所示。此时所看到的效果是毛发的默认效果。需要注意的是，在"毛发"属性面板中通过综合调节各选项卡中的相关参数，能够实现精细化的毛发效果。"毛发"属性面板除了有"基本""坐标"选项卡，还有"引导线""毛发""编辑""生成""动力学""影响""缓存""分离""挑选""高级"选项卡，下面逐一介绍。

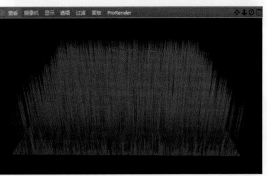

图 8-6-5　对象大纲视图　　　　　　　　　图 8-6-6　毛发效果

➤ **"引导线"选项卡**

单击毛发命令，弹出"毛发"属性面板，选择"引导线"选项卡，如图 8-6-7 所示。
各参数介绍如下。

（1）链接：承载毛发的对象。

（2）数量：该项表示引导线的数量，注意不是毛发的数量。

（3）长度：该项是引导线的长度，也是毛发的长度。

上述参数如图 8-6-8 所示。

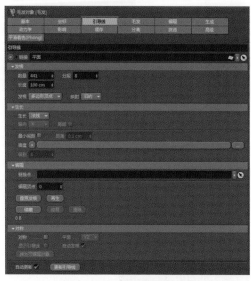

图 8-6-7 "引导线"选项卡

图 8-6-8 "数量"和"长度"参数设置

调节上述参数，单击渲染并观看效果，如图 8-6-9 所示。

（4）分段：设置引导线的分段数，数值越大，引导线越圆滑，如图 8-6-10 所示。

图 8-6-9 调节"数量"和"长度"参数效果

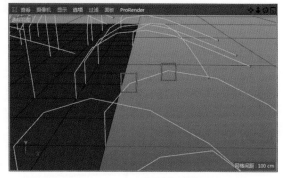

图 8-6-10 引导线圆滑度

（5）发根：选择引导线分布的位置和方式，把"映射"调节为"新的"，如图 8-6-11 所示。

（6）生长：调节毛发生长的方向，如图 8-6-12 所示。

图 8-6-11 "映射"参数设置

图 8-6-12 "生长"参数

同样的平面，选择不同的生长方式，效果如图 8-6-13 所示。

（7）链接点：以样条的点影响毛发的变化，如图 8-6-14 所示。

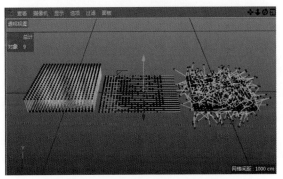

图 8-6-13 不同生长方式的效果对比 图 8-6-14 "链接点"参数

下面通过简单的操作来介绍。

① 在"创建"菜单的"样条"属性里，添加"空白样条"，如图 8-6-15 所示。

② 选择对象大纲视图中的样条，拖曳到"链接点"属性中，如图 8-6-16 所示。

图 8-6-15 添加"空白样条" 图 8-6-16 大纲视图显示

③ 在选中样条的前提下，进入"点"级别，可以通过点来影响毛发，如图 8-6-17 所示。

（8）对称：表示对称产生毛发。

下面通过案例来介绍。

① 新建球体模型并转换为可编辑对象（快捷键为 C），进入"面"级别，选择最上边的面，如图 8-6-18 所示，然后添加毛发，即以当前选中面的区域生成毛发。

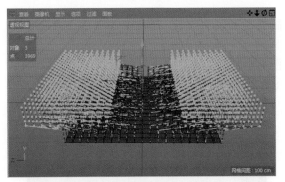

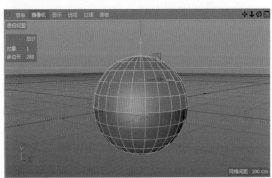

图 8-6-17 通过点影响毛发 图 8-6-18 面选择情况示意

② 操作完成，观看效果，如图 8-6-19 所示。

③ 设置"对称"参数，如图 8-6-20 所示。

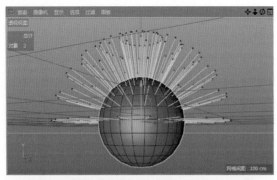

图 8-6-19　生成毛发效果

图 8-6-20　设置"对称"参数

④ 设置"对称"参数后球体上下面都会产生毛发，效果如图 8-6-21 所示。

➢ "毛发"选项卡

"毛发"选项卡设置相关的"毛发"参数，如图 8-6-22 所示。

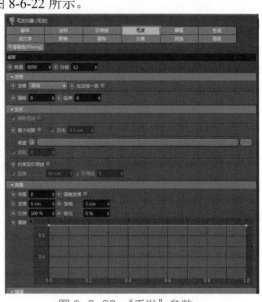

图 8-6-22　"毛发"参数

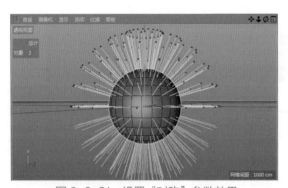

图 8-6-21　设置"对称"参数效果

各参数介绍如下。

（1）数量：表示增加毛发的数量。该参数控制的是毛发的数量，而不是引导线。

（2）分段：表示毛发的分段。

在默认数量的状态下，渲染并观看效果，如图 8-6-23 所示。

增加数量至 50 000，渲染并观看效果，如图 8-6-24 所示。

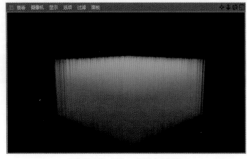

图 8-6-23　默认效果

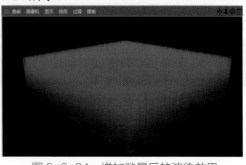

图 8-6-24　增加数量后的渲染效果

（3）发根：调节发根的分布位置，可选择是否与法线一致，如图 8-6-25 所示。

（4）偏移：表示毛发与载体之间的位移，效果如图 8-6-26 所示。

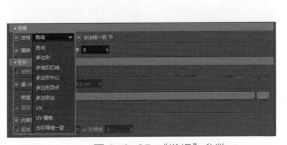

图 8-6-25 "发根"参数

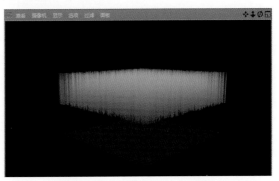

图 8-6-26 "偏移"效果示意

（5）延伸：表示毛发的延伸。调节"偏移"为 100，设置"延伸"为 50，观看效果，如图 8-6-27 所示。

（6）生长：调节毛发生长的间隔，可以在密度中通过纹理来影响。勾选"约束到引导线"，可以控制毛发和引导线之间的距离，如图 8-6-28 所示。

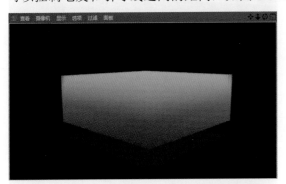

图 8-6-27 "偏移"和"延伸"设置效果

图 8-6-28 "生长"参数设置

采用近距离特写，参数默认，效果如图 8-6-29 所示。

近距离特写不变，将图 8-6-28 中的"引导线"参数值设为 100，效果如图 8-6-30 所示。

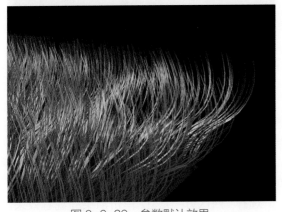

图 8-6-29 参数默认效果

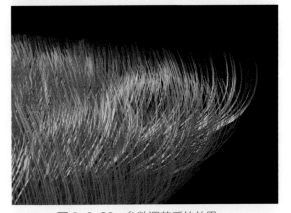

图 8-6-30 参数调节后的效果

（7）克隆：可以把单根毛发数量变多，如图 8-6-31 所示。

设置毛发数量为 10，单击渲染并观看效果，如图 8-6-32 所示。

图 8-6-31 "克隆"参数

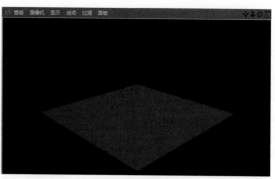

图 8-6-32 毛发数量为 10 的效果

增大克隆的参数值，毛发的数量增多，效果如图 8-6-33 所示。

（8）发根/发梢：调节毛发集中的位置，上或是下，默认参数相同，效果如图 8-6-34 所示。

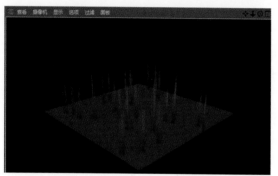

图 8-6-33 毛发数量增多的效果

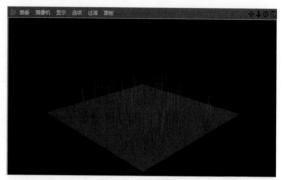

图 8-6-34 发根/发梢效果

（9）比例/变化：调节克隆毛发的长度，以及长度之间的随机性，效果如图 8-6-35 所示。

（10）偏移：可以通过曲面来调节，克隆毛发的缩放，效果如图 8-6-36 所示。

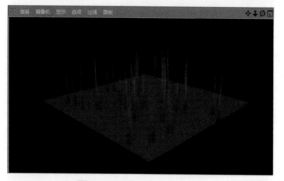

图 8-6-35 比例/变化效果

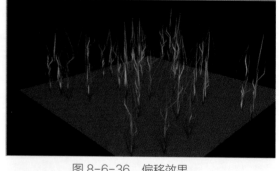

图 8-6-36 偏移效果

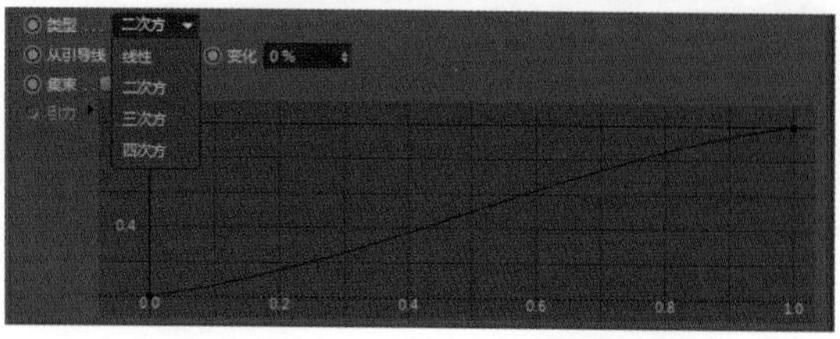

（11）差值：类型的选择，毛发之间的过渡会显得更加平和，如图 8-6-37 所示。

选择"二次方"类型，单击渲染并观看效果，如图 8-6-38 所示。

选择"四次方"类型，单击渲染并观看效果，如图 8-6-39 所示。

图 8-6-37 "差值"的不同类型

图 8-6-38 "二次方"类型渲染效果 图 8-6-39 "四次方"类型渲染效果

（12）集缚：开启后，可以通过样条线形态控制集缚变化，效果如图 8-6-40 所示。

➤ "编辑"选项卡

"编辑"选项卡有"预览"和"生成"两类参数选项，并分别有不同的子参数，如图 8-6-41
所示。

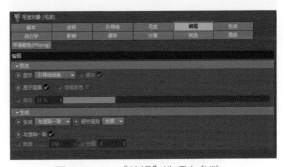

图 8-6-40 开启"集缚"的渲染效果 图 8-6-41 "编辑"选项卡参数

各参数介绍如下。

（1）显示：选择显示的类型，默认为"引导线线条"，如图 8-6-42 所示。

例如，显示方式为"毛发多边形"，效果如图 8-6-43 所示。

图 8-6-42 "显示"的类型 图 8-6-43 "毛发多边形"效果

（2）生成：选择生成的类型，默认为"无"。开启后，会使我们更容易观看到毛发效果，但
也会增加演算时间，如图 8-6-44 所示。

例如，生成方式为"四面截面"，效果如图 8-6-45 所示。

图 8-6-44 "生成"的类型

图 8-6-45 "四面截面"效果

➤ **"生成"选项卡**

"生成"选项卡可设置毛发生成的外形，如图 8-6-46 所示。

把"类型"设置为"扫描"，新建一个星形样条线，拖曳到对象属性中，如图 8-6-47 所示。

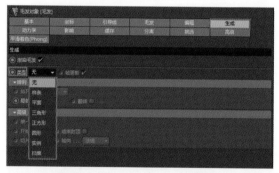

图 8-6-46 "生成"的"类型"

图 8-6-47 选项设置

将摄像机推至毛发根部，观看效果，毛发外形受星形控制，如图 8-6-48 所示。

➤ **"动力学"选项卡**

播放动画时，毛发会自动产生动画，这是因为它有属于自己的动力学属性，"动力学"参数如图 8-6-49 所示。

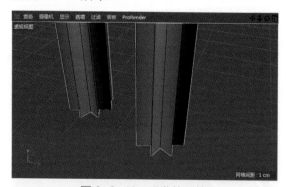

图 8-6-48 毛发外形效果

图 8-6-49 "动力学"参数

各参数介绍如下。

（1）启用/碰撞/刚性：分别表示是否开启动力学、是否开启碰撞、是否开启刚性。

（2）属性：表示表面半径属性，可设置毛发碰撞半径，以及后续的变形、弹性、硬度等属性，如图 8-6-50 所示。

（3）动画：表示从时间线的哪一帧开始产生动力学计算，默认为第 10 帧，如图 8-6-51 所示。

图 8-6-50 "表面半径"参数

图 8-6-51 "动画"参数

（4）贴图：通过毛发顶点标签来影响其下面的属性，如图 8-6-52 所示。

（5）高级：设置动力学影响引导线或毛发，如图 8-6-53 所示。

图 8-6-52 "贴图"参数

图 8-6-53 "高级"参数

> "影响"选项卡

"影响"选项卡设置毛发之间的影响范围、重力方向、粒子系统场，如图 8-6-54 所示。
各参数介绍如下。

（1）毛发与毛发间：勾选以后，可开启属性组，设置毛发之间影响的范围和强度，如图 8-6-55 所示。

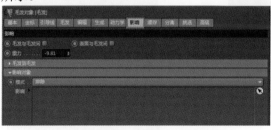

图 8-6-54 "影响"选项卡

图 8-6-55 "毛发到毛发"属性组

（2）重力：默认值为-9.81，此时播放动画，毛发向下动；调节数值为正值时，毛发向上动。

（3）影响对象：可以排除或者包括基本粒子系统场的影响。

> "缓存"选项卡

"缓存"选项卡可以把演算的毛发动画过程以缓存的方式保留下来，单击"计算"按钮即可，不需要的时候可以清空缓存，如图 8-6-56 所示。

> "分离"选项卡

"分离"选项卡通过毛发的选集，可以设置毛发分开生长，如图 8-6-57 所示。需要注意的是，只有通过"毛发选择"的相关操作后方可使用分离实现效果。

图 8-6-56 "缓存"选项卡

图 8-6-57 "分离"选项卡

下面通过案例来介绍。

（1）新建球体，按快捷键 C，选择球体的上半面，添加毛发，播放动画后，单击渲染，效果如图 8-6-58 所示。

（2）毛发的选择，需要对毛发本身进行选择。找到"毛发选择"，选择"框选"，如图 8-6-59 所示。

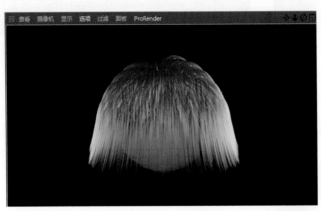

图 8-6-58　毛发效果

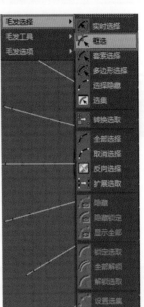

图 8-6-59　选择"框选"

（3）框选区域为毛发的一半，如图 8-6-60 所示。

（4）选择完成后，在"毛发选择"中添加"设置选集"，如图 8-6-61 所示。

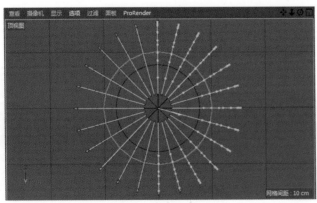

图 8-6-60　框选毛发的一半

图 8-6-61　添加"设置选集"

（5）同样，选择另一半的毛发，也添加"设置选集"，这样在毛发命令后就会有两个选集标签，如图 8-6-62 所示。

图 8-6-62 标签显示

（6）勾选"自动分离"，并将两个毛发选集同时拖曳到群组里，如图 8-6-63 所示。

（7）单击渲染并观看效果，毛发就会有一个分开生长的边界线，如图 8-6-64 所示。

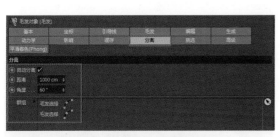
图 8-6-63 选项设置

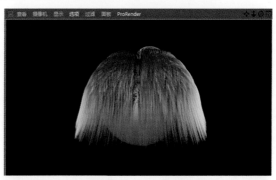
图 8-6-64 毛发分离效果

➤ "挑选"选项卡

"挑选"选项卡表示不将看不见的毛发加入渲染计算，以节省时间，如图 8-6-65 所示。

➤ "高级"选项卡

在"高级"选项卡中，"种子"属性设置毛发的随机分布，开启"变形"后，可以通过变形器来影响毛发，如图 8-6-66 所示。

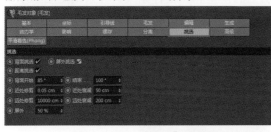
图 8-6-65 "挑选"选项卡

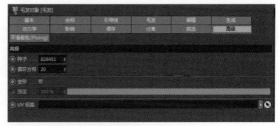
图 8-6-66 "高级"选项卡

下面通过案例来介绍。

（1）新建变形器"锥化"，使其包裹住毛发对象，如图 8-6-67 所示。

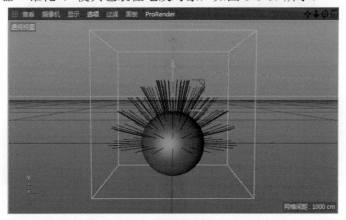
图 8-6-67 新建变形器"锥化"

（2）将"锥化"赋给毛发做子集，如图 8-6-68 所示。

（3）勾选"变形"，可增加锥化强度，如图 8-6-69 所示。

图 8-6-68　添加子集

图 8-6-69　勾选"变形"

（4）单击渲染并观看效果，毛发的外形就受"锥化"影响了，如图 8-6-70 所示。

2）羽毛对象

羽毛对象用于制作羽毛的效果，如图 8-6-71 所示。

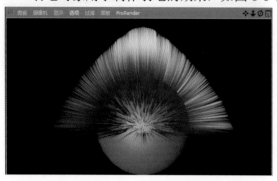

图 8-6-70　"锥化"效果

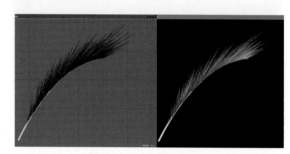

图 8-6-71　羽毛效果

下面通过操作来介绍添加羽毛后的默认效果。

（1）打开"羽毛.c4d"场景，可以看到有一组羽毛的模型和一根样条线，样条线是用来承载羽毛的，如图 8-6-72 所示。

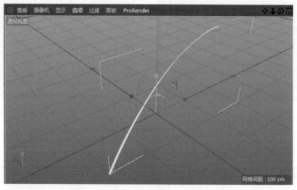

图 8-6-72　"羽毛.c4d"场景

（2）在"毛发对象"中选择"羽毛对象"，如图 8-6-73 所示。

（3）通过拖曳，将样条线作为羽毛的子集，如图 8-6-74 所示。

图 8-6-73　选择"羽毛对象"

图 8-6-74　将样条线作为羽毛的子集

（4）观看效果，如图 8-6-75 所示，此时看到的是羽毛的默认效果。

（5）和毛发一样，羽毛也需要渲染，才能观看最终效果，如图 8-6-76 所示。

需要注意的是，在"羽毛"属性面板中，通过综合调节各选项卡中的相关参数，能够实现精细化的羽毛效果。"羽毛"属性面板除了有"基本""坐标"选项卡，还有"对象""形状"等选项卡，下面逐一介绍。

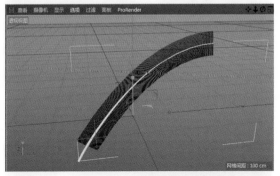

图 8-6-75　羽毛的默认效果

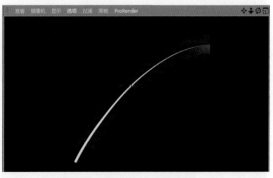

图 8-6-76　羽毛最终效果

➢ **"对象"选项卡**

羽毛的"对象"选项卡如图 8-6-77 所示。

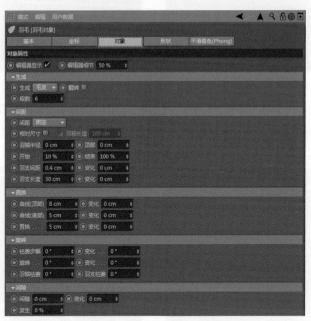

图 8-6-77　"对象"选项卡

各参数介绍如下。

（1）编辑器显示/细节：控制开始时外观的显示及显示程度。

（2）生成：可选择生成毛发或者样条线，也可以进行翻转，以及设置分段数。

（3）间距：主要设置羽毛的半径、范围、间距、长度、变化等。

（4）羽轴半径/顶部：同时增大数值后，可以使羽毛到生长样条线之间的距离变大，效果如图 8-6-78 所示。

（5）开始/结束：设置羽毛的范围，效果如图 8-6-79 所示。

（6）羽支间距：设置羽毛之间的距离，效果如图 8-6-80 所示。

图 8-6-78　增大"羽轴半径/顶部"数值的效果

图 8-6-79　"开始/结束"效果

（7）羽支长度：设置羽毛的长度，效果如图 8-6-81 所示。

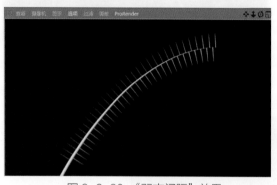

图 8-6-80　"羽支间距"效果

图 8-6-81　"羽支长度"效果

（8）变化：在对应的参数后面，代表当前参数的随机变化，效果如图 8-6-82 所示。

（9）置换：先调节"形状"选项卡的样条线，然后调节该参数才会起作用，效果如图 8-6-83 所示。

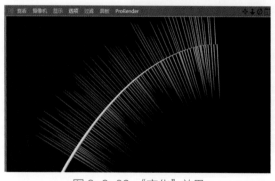

图 8-6-82　"变化"效果

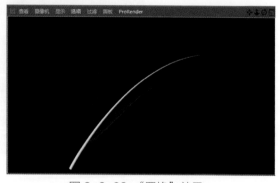

图 8-6-83　"置换"效果

（10）旋转：设置羽毛的旋转，有"枯萎步幅""旋转""羽毛枯萎"等参数选项。

① 枯萎步幅：增加数值，观看效果，如图 8-6-84 所示。

② 旋转：设置旋转，增加数值，观看效果，如图 8-6-85 所示。

③ 羽毛枯萎：增加数值，观看效果，如图 8-6-86 所示。

（11）间距：设置羽毛之间的随机间距，效果如图 8-6-87 所示。

➢ "形状"选项卡

"形状"选项卡通过样条线调整羽毛的外形，如图 8-6-88 所示。

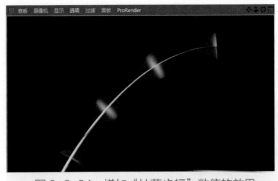

图 8-6-84 增加"枯萎步幅"数值的效果

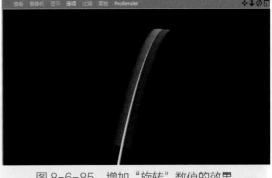

图 8-6-85 增加"旋转"数值的效果

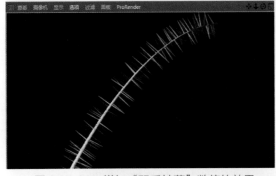

图 8-6-86 增加"羽毛枯萎"数值的效果

图 8-6-87 "间距"效果

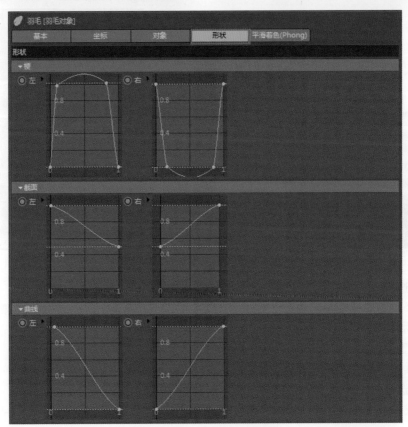

图 8-6-88 "形状"选项卡

默认状态下，"形状"选项卡的属性效果如图 8-6-89 所示。

3）绒毛

绒毛用于添加短而细小的毛发。

新建球体，添加"绒毛"，单击渲染并观看效果，如图 8-6-90 所示。

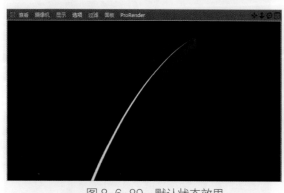 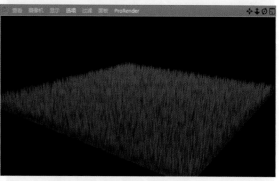

图 8-6-89　默认状态效果　　　　　　　　图 8-6-90　绒毛效果

2．毛发模式

毛发模式设置毛发的显示模式，默认为"发梢"，如图 8-6-91 所示。

3．毛发编辑

毛发编辑主要是对引导线的编辑处理，如剪切、复制、粘贴、转换等，如图 8-6-92 所示。

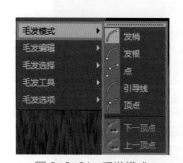 

图 8-6-91　毛发模式　　　　　　　　　图 8-6-92　毛发编辑

4．毛发选择

毛发选择用于选择毛发。通过"毛发选择"中的不同选择方式选取毛发中需要处理的部分，如图 8-6-93 所示。

5．毛发工具

毛发工具用于改变毛发的造型，如图 8-6-94 所示。

6．毛发选项

编辑毛发时，可以在"毛发选项"中选择"对称"或者"软选择"，如图 8-6-95 所示。

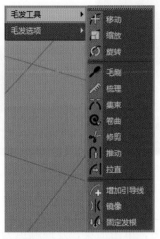

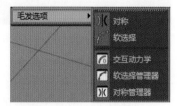

图 8-6-93　毛发选择　　　　图 8-6-94　毛发工具　　　　图 8-6-95　毛发选项

8.6.2　毛发材质编辑器

　　毛发的渲染呈现效果，除了毛发自身，还有其材质，也是非常重要的一部分。在材质编辑区双击材质，观看材质球属性，如图 8-6-96 所示。毛发材质编辑器提供了颜色、背光颜色、高光、透明、粗细、长度、比例、卷发、纠结、密度、集束、绷紧、置换、弯曲、卷曲、扭曲、波浪、拉直 18 种通道。通过这些参数的调节，能够实现高度逼真的毛发效果，下面一一介绍。

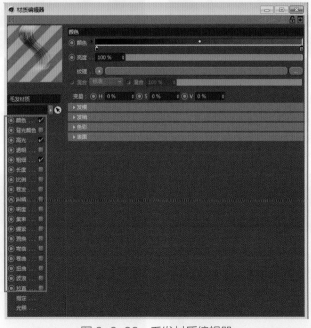

图 8-6-96　毛发材质编辑器

1. "颜色"通道

"颜色"通道用于更改毛发的颜色，可以通过渐变更改，也可以通过 H、S、V 参数更改，效果如图 8-6-97 所示。

渐变更改与 H、S、V 参数更改，效果如图 8-6-98 所示。

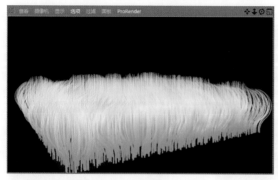

图 8-6-97　毛发颜色效果

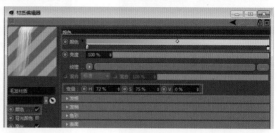

图 8-6-98　渐变更改与 H、S、V 参数更改效果

2. "背光颜色"通道

"背光颜色"通道用于修改背光中毛发的颜色。

新建灯光，放置于毛发的正前方，单击渲染，发现颜色为默认材质颜色，如图 8-6-99 所示。随意修改背光颜色，旋转视图到灯光的背光反向处，单击渲染并观看效果，如图 8-6-100 所示。

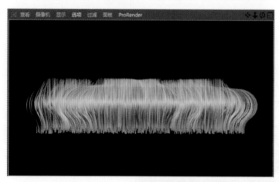

图 8-6-99　颜色为默认材质颜色

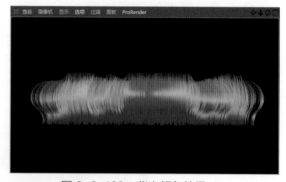

图 8-6-100　背光颜色效果

3. "高光"通道

"高光"通道用于显示毛发材质的高光，也是毛发材质中最亮的部分，默认状态下是勾选的，效果如图 8-6-101 所示。

去选以后，单击渲染并观看效果，如图 8-6-102 所示。

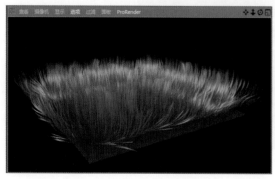

图 8-6-101　毛发高光效果

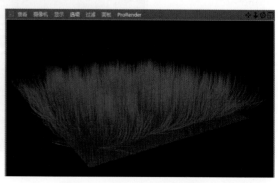

图 8-6-102　去选高光效果

在"高光"通道中可以更改高光的颜色，以及主、次强度，如图 8-6-103 所示。

单击渲染并观看效果，如图 8-6-104 所示。

图 8-6-103 "高光"通道参数设置

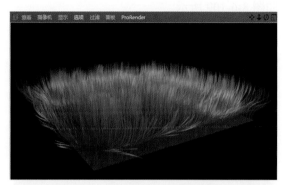

图 8-6-104 更改毛发高光效果

4."透明"通道

"透明"通道可以调节毛发的透明度，透明度的调节是以毛发属性中的黑白渐变来实现的，也就是说，渐变的区域会影响透明位置的变化，如图 8-6-105 所示。

单击渲染并观看效果，注意毛发下方的变化，如图 8-6-106 所示。

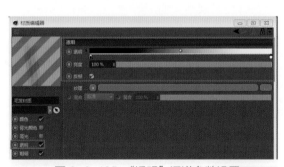

图 8-6-105 "透明"通道参数设置

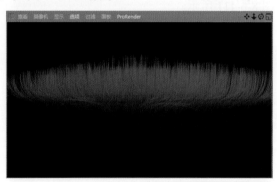

图 8-6-106 毛发透明度效果

5."粗细"通道

"粗细"通道可以设置毛发粗细的变化，也可以通过曲线控制粗细的范围，如图 8-6-107 所示。

设置上述"粗细"参数，单击渲染并观看效果，如图 8-6-108 所示。

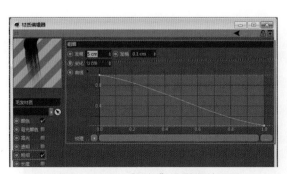

图 8-6-107 "粗细"通道参数设置

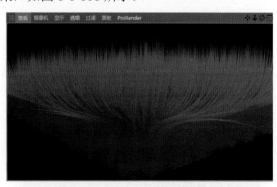

图 8-6-108 毛发粗细效果

6. "长度"通道

"长度"通道可以调节毛发的长短，具体通过"变化"参数调节"长度"的随机显示效果，如图 8-6-109 所示。

单击渲染并观看效果，如图 8-6-110 所示。

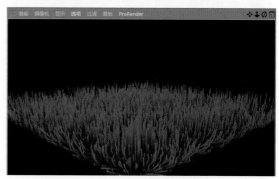

图 8-6-109 "长度"通道参数设置 图 8-6-110 毛发长短效果

7. "比例"通道

"比例"通道调节整体比例的大小，也可通过"变化"参数选项调节"比例"的随机值，如图 8-6-111 所示。

单击渲染并观看效果，如图 8-6-112 所示。

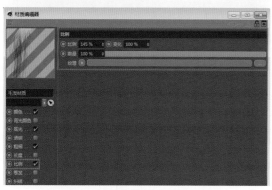
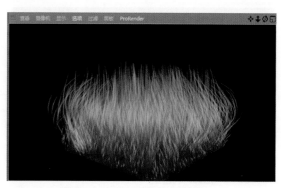

图 8-6-111 "比例"通道参数设置 图 8-6-112 毛发比例效果

8. "卷发"通道

"卷发"通道可以调节毛发的卷曲程度，如图 8-6-113 所示。

单击渲染并观看效果，如图 8-6-114 所示。

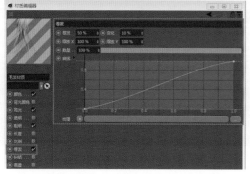
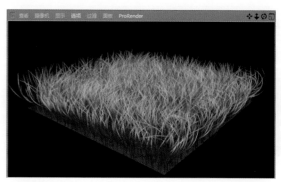

图 8-6-113 "卷发"通道参数设置 图 8-6-114 毛发卷曲效果（"卷发"通道）

9. "纠结"通道

"纠结"通道调节毛发的纠结程度，如图 8-6-115 所示。

单击渲染并观看效果，如图 8-6-116 所示。

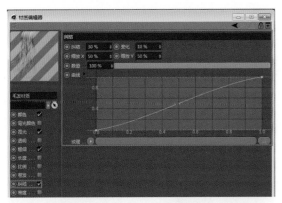

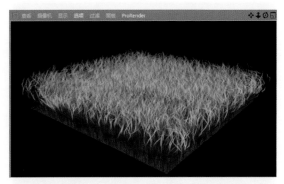

图 8-6-115 "纠结"通道参数设置

图 8-6-116 毛发纠结效果

10. "密度"通道

"密度"通道调节毛发的密度，如图 8-6-117 所示。

单击渲染并观看效果，如图 8-6-118 所示。

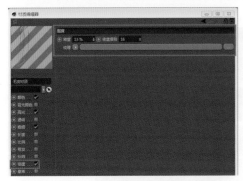

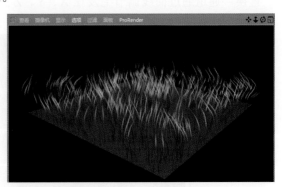

图 8-6-117 "密度"通道参数设置

图 8-6-118 毛发密度效果

11. "集束"通道

"集束"通道调节毛发的集束，如图 8-6-119 所示。

单击渲染并观看效果，如图 8-6-120 所示。

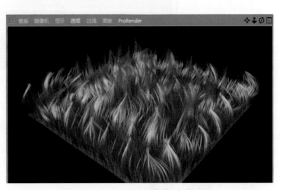

图 8-6-119 "集束"通道参数设置

图 8-6-120 毛发集束效果

12. "绷紧"通道

"绷紧"通道调节毛发的绷紧程度，如图 8-6-121 所示。

单击渲染并观看效果，如图 8-6-122 所示。

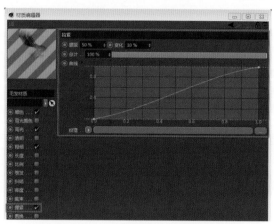

图 8-6-121 "绷紧"通道参数设置

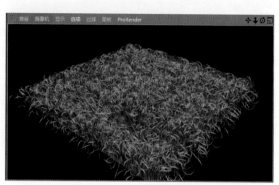

图 8-6-122 毛发绷紧效果

13. "置换"通道

"置换"通道通过曲线调节毛发在 X、Y、Z 三个方向的偏移，如图 8-6-123 所示。

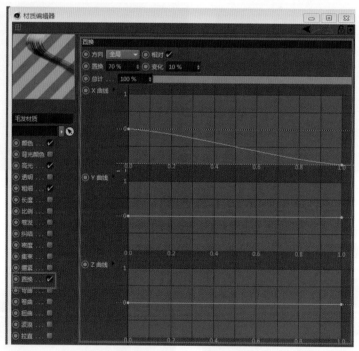

图 8-6-123 "置换"通道参数设置

单击渲染并观看效果，如图 8-6-124 所示。

14. "弯曲"通道

"弯曲"通道调节毛发的弯曲特性，如图 8-6-125 所示。

单击渲染并观看效果，如图 8-6-126 所示。

15. "卷曲"通道

"卷曲"通道设置毛发的卷曲特性，如图 8-6-127 所示。

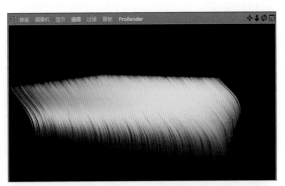

图 8-6-124　毛发偏移效果

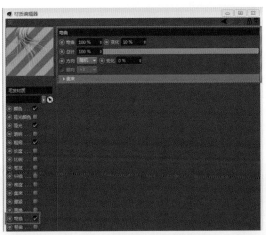

图 8-6-125　"弯曲"通道参数设置

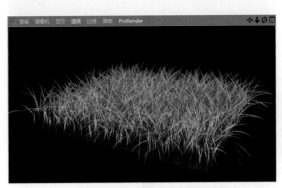

图 8-6-126　毛发弯曲效果

图 8-6-127　"卷曲"通道参数设置

单击渲染并观看效果，如图 8-6-128 所示。

16．"扭曲"通道

"扭曲"通道调节毛发的扭曲特性，如图 8-6-129 所示。

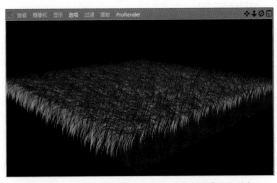

图 8-6-128　毛发卷曲效果（"卷曲"通道）

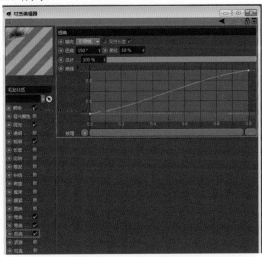

图 8-6-129　"扭曲"通道参数设置

单击渲染并观看效果，如图 8-6-130 所示。

17．"波浪"通道

"波浪"通道可使毛发产生波浪效果，如图 8-6-131 所示。

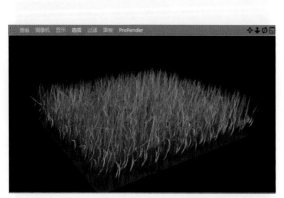

图 8-6-130　毛发扭曲效果

图 8-6-131　"波浪"通道参数设置

单击渲染并观看效果，如图 8-6-132 所示。

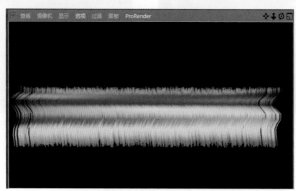

图 8-6-132　毛发波浪效果

18．"拉直"通道

"拉直"通道使毛发拉伸后，可将毛发拉直。

8.6.3　毛发标签

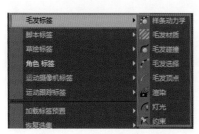

图 8-6-133　毛发标签

"毛发标签"组提供了"样条动力学""毛发材质""毛发碰撞""毛发选择""毛发顶点""渲染""灯光""约束"8 种标签，如图 8-6-133 所示。

1．样条动力学

"样条动力学"可以使样条线产生动力学效果。

下面通过案例来介绍。

（1）新建星形样条线和一个立方体模型，如图 8-6-134 所示。

（2）选择星形样条线并将其转换为可编辑对象（快捷键为 C），进入"点"模式，单击鼠标右键，调出"细分"命令，增加点的数量，如图 8-6-135 所示。

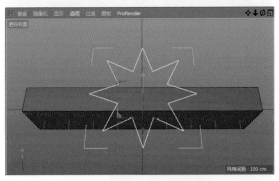

图 8-6-134 场景搭建

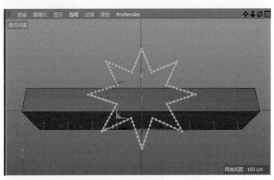

图 8-6-135 增加点的数量

（3）为立方体模型添加"毛发碰撞"，为星形添加"样条动力学"，如图 8-6-136 所示。

（4）播放动画并观看效果，如图 8-6-137 所示。

2．毛发材质

"毛发材质"可以使样条线接收毛发材质，从而被渲染。

下面通过案例来介绍。

（1）新建星形样条线，如图 8-6-138 所示。

图 8-6-136 添加标签

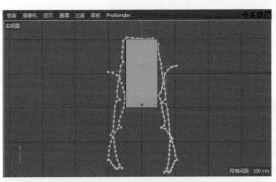

图 8-6-137 "样条动力学"效果

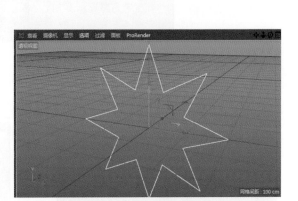

图 8-6-138 新建星形样条线

图 8-6-139 添加"毛发材质"

（2）为星形添加"毛发材质"，如图 8-6-139 所示。

（3）按快捷键 Ctrl+B 调出渲染设置，在"效果"中添加"毛发渲染"，如图 8-6-140 所示。

（4）单击渲染并观看效果，如图 8-6 141 所示。

3．毛发碰撞

如果要使毛发和样条线产生碰撞，需要添加两者自身的"毛发碰撞"标签。

4．毛发选择

"毛发选择"可以对毛发的点进行选择、隐藏、锁定等操作。

下面通过案例来介绍。

（1）为平面新建毛发后，在毛发模式属性中选择"点"，然后再使用毛发自身的"选择"命令进行选取，如图 8-6-142 所示。

图 8-6-140　添加"毛发渲染"

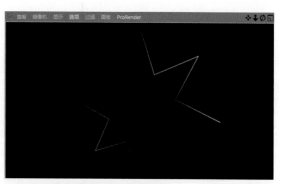

图 8-6-141　"毛发材质"效果

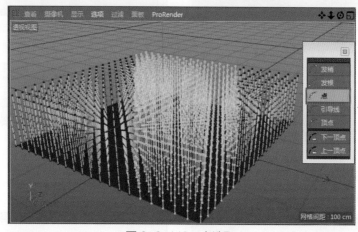

图 8-6-142　点选取

（2）添加"毛发选择"，在属性区域可设定相关参数，如图 8-6-143 所示。

（3）"毛发选择"参数如图 8-6-144 所示。

图 8-6-143　添加"毛发选择"

图 8-6-144　"毛发选择"参数

5．毛发顶点

把毛发的模式设为顶点时，选中顶点后，添加标签，可以当作顶点贴图使用。

6．渲染

当"毛发标签"设置为"渲染"时，可为样条线添加渲染，对其进行渲染。

7．灯光

在场景中已有灯光且灯光已开启投影的前提下，添加"灯光"标签后可控制毛发受灯光投影影响的变化。

下面通过案例来介绍。

（1）新建平面，为平面添加毛发，布置灯光并且开启投影，渲染后观看效果，如图 8-6-145 所示。

（2）为场景中的灯光添加"灯光"标签，如图 8-6-146 所示。

图 8-6-145　投影效果

图 8-6-146　添加"灯光"标签

（3）设置"灯光"标签参数，如图 8-6-147 所示。

（4）单击渲染并观看投影变化效果，如图 8-6-148 所示。

图 8-6-147　设置"灯光"标签参数

图 8-6-148　投影变化效果

8．约束

"约束"可将样条线或者毛发约束到某一个对象上。

下面通过案例来介绍。

（1）打开本小节素材文件夹中的"约束.c4d"素材文件，这里已设定一个场景，红色立方体上下移动，如图 8-6-149 所示。

（2）选择样条线，为其添加"约束"标签，如图 8-6-150 所示。

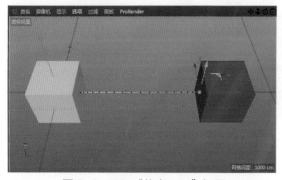

图 8-6-149　"约束.c4d"场景

图 8-6-150　添加"约束"标签

（3）进入样条线"点"级别，选中靠近白色立方体的点，如图 8-6-151 所示。

（4）选择标签，把白色立方体 A 拖曳到"对象"属性中并单击"设置"按钮，如图 8-6-152 所示。

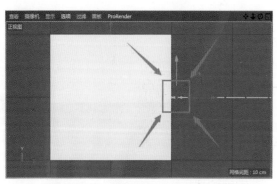

图 8-6-151　选择靠近白色立方体的点

图 8-6-152　拖动白色立方体

（5）再次为样条线添加"约束"标签，进入样条线"点"级别，选中靠近红色立方体的点，如图 8-6-153 所示。

（6）选择标签，把红色立方体 B 拖曳到"对象"属性中并单击"设置"按钮，如图 8-6-154 所示。

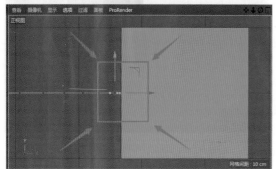

图 8-6-153　选择靠近红色立方体的点

图 8-6-154　拖动红色立方体

（7）为样条线添加"样条动力学"，如图 8-6-155 所示。

（8）播放动画并观看效果，如图 8-6-156 所示，样条线随着红色立方体的变化而产生变化。

图 8-6-155　添加"样条动力学"

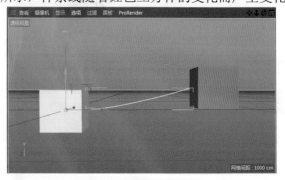

图 8-6-156　动画效果

练　习

1. 模仿文中的案例，制作绚丽的烟花效果。
2. 模仿文中的案例，制作球与杯子碰撞破碎效果。
3. 制作字母"K"的充气文字效果。
4. 制作字母"S"的文字碎裂效果。
5. 制作字母"U"的收边效果。